建设工程质量检测人员岗位培训教材

民用建筑工程室内环境污染检测

贵州省建设工程质量检测协会　组织编写

中国建筑工业出版社

图书在版编目（CIP）数据

民用建筑工程室内环境污染检测/贵州省建设工程质量检测协会组织编写. —北京：中国建筑工业出版社，2018.9
建设工程质量检测人员岗位培训教材
ISBN 978-7-112-22428-9

Ⅰ.①民… Ⅱ.①贵… Ⅲ.①民用建筑-室内环境-环境污染-检测-国家标准-中国-岗位培训-教材 Ⅳ.①X503.1

中国版本图书馆 CIP 数据核字（2018）第 150465 号

本书是建设工程质量检测人员岗位培训教材的一个分册，按照国家《建设工程质量检测管理办法》的要求，依据相关国家技术法规、技术规范及标准等编写完成。主要内容有：室内环境污染及室内环境质量检测必要性、相关国家标准及规范的内容对比和要点解读、化学分析的基本知识和各种检测方法（分光光度法、气相色谱法）基本概念和基本理论、化学检测中术语和计量单位、检测工作中记录和数据处理、室内空气现场采样技术、室内空气中常见污染物（甲醛、氨、氡、苯、TVOC）的检测技术、土壤中氡浓度和建筑装饰装修材料有害物质的检测方法等。

本书为建设工程质量检测人员培训教材，也可供从事建设工程设计、施工、质监、监理等工程技术人员参考，还可作为高等职业院校、高等专科院校教学参考用书。

责任编辑：胡永旭　范业庶　杨　杰
责任设计：李志立
责任校对：焦　乐

建设工程质量检测人员岗位培训教材
民用建筑工程室内环境污染检测
贵州省建设工程质量检测协会　组织编写

*

中国建筑工业出版社出版、发行（北京海淀三里河路 9 号）
各地新华书店、建筑书店经销
霸州市顺浩图文科技发展有限公司制版
北京建筑工业印刷厂印刷

*

开本：787×1092 毫米　1/16　印张：17　字数：418 千字
2018 年 10 月第一版　2018 年 10 月第一次印刷
定价：50.00 元
ISBN 978-7-112-22428-9
（31676）

建设工程质量检测人员岗位培训教材
编写委员会委员名单

主 任 委 员：杨跃光

副主任委员：李泽晖　许家强　谢文辉　梁　余　宫毓敏　谢雪梅

　　　　　　王林枫　陈纪山　姚家惠

委　　　员（按姓氏笔画排序）：

　　　　　　王　转　王　霖　龙建旭　卢云祥　舟　群　朱　孜

　　　　　　李荣巧　李家华　周元敬　黄质宏　詹黔花　潘金和

本 书 主 编

李家华　周元敬

丛 书 前 言

建设工程质量检测是指依据国家有关法律、法规、工程建设强制性标准和设计文件，对建设工程材料质量、工程实体施工质量以及使用功能等进行检验检测，客观、准确、及时的检测数据是指导、控制和评定工程质量的科学依据。

随着我国城镇化政策的推进和国民经济的快速发展，各类建设规模日益增大，与此同时，建设工程领域内的有关法律、法规和标准规范逐步完善，人们对建筑工程质量的要求也在不断提高，建设工程质量检测随着全社会质量意识的不断提高而日益受到关注。因此，加强建设工程质量的检验检测工作管理，充分发挥其在质量控制、评定中的重要作用，已成为建设工程质量管理的重要手段。

工程质量检测是一项技术性很强的工作，为了满足建设工程检测行业发展的需求，提高工程质量检测技术水平和从业人员的素质，加强检测技术业务培训，规范建设工程质量检测行为，依据《建设工程质量检测管理办法》、《建设工程检测试验技术管理规范》和《房屋建筑和市政基础设施工程质量检测技术管理规范》等相关标准、规范，按照科学性、实用性和可操作性的原则，结合检测行业的特点编写本套教材。

本套教材共分 6 个分册，分别为：《建筑材料检测》、《建筑地基基础工程检测》、《建筑主体结构工程检测》、《建筑钢结构工程检测》、《民用建筑工程室内环境污染检测》和《建筑幕墙工程检测》。全书内容丰富、系统、涵盖面广，每本用书内容相对独立、完整、自成体系，并结合我国目前建设工程质量检测的新技术和相关标准、规范，系统介绍了建设工程质量检测的概论、检测基本知识、基本理论和操作技术，具有较强的实用性和可操作性，基本能够满足建设工程质量检测的实际需求。

本套教材为建设工程质量检测人员培训教材，也可供从事建设工程设计、施工、质监、监理等工程技术人员参考，还可作为高等职业院校、高等专科院校教学参考用书。

本套教材在编写过程中参阅、学习了许多文献和有关资料，但错漏之处在所难免，敬请谅解。

关于本教材的错误或不足之处，诚挚希望广大读者在学习使用过程中及时发现的问题函告我们，以便进一步修改、补充。该培训教材在编写过程中得到了贵州省住房和城乡建设厅及有关专家的大力支持，在此一并致谢。

前　言

近几年来，随着人们生活水平的提升，大家越来越注重居住环境的质量，其中室内环境空气质量就是重要的一个组成部分，因此室内环境检测逐步进入到千家万户。目前网络上有关室内环境检测的产品琳琅满目，市场上各种室内环境检测和治理公司的能力水平也良莠不齐，使得人们对室内环境检测工作犹如雾里看花。室内环境检测的主要对象是室内空气，其特点是摸不着、看不见且具有流动性，需要检测的污染物成分又复杂（TVOC的成分达几十上百种），这就对检测人员提出了较高的专业技术要求。然而室内环境质量的好坏，事关室内人员呼吸的每一口空气，直接影响着每一个人的身体健康，容不得半点疏忽和马虎。

本教材主要是以《民用建筑工程室内环境污染控制规范》GB 50325—2010（2013年版）为依据，结合相关检测标准、规范，全面而系统地阐述了室内环境污染的来源、危害以及常见污染物的限量和相应的采样、检测、数据处理等技术。针对目前检测人员的知识水平参差不齐，本教材还特意编写了与室内环境检测技术相关的化学分析基本知识和仪器分析的基本概念、基本理论、检测方法以及注意事项等内容，旨在帮助和提高相关技术人员掌握室内环境检测的基础知识和检测技能，有利于室内环境检测行业更好地发展。

本教材共分为6章：第1章简述了室内环境污染、室内环境质量检测的必要性、民用建筑工程室内环境污染控制规范的相关测技术要求；第2章叙述了化学检测的相关基础知识；重点介绍了室内环境检测所用的分光光度法和气相色谱法；第3章叙述了检测技术数据处理和质量控制；第4章叙述了室内空气现场采样技术；第5章叙述民用建筑工程室内空气中甲醛、氨、苯、TVOC和氡浓度检测技术；第6章叙述了几种常用建筑及装饰装修材料中有害物质的检测方法。

本教材内容丰富、资料翔实，具有较好的参考性和实用价值，可作为室内环境检测从业人员的培训教材以及大专院校相关专业的教学用书，也可作为从事室内环境检测管理、设计、监理、科研等人员的参考用书。

本教材由李家华、周元敬、徐青、袁霄、龙尚俊编写，在本教材的编写过程中贵州省分析测试研究院杨鸿波副院长、宋光林、李荣华高工给了悉心的指导和大量的支持，编写完成后由李媛高级工程师审阅，给出了大量宝贵意见，在此一并致谢。

在本教材的编写过程中参阅、学习了大量文献和资料，但鉴于近几年相关标准不断更新，编写人员的学识和水平有限，时间仓促，错误之处在所难免，敬请读者批评指正。

目　　录

第1章 概　　述

1.1　环境与室内空气

1.1.1　环境的定义

环境（environment）是相对于中心事物而言，与某一中心事物发生关系的周围一切因素的总和。不同的中心事物，环境内容的不同；环境随中心事物而变化，是围绕中心事物存在的空间、条件和状况，构成中心事物的环境。比如，对生物来说，环境是指生物生存的场所、气候、生态系统、周围群体和其他种群；对文学、历史和社会科学来说，环境指具体的人生活周围的条件和状况；对建筑来说，环境是指建筑物内外和周围的条件；从环境保护的宏观角度来说，环境就是人类生存的地球家园。

1.1.2　环境与人

人和环境是一个不可分割的整体。在人类社会发展的漫长过程中，人与环境形成了一种既相互对立、相互制约又相互依赖与相互作用的辩证统一关系。一方面，人与环境之间连续不断地进行着物质交换、能量流通与信息交流，保持着动态平衡，成为一个不可分割的统一体。另一方面，在人类长期进化发展过程中，各种环境条件是经常变化的，人体经过长期的适应性调节，对环境变化具有一定的适应能力，现代人类的行为特征、形态结构和生理功能都是适应其周围环境变化的结果。再次，环境为人类提供生命活动的物质基础，环境的组成成分及存在状态的任何改变都会对人体产生影响；同时，人的生活和生产活动也以各种形式不断地对环境施加影响，使环境的组成与性质发生变化。

《中华人民共和国环境保护法》指出："环境，是指影响人类生存和发展的各种天然和经过人工改造的自然因素的总体，包括大气、水、海洋、土地、矿藏、森林、草原、野生动物、自然遗迹、人文遗迹、自然保护区、风景名胜区、城市和乡村等"。它包含两层含义：第一，环境法所说的环境，是指以人为中心的人类生存环境，关系到人类的毁灭与生存。同时，环境又不是泛指人类周围的一切自然的和社会的客观事物整体。比如，银河系，我们并不把它包括在环境这个概念中。所以，环境保护所指的环境，是人类赖以生存的环境，是作用于人类并影响人类未来生存和发展的外界的一个实施体。第二，随着人类社会的发展，环境概念也在发展。如现阶段没有把月球视为人类的生存环境，但是随着宇宙航行和空间科学的发展，月球将有可能会成为人类生存环境的组成部分。所以，通常我们所称的环境是指与人类生活相关的自然环境与社会环境。

自然环境，就是指原生态的，未经人为加工和改造而天然存在的，人类生存和发展所依赖的各种自然条件的总和。如大气、水、其他物种、土壤、岩石矿物、太阳辐射等。人类生活的自然环境，按要素可分为大气环境、水环境、土壤环境、地理环境和生物环境等，主要是指地球的五大圈——大气圈、水圈、土圈、岩石圈和生物圈，这些都是人类赖以生存的物质基础。

社会环境，是次生环境，是人类为了提高物质和文化生活，在自然环境的基础上，经过人类劳动改造或加工的物质的、非物质的成果的总和。物质的成果指文物古迹、绿地园林、建筑部落、器具设施等；非物质的成果指社会风俗、语言文字、文化艺术、教育法律以及各种制度等。这些成果都是人类的创造，具有文化烙印，渗透人文精神。社会环境反映了一个民族的历史积淀，也反映了社会的历史与文化，对人的素质提高起着培育熏陶的作用。

社会环境按所包含要素的性质分为：

1. 物理社会环境：包括建筑物、道路、工厂等；
2. 生物社会环境：包括驯化、驯养的植物和动物；
3. 心理社会环境：包括人的行为、风俗习惯、法律和语言等。

按环境功能把社会环境分为：

1. 院落环境、村落环境和城市环境；
2. 工业环境；
3. 农业环境；
4. 文化环境；
5. 医疗环境等。

自然环境和社会环境是人类生存、繁衍和发展的摇篮。根据科学发展的要求，保护和改善环境，建设生态文明，是人类维护自身生存与发展的需要。

1.1.3 环境问题

环境问题指由于自然界或人类活动作用于人们周围的环境引起环境变化或生态失调，以及这种变化反过来对人类的生产和生活产生影响的现象。人类在改造自然环境和创造社会环境的过程中，自然环境仍以其固有的自然规律变化。社会环境一方面受自然环境的制约，也以其固有的规律运动着。人类与环境不断地相互影响和作用，产生环境问题。

1. 环境问题分类

环境问题可分为两大类：一类是由于自然因素的破坏和污染等原因所引起的。如：火山活动，地震、风暴、海啸等产生的自然灾害，或因环境中元素自然分布不均引起的地方病，以及自然界中放射物质产生的放射病等。另一类是由于人为因素造成的环境污染和自然资源与生态环境的破坏。在人类生产、生活活动中产生的各种污染物进入环境，超过了环境容量的容许极限，使环境受到污染和破坏；人类在开发利用自然资源时，超越了环境自身的承载能力，使生态环境质量恶化，有时候会出现自然资源枯竭的现象，这些都可以归结为人为造成的环境问题。

我们通常所说的环境问题，多指人为因素所作用的结果。当前人类面临着日益严重的环境问题，这里，"虽然没有枪炮，没有硝烟，却在残杀着生灵"，但没有哪一个国家和地区能够逃避不断发生的环境污染和自然资源的破坏，它直接威胁着人类的健康和子孙后代的生存。于是人们大声疾呼"世界只有一个地球"，"文明人一旦毁坏了他们的生存环境，他们将被迫迁移或衰亡"，世界各国强烈要求保护人类生存的环境。

2. 环境问题产生的根源

环境问题的产生，从根本上讲是经济、社会发展的伴生产物。具体说可概括为以下几个方面：

(1) 人口增长对环境造成的巨大压力；

(2) 人类的生产（特别是工业生产）、生活活动产生的环境污染；

(3) 人类在开发建设活动中造成的生态破坏的不良变化；

(4) 人类的社会活动，如军事活动、旅游活动等，造成的人文遗迹，风景名胜区、自然保护区的破坏，珍稀物种的灭绝以及海洋等自然和社会环境的破坏与污染。

3. 环境问题的治理及重要意义

环境的重要性是不可估量的，一旦环境受到破坏和污染，将会对它赖以生存的人和物造成影响，环境污染还会衍生出许多环境连锁效应。随着经济的发展，具有全球性影响的环境问题日益突出，不仅发生了区域性的环境污染和大规模的生态破坏，而且出现了温室效应、臭氧层破坏、全球气候变化、酸雨、雾霾、物种灭绝、土地沙漠化、森林锐减、越境污染、海洋污染、野生物种减少、热带雨林减少、土壤侵蚀等大范围、全球性的环境危机，严重威胁着全人类的生存和发展。中国非常重视环境保护立法工作，《中华人民共和国宪法》明确规定："国家保护和改善生活环境和生态环境，防治污染和其他公害。"1979年，全国人民代表大会常务委员会通过并颁布了《中华人民共和国环境保护法（试行）》。自1982年开始，全国人民代表大会常务委员会先后通过了《中华人民共和国海洋环境保护法》、《中华人民共和国水污染防治法》和《中华人民共和国大气污染防治法》。1989年，第七届全国人民代表大会常务委员会第十一次会议通过了《中华人民共和国环境保护法》，并于2014年4月24日第十二届全国人民代表大会常务委员会第八次会议进行了修订，《环境保护法修订案（草案）》历经四次审议，最终定稿。这部法律增加了政府、企业各方面责任和处罚力度，被专家称为"史上最严的环保法"。修订后的环保法加大了惩治力度："企业事业单位和其他生产经营者违法排放污染物，受到罚款处罚，被责令改正，拒不改正的，依法作出处罚决定的行政机关可以自责令更改之日的次日起，按照原处罚数额按日连续处罚。"修订后的《中华人民共和国环境保护法》于2015年1月1日起施行。修订后的法律对保护和改善环境，保障民众健康，推进生态文明建设，促进经济社会可持续发展具有重要意义。

1.1.4 室内空气

室内空气是室内环境的一部分。室内环境包括居室、写字楼、办公室、交通工具、文化娱乐体育场所、医院病房、学校、幼儿园教室、活动室、饭店、旅馆、宾馆、车站候车室、机场候机室等场所内的空气、物品以及整个卫生条件。是相对于室外而言的，是指人类为满足生产、生活的需要，采用天然材料或人工材料围隔而成的，与外界相对分隔而形成的人工小环境，它是供我们进行正常学习、工作、休息和各项生活活动而免受室外自然因素及其他因素干扰的人工环境。室内空气质量的优劣与人的身体健康均有密切的关系，健康的室内空气主要是指室内空气中无污染、无危害，或污染和危害较小，有助于人们健康的居住环境。在这里先谈谈人们天天接触的室内空气。

室内空气是人们接触最频繁、最密切的环境之一。人们有80％以上的时间是在各种室内环境中度过的，因此室内空气质量的优劣将直接影响到每个人的健康。也是继"煤烟型"和"光化学烟雾型"污染后，现代人正进入以"室内空气污染"为标志的第三次污染时期，室内空气污染问题已经成为许多国家极为关注的环境问题之一。据美国环保总局对各种建筑物室内空气连续5年监测结果表明，迄今已在室内空气中发现有数千种化学物质，其中某些有毒化学物质含量比室外绿化区高20倍。室内空气污染的严重程度是室外空气的2～3倍，在某些情况下，甚至可达100多倍。越来越多的研究表明，室内空气污染物种类逐步增多，其中化学物污染尤为严重，污染物来源广，对人体的健康已造成严重威胁。北京市儿童医院从2004年开始，对白血病患儿进行了家庭居住环境调查，发现90％的小患者家中半年之内曾经装修过，而且大多是豪华装修。全世界每年有30万人因为室内空气污染而死于哮喘病，其中35％为儿童。

1.1.5 绿色建筑

绿色建筑指在建筑的全寿命周期内，最大限度地节约资源，包括节能、节地、节水、节材等，是保护环境和减少污染，为人们提供健康、舒适和高效的使用空间，与自然和谐共生的一种建筑物。绿色建筑技术注重低耗、高效、经济、环保、集成与优化，是人与自然、现在与未来之间的利益共享，是可持续发展的建设手段。

绿色建筑的"绿色"，并不是指一般意义的立体绿化、屋顶花园，而是代表一种概念或象征，指建筑对环境无害，能充分利用自然环境资源，并且在不破坏环境基本生态平衡的条件下建造的一种建筑，又可称为可持续发展建筑、生态建筑、回归大自然建筑、节能环保建筑等。

绿色建筑并不是一定要采用高新技术，也并不一定是高成本，它可以利用常见的健康材料向人们提供一个清洁而舒适的室内环境，达到居住环境和自然环境的协调统一。如延安窑洞冬暖夏凉，把它改造成中国式的绿色建筑，造价并不高；新疆当地特色的建筑，它的墙壁由当地的石膏和透气性好的秸秆组合而成，保温性很好，再加上非常当地化的屋顶，就是一种典型的乡村绿色建筑，其造价不过800元/平方米，可谓价廉物美。

1.2 室内空气污染及危害

室内空气质量（Indoor Air Quality，IAQ）：指一定时间和一定区域内，空气中所含有的各项检测物达到一个恒定不变的检测值。是用来指示环境健康和适宜居住的重要指标。主要的标准有含氧量、甲醛含量、水汽含量、颗粒物等，是一套综合数据，能够充分反映某一区域或某一空间的空气状况。

因室内空气质量问题导致的人体健康问题出现得越来越多，室内空气质量安全目前已经成为继食品安全之后的第二大受公众关注的焦点问题，国家针对室内空气质量的标准规范也正在不断完善，全社会对室内环保的意识得到了提高。

1.2.1 室内空气污染

室内空气污染是指在封闭空间内的空气中存在对人体健康有危害的物质并且浓度已经

超过国家标准达到可以伤害到人的健康程度,我们把此类现象总称为室内空气污染。

室内空气污染有很多,已经检测到的有毒有害物质达数百种,常见的也有 10 种以上,其中绝大部分为有机分子,另还有氨、氡气等。调查和研究发现:甲醛、氨、苯、TVOC、氡五类物质在民用建筑工程中普遍存在,且挥发性强,空气中挥发量大,对身体危害较大,社会上各方面反响强烈。所以,《民用建筑工程室内环境质量控制规范》将其列为控制污染物。

1.2.2 室内空气污染物来源

除建筑本身修建主体材料和装修材料外,室内有很多物体和用品,其本身即含有各种有害因子,一旦暴露于空气中,就会散发出有害气体,造成危害。主要来自以下几方面:

1. 建筑材料

某些水泥、砖、石灰等建筑材料的原材料中,本身就含有放射性镭。待建筑物落成后,镭的衰变物氡(222Rn)及其子体就会释放到室内空气中,进入人体呼吸道。室外空气中氡含量约为 $10Bq/m^3$ 以下,室内严重污染时可超过数十倍。

2. 泡沫绝热材料

使用脲—甲醛泡沫绝热材料(UFFI)的房屋,可释放出大量甲醛,有时可高达 $10kg/m^3$ 以上。甲醛具有明显的刺激作用,对眼、喉、气管的刺激很大;在体内能形成变态原,引起支气管哮喘和皮肤的变态反应;能损伤肝脏,尤其是有肝炎既往史的人,住进 UFFI 活动房屋以后,容易复发肝炎。长期吸入低浓度甲醛,能引起头痛、头晕、恶心、呼吸困难、肺功能下降、神经衰弱,免疫功能也受影响。动物试验能诱发出鼻咽癌。尚未见到人体致癌的流行学证据。

3. 家具、装饰用品和装潢摆设

常用的有地板革、地板砖、化纤地毯、塑料壁纸、绝热材料、脲—甲醛树脂粘合剂以及用该粘合剂粘制成的纤维板、胶合板等做成的家具等等,都能释放多种挥发性有机化合物,主要是甲醛。中国沈阳市某新建高级宾馆内,甲醛浓度最高达 $1.11kg/m^3$,普通居室内新装饰后可达 $0.17kg/m^3$ 左右,以后渐减。此外,有些产品还能释放出苯、甲苯、二甲苯、CS_2、三氯甲烷、三氯乙烯、氯苯等不下百余种挥发性有机物。其中有的能损伤肝脏、肾脏、骨髓、血液、呼吸系统、神经系统、免疫系统等,有的甚至能致敏、致癌。

4. 日常生活和办公用品

化妆品、洗涤剂、清洁剂、消毒剂、杀虫剂、纺织品、油墨、油漆、染料、涂料等都会散发出甲醛和其他种类的挥发性有机化合物、表面活性剂等。这些都能通过呼吸道和皮肤影响人体。

5. 室外污染物

室内空气受室外环境空气质量影响,如周围的工厂、附近的交通要道、周围的大小烟囱、分散的小型炉灶、局部臭气污染源等。当室外空气受到污染后,有害气体可以通过门窗直接进入室内污染室内空气。

土壤中含镭的地区,镭的衰变物氡及其子体可以通过房屋地基或房屋的管道入口处的缝隙进入室内。也可以先溶入地下水,当室内使用地下水时,即逸出到空气中。地下室或底层房间内空气中的氡浓度可达几百 Bq/m^3,楼层越高,浓度越低。

总之，室内空气污染物的来源很广、种类很多，对人体健康可以造成多方面的危害。而且，污染物往往可以若干种类同时存在于室内空气中，可以同时作用于人体而产生联合有害影响。

1.2.3 室内空气主要污染物及其危害

1. 甲醛

甲醛，化学式 HCHO，是一种无色、有强烈刺激性气味的气体。易溶于水、醇和醚。甲醛在常温下是气态，通常以水溶液形式出现，其40％的水溶液称为福尔马林，此溶液沸点为19℃。甲醛已经被世界卫生组织确定为致癌和致畸形物质，是公认的变态反应源，也是潜在的强致突变物之一。长期接触低剂量的甲醛会引起慢性呼吸道疾病、女性月经紊乱、妊娠综合征，引起新生儿体质降低、染色体异常、甚至鼻咽癌。高浓度的甲醛则对神经系统、免疫系统、肝脏等都有毒害。甲醛还有致畸、致癌作用，能凝固蛋白质，可引起鼻腔、口腔、鼻咽、皮肤和消化道的癌症。

甲醛是制备脲醛树脂、三聚氰胺甲醛树脂、酚醛树脂等聚合物的主要原料，这些树脂主要用作粘合剂和涂料中的基料。室内装饰装修材料及家具中的胶合板、大芯板、中纤板、刨花板（碎料板）中的粘合剂和涂料在遇热、潮解时就会释放出甲醛，成为室内环境甲醛污染的主要来源。另外 UF 泡沫作为房屋防热、御寒的绝缘材料，在光和热的作用下泡沫老化，会释放甲醛。室内吸烟也会产生甲醛，每支香烟气中含甲醛 $20\sim88\mu g$，并有致癌协同作用。还有用甲醛作防腐剂的涂料、化纤地毯、化妆品等产品。

2. 氨

氨，化学式 NH_3，一种无色而具有强烈刺激性臭味的气体，比空气轻（比重为0.5），熔点-77.7℃，沸点−33.5℃，易被液化成无色液体，易溶于水、乙醇和乙醚。氨是一种碱性物质对人的感官系统、呼吸系统和皮肤组织有刺激作用，可感觉最低浓度为5.3ppm。吸入氨轻者引起充血和分泌物增多，进而引起肺水肿。长时间接触低浓度氨可能会出现面部皮肤色素沉积，可引起支气管炎、皮炎、喉炎、声音沙哑，重者表现出流泪、头痛、头晕症状，可发生喉头水肿、喉痉挛而引起窒息，也可出现呼吸困难、肺水肿、昏迷和休克。

主要来自建筑施工中使用的阻燃剂、混凝土外加剂（防冻剂、膨胀剂、早强剂等）。在施工中，许多建筑商为防冻会将含有氨或尿素的防冻剂加入水泥中，为提高混凝土的凝固速度加入高碱混凝土膨胀剂、早强剂等，这些外加剂都会释放出氨气，造成室内氨的污染。另外，也可能来自室内装饰材料，如家具涂饰时所使用的添加剂和增白剂大部分都用氨水，还有室内装修的织物和木材使用的阻燃剂、理发店里的染发水等。这种污染释放期比较快，不会在空气中长期大量积存，对人体的危害相对小一些。

3. 苯

苯，化学式 C_6H_6，最简单的芳香烃类化合物，常温下为一种无色、具有特殊芳香气味的无色液体。苯可燃，有毒，难溶于水，易溶于有机溶剂，本身也可作为有机溶剂，极易挥发。国际卫生组织已经把苯认定为强烈致癌致突变物质，苯对人体造血功能有抑制作用，会使白细胞、红细胞和血小板减少。短时间接触苯会导致头晕、倦睡、头痛、胸闷、恶心、呕吐等症状，重者中毒而死。长期吸入苯可导致牙龈出血、鼻出血、皮下出血点或紫癜，女性月经量过多、经期延长等。重者可出现再生障碍性贫血、全细胞减少等，甚至可引起各种类型的白血病和恶性肿瘤，国际癌症研究中心也已确认苯为人类有毒致癌物质。

苯主要来自于建筑装饰中使用大量的化工原材料，如塑料、橡胶、涂料、填料等。各种油漆、涂料的添加剂、稀释剂、各种胶粘剂、防水材料及各种有机溶剂中都含有大量的苯，例如苯、甲苯、二甲苯是油漆中不可缺少的溶剂，天那水和稀料的主要成分都是苯、甲苯和二甲苯，及各种有机溶剂，胶粘剂的溶剂多数为苯或甲苯，这些物质经装修后，大量的苯挥发到室内。另外，苯还可来自烟草的烟雾、染色剂、图文传真机、电脑终端机和打印机、墙纸、地毯、合成纤维和清洁剂等。

4. 总挥发性有机化合物

总挥发性有机化合物，简称 TVOC，从广义上说，室内任何液体或固体在常温常压下自然挥发出来的有机化合物都属于 TVOC，本规范中 TVOC 定义为：在本规范规定的检测条件下所测得空气中挥发性有机化合物的总量，即沸点在 50～250℃ 的挥发性有机化合物总和。TVOC 在室内空气中作为一类污染物，是极其复杂的，按其化学结构可分为醛类、烷烃类、芳烃类等八大类，据不完全统计，一般的室内环境中有 50～300 种挥发性有机化合物，其中除醛类以外，已知的有苯、甲苯、二甲苯、三氯甲烷、苯乙烯、乙苯、乙酸丁酯、十一烷、二异氰酸酯等数十种，而且新的种类不断被合成出来。长期接触低浓度 TVOC 会引起嗅味不舒服和感觉有刺激性，过敏反应、神经毒性作用和局部组织凝症反应和引起流泪、呼吸频率改变、咳嗽或打喷嚏等反应，高浓度 TVOC 能引起机体免疫水平失调，影响中枢神经系统功能，出现头晕、头痛、嗜睡、无力、胸闷等自觉症状，还可能影响消化系统，出现食欲不振、恶心等，严重时可损伤肝脏和造血系统，出现变态反应等。

室内 TVOC 主要从建筑材料、室内装饰材料及生活和办公用品等散发出来的。如建筑材料中的人造板、泡沫隔热材料、塑料板材；室内装饰材料中的油漆、涂料、粘合剂、壁纸、化纤窗帘、地毯等；生活中用的化妆品、洗涤剂等；办公用品主要是指油墨、复印机、打字机等。

5. 氡

氡，化学式 Rn-222，空气中主要的天然放射性元素，是一种比空气重 7.5 倍的无色无味的放射性气体，很容易随着呼吸进入肺部，随血液流向全身。氡-222 原子核放射出的 α、β 粒子对人体，尤其是上呼吸道、肺部产生很强的内照射，破坏细胞结构分子，对细胞造成不可修复的伤害，对人的呼吸系统造成辐射伤害，诱发肺癌，且发病潜伏期长。研究表明，氡是除吸烟以外引起肺癌的第二大因素，被世界卫生组织公布为 19 种主要的环境致癌物质之一，国际癌症研究机构也认为氡是室内重要致癌物质。

氡主要来自于以天然土石为基本材料的建材如水泥、沙石、砖、瓦、花岗岩、大理石、石膏等，其中地下地质构造断裂是民用建筑低层室内氡气污染的重要来源，地基土壤的扩散，通过地表和墙体裂缝而进入室内。地下水中氡浓度达到 $104Bq/m^3$ 时也是室内的重要氡源，天然气和液化石油气燃烧时，如果室内通风不好，其中的氡全部释放到室内。另外，氡会来自于一些矿渣砖、炉渣砖等建筑材料（通常都含有不同程度的镭）和那些含铀高的室内装饰材料，如花岗岩和瓷砖、洁具等。

1.2.4 室内空气污染的特点

1. 室内空气污染物排放频率高、周期长

甲醛具有较强的粘合性，有加强板材的硬度、防虫、防腐功能。所以用作室内装修材料的人造板及使用的胶粘剂是以甲醛为主要成分的脲醛树脂，而板材中残留的与未参加反应的甲醛会逐渐不停地从材料的孔隙中释放出来。据日本横滨大学研究表明，室内板材中的甲醛其释放期为3-15年。

2. 人体对室内空气污染物的接触时间长，累积影响大

室内环境是人们生活、工作的主要场所。成年男子一天24小时中，在居室及室内工作场所的时间可达12小时以上，而家庭妇女、婴幼儿、老残病弱者在室内的时间则更长久。人的一生中至少有一半时间在室内度过，这样长时间暴露在有污染的室内环境中，污染物对人体作用不但时间长而累积的危害就更为严重。

3. 室内环空气染物浓度比室外高、受害程度也比室外大

室内空间与室外空间相比是一个相对封闭的小空间环境，这不利于空气中污染物质的扩散，反而会因室内污染物无法扩散，积累在室内造成室内空气污染程度不断地加重。

美国一个历时5年的专题调查发现，许多民用与商业建筑的室内空气污染程度比室外高2-5倍，有的甚至超过100倍。1994年我国有关部门在一次调查中发现，城市室内空气污染程度比室外严重，有的超过室外56倍之多，受害程度也比室外严重。

4. 室内空气污染物来源广、种类多

室内污染物来源有建筑物自身的污染，室内装饰装修材料及家具材料的污染，有家电办公器物的污染，有厨房厕所浴室所带来的污染，而人本身也是一个大污染源。而污染物的种类有物理的、化学的、生物的、放射性的十分繁多。

5. 室内环空气染的影响范围大、人数多，后果严重

室内环境包括居室、办公室、车间、学校、交通工具、娱乐场所、医院、疗养院等其涉及室内环境十分广泛，人群数量众多，据统计全球有一半人处于室内空气污染中。其总影响后果十分巨大。

6. 室内空气污染对人体健康危害巨大造成经济损失惨重

据加拿大卫生组织调查表明：有68％的疾病是室内污染造成的。2002年4月我国首届室内空气质量与健康学术研究会上宣布。我国室内环境污染引起的超额死亡人数每年达11.1万人。仅1994年统计室内污染造成的经济损失达800亿元。

1.3 室内环境检测

随着我国经济的飞速发展，人们生活水平不断提高，人对自身健康越来越关注，特别重视自己所生活和工作的环境质量，可是，在修建建筑物过程中，离不开使用新的化学建筑材料，这些材料对室内环境造成了一定的污染，因此，国家、社会都迫切要求对室内环境质量进行检测，国标《民用建筑工程室内环境质量污染控制规范》GB 50325明确要求工程竣工验收时必须提供室内空气检测报告，室内空气检测不合格的工程不能投入使用，设计、施工也必须满足规范中强制性规定要求。所以，对室内环境质量和一些建筑材料有害指标进行检测，显得特别迫切和重要。但是由于我国室内环境检测起步较晚，社会认知度不高，从业人员技术水平参差不齐，检测机构检测能力和检测水平总体不高、检测结果时有偏离实际现象，室内环境检测仍然存在着一些不规范、不符合的问题，需要进一步加强行业管理和从业人员培训，切实提高从业人员检测技术水平。

1.3.1　室内环境检测定义

室内环境检测就是运用现代科学技术方法以间断或连续的形式定量地测定环境因子及其他有害于人体健康的室内环境污染物的浓度变化，观察并分析其环境影响过程与程度的科学活动。民用建筑工程室内环境质量检测，主要是针对建筑材料、室内装饰材料、家具等含有对人体有害的物质，释放到家居、工作、学习、娱乐、悠闲等活动场所室内，造成室内空气污染，或者由于当地土壤或岩层中析出、扩散到室内的氡污染物的检测。

1.3.2　室内环境检测的目的

室内空气检测的目的是为了及时、准确、全面地反映室内空气质量现状及发展趋势，并为室内环境管理、污染源控制、室内环境规划、室内环境评价提供科学依据。具体可概括为以下几个方面。

1. 根据室内环境质量标准，评价室内环境质量；
2. 根据污染物的浓度分布、发展趋势和速度，追踪污染源，为实施室内环境监测和控制污染提供科学依据；
3. 根据检测资料，为研究室内环境容量，实施总量控制、预测预报室内环境质量提供科学依据；
4. 为制定、修订室内环境标准、室内环境法律和法规提供科学依据；
5. 为室内环境科学研究提供科学依据。

1.3.3　室内环境检测的要求

室内环境检测的要求可大致概括为五个方面。

1. 代表性：采样时间、采样地点及采样方法等必须符合有关规定，使采集的样品能够反映整体的真实情况。
2. 完整性：主要强调检测计划的实施应当完整，即必须按计划保证采样数量和测定数据的完整性、系统性和连续性。
3. 可比性：要求实验室之间或同一实验室对同一样品的测定结果相互可比。
4. 准确性：测定值与真实值的符合程度。
5. 精密性：测定值有良好的重复性和再现性。

1.3.4　室内环境检测的必要性

人一天呼吸约 $10\sim15m^3$ 空气，其中 $80\%\sim95\%$ 都是室内空气，按空气的密度换算，空气约重 $1.293kg/m^3$，相当于人每天呼吸接近 20kg 重的空气。室内空气中的污染绝大多数是肉眼看不见的，往往比人的细胞还小，可以通过呼吸直接进入血液，人体最小细胞约 $2.5\mu m$，而细菌、重金属颗粒普遍比 $1\mu m$ 还小。人类 68% 的疾病直接或间接与空气污染有关，关注室内空气品质的同时就是关注我们自身的健康。绝大多数人们有超过 90% 的时间是在室内环境中度过的，经抽样调查，人所处环境的时间比例室内占 90% 左右，室外占 8%～9%。交通工具内占 1%～2%，因此，室内空气环境比室外更重要。

世界卫生组织已将室内空气污染归为危害人类健康的 5 大环境因素之一，也将室内空气污染与高血压、胆固醇过高症以及肥胖症等共同列为人类健康的 10 大威胁。据统计，全球近一半的人处于室内空气污染中，室内环境污染已经引起约 35% 的呼吸道疾病，约 20% 的慢性肺病和 15% 的气管炎、支气管炎和肺癌。

世界银行估计，中国每年因室内空气污染所造成的经济损失约 32 亿美元，另据国际有关组织调查统计，世界上 30% 的建筑物中存在有害于健康的室内空气，这些有害气体已经引起全球性的人口发病率和死亡率的增加。

我国为了保障民用建筑工程室内环境能够达到基本健康条件，制定了相关法律、规范，要求在对民用建筑工程项目进行竣工验收时，必须提供室内环境检测报告作为验收的必备资料之一。根据《民用建筑工程室内环境质量控制规范》GB 50325 要求，民用建筑工程在完工 7d 以后、交付使用前，建设单位应委托有资质的第三方检测机构进行检测，并出具相应的室内环境污染物浓度检测报告，也就是说在民用建筑工程验收时对室内环境进行检测是强制性的要求。

1.4 室内环境检测依据及标准解读

目前，控制室内环境污染物的国家标准主要有两个。一个是由原国家质监总局和建设部联合发布，并于 2011 年 6 月 1 日起实施的《民用建筑工程室内环境污染控制规范》GB 50325—2010（2013 年版）；另一个是由原国家质检总局、卫生部、国家环保总局联合发布，并于 2003 年 3 月 1 日起实施的 GB/T 18883—2002《室内空气质量标准》。由于检测控制标准直接影响检测结果判定，所以在进行室内环境检测工作开始之前，有必要对上述两个国家标准进行解读。

1.4.1 《民用建筑工程室内环境污染控制规范》GB 50325—2010 要点解读

1.《民用建筑工程室内环境污染控制规范》简介

根据建设部建标〔2001〕87 号文的要求，具体由河南省建筑科学研究院会同苏州市卫生检测中心、国家建筑工程质量监督检验中心、河南省辐射环境监测管理站、苏州城建环保学院、南开大学、清华大学组成编制组共同编制完成《民用建筑工程室内环境污染控制规范》GB 50325—2001。2008 年，河南省建筑科学研究院有限公司和泰宏建设发展有限公司会同有关单位，历经两年多时间，在 GB 50325—2001 基础上，考虑了我国建筑业目前发展的水平，建筑材料和装修材料工业发展现状，修订完成了《民用建筑工程室内环境污染控制规范》GB 50325—2010，并于 2011 年 6 月 1 日起实施。本规范共分 6 章 105 条和 7 个附录。主要技术内容包括：总则、术语和符号、材料、工程勘察设计、工程施工、验收等。

2.《民用建筑工程室内环境污染控制规范》术语

民用建筑工程（civil building engineering）：是指新建、扩建和改建的民用建筑结构工程和装修工程的统称。

　　环境测试舱（environmental test chamber）：模拟室内环境测试建筑材料和装修材料的污染物释放量的设备。

　　表面氡析出率（radon exhalation rate from the surface）：单位面积、单位时间土壤或材料表面析出的氡的放射性活度。

　　内照射指数（internal exposure index）：建筑材料中天然放射性核素镭-226 的放射性比活度，除以比活度限量值 200 而得的商。

　　外照射指数（external exposure index）：建筑材料中天然放射性核素镭-226、钍-232 和钾-40 的放射性比活度，分别除以比活度限量值 370、260、4200 而得的商之和。

　　氡浓度（radon consistence）：单位体积空气中氡的放射性活度。

　　人造木板（wood-based panels）：以植物纤维为原料，经机械加工分离成各种形状的单元材料，再经组合并加入胶粘剂压制而成的板材，包括胶合板、纤维板、刨花板等。

　　饰面人造木板（decorated wood-based panels）：以人造木板为基材，经涂饰或复合装饰材料面层后的板材。

　　水性涂料（water-based coatings）：以水为稀释剂的涂料。

　　水性胶粘剂（water-based adhesives）：以水为稀释剂的胶粘剂。

　　水性处理剂（water-based treatment agents）：以水作为稀释剂，能浸入建筑材料和装修材料内部，提高其阻燃、防水、防腐等性能的液体。

　　溶剂型涂料（solvent-thinned coatings）：以有机溶剂作为稀释剂的涂料。

　　溶剂型胶粘剂（solvent-thinned adhesives）：以有机溶剂作为稀释剂的胶粘剂。

　　游离甲醛释放量（content of released formaldehyde）：在环境测试舱法或干燥器法的测试条件下，材料释放游离甲醛的量。

　　游离甲醛含量（content of free formaldehyde）：在穿孔法的测试条件下，材料单位质量中含有游离甲醛的量。

　　总挥发性有机化合物（total volatile organic compounds）：在本规范规定的检测条件下，所测得空气中挥发性有机化合物的总量，简称 TVOC。

　　挥发性有机化合物（volatile organic compound）：在本规范规定的检测条件下，所测得材料中挥发性有机化合物的总量，简称 VOC。

　　3. 《民用建筑工程室内环境污染控制规范》要点解读

　　该规范共有 6 章和 7 个附录，主要包括总则、术语符号、材料、工程设计、工程施工、工程验收等章节，技术内容包括主要污染物、限量要求、检测方法、材料的选择要求、工程验收规范等，内容全面，条款众多，为了便于读者更快掌握该规范的主要内容，特将要点进行如下解读：

　　（1）规范适用于新建、扩建和改建的民用建筑工程室内环境污染控制，不适用于工业生产建筑工程、仓储性建筑工程、构筑物和有特殊净化卫生要求的室内环境污染控制，也不适用民用建筑工程交付使用后，非建筑装修产生的室内环境污染控制，比如由燃烧、烹调和吸烟等所造成的污染。

　　（2）规范将民用建筑工程根据控制室内环境污染的不同要求，划分为以下 I 类和 II 类：

　　Ⅰ类民用建筑工程指：住宅、医院、老年建筑、幼儿园、学校教室等民用建筑工程；

　　Ⅱ类民用建筑工程指：办公楼、商店、旅馆、文化娱乐场所、书店、图书馆、展览馆、体育馆、公共交通等候室、餐厅、理发店等民用建筑工程。

　　（3）规范规定了民用建筑工程中所用建筑材料和装修材料的不同类别污染物检测标准和限量要求（详见该规范第3部分 材料），所选用的材料必须符合相关规定。

　　（4）规范中TVOC定义为：在本规范规定的检测条件下所测得空气中挥发性有机化合物的总量，即沸点在50～250℃的挥发性有机化合物总和。

　　（5）新建、扩建的民用建筑工程设计前，应进行建筑场地土壤中氡浓度或土壤氡析出率测定，当土壤氡浓度大于或等于50000Bq/m³或土壤表面氡析出率平均值大于或等于0.3Bq/m²·s时，应采取建筑物综合防氡措施。

　　（6）民用建筑工程室内不得使用含角闪石石棉（即蓝石棉）的建筑材料以及国家禁止使用的建筑材料。Ⅰ类工程室内装修采用的无机非金属装修材料必须为A类，人造木板及饰面人造木板必须达到E1级要求，严禁采用沥青、煤焦油类防腐、防潮处理剂。

　　（7）民用建筑工程中所采用的无机非金属建筑材料和装修材料必须进行放射性指标检测，人造木板及饰面人造木板必须进行甲醛释放量检测，涂料、胶粘剂、水性处理剂必须进行VOC、游离甲醛、苯、甲苯＋二甲苯、TDI等指标的检测，检测项目不全或检测结果不合格的材料严禁使用，严禁使用苯、工业苯、石油苯、重质苯及混苯作为稀释剂和溶剂。

　　（8）民用建筑工程及室内装修工程的室内环境质量检测，应在工程完工至少7d以后、工程交付使用前进行。

　　（9）规范控制的室内环境污染物有氡（简称Rn-222）、甲醛、氨、苯和总挥发性有机化合物（简称TVOC），工程验收时其限量必须符合表1-1的规定。

民用建筑工程室内环境污染物浓度限量（GB 50325—2010，2013年版）　　　表1-1

污染物		Ⅰ类民用建筑工程	Ⅱ类民用建筑工程
氡	（Bq/m³）	≤200	≤400
甲醛	（mg/m³）	≤0.08	≤0.1
苯	（mg/m³）	≤0.09	≤0.09
氨	（mg/m³）	≤0.2	≤0.2
TVOC	（mg/m³）	≤0.5	≤0.6

　　注：① 表中污染物浓度限量，除氡外均指室内测量值扣除同步测定的室外上风向空气测量值(本底值)后的测量值。
　　　　② 表中污染物浓度测量值的极限值判定，采用全数值比较法。

　　（10）民用建筑工程验收时，应抽检每个建筑单体有代表性的房间数不得少于房间总数的5%，每个建筑单体不得少于3间，当房间总数少于3间时，应全数检测。若进行了样板间室内环境污染物浓度检测且检测结果合格的，抽检量减半，并不得少于3间。

　　（11）民用建筑工程室内环境质量检测时，对采用集中空调的工程，应在空调正常运转的条件下进行；对采用自然通风的工程，甲醛、氨、苯、TVOC取样应在对外门窗关闭1h后进行，氡浓度检测应在对外门窗关闭24h以后进行。

（12）当室内环境污染物浓度检测结果不合格时，应查找原因并采取措施进行处理后，对不合格项进行再次检测，抽检量应增加 1 倍，并应包含原不合格房间。若再次检测结果全部合格，应判定为室内环境质量合格。室内环境质量验收不合格的民用建筑工程，严禁投入使用。

1.4.2 《室内空气质量标准》GB/T 18883—2002 要点解读

1. 标准中主要污染物

该标准于 2002 年 11 月 19 日由原国家质量监督检验检疫局、国家环保总局、国家卫生部联合发布，对于不断提高人们的室内环境意识，促进有关行业和企业规范自己的行为，保障人民的身体健康，具有十分重要的意义。

该标准中规定的的控制项目不仅有化学性污染，还有物理性、生物性和放射性污染等共 19 项参数指标。化学性污染物质中不仅有人们熟悉的甲醛、苯、氨、氡、TVOC 等污染物质，还有可吸入颗粒物、二氧化碳、二氧化硫等 13 项化学性污染物质，详见表 1-2。

室内空气质量标准指标　　　　　　　　　　表 1-2

序号	参数类别	参数	单位	标准值	备注
1	物理性	温度	℃	22～28	夏季空调
				16～24	冬季采暖
2		相对湿度	%	40～80	夏季空调
				30～60	冬季采暖
3		空气流速	m/s	0.3	夏季空调
				0.2	冬季采暖
4		新风量	m³/h·人	30	
5	化学性	二氧化硫 SO_2	mg/m³	0.50	1 小时均值
6		二氧化氮 NO_2	mg/m³	0.24	1 小时均值
7		一氧化碳 CO	mg/m³	10	1 小时均值
8		二氧化碳 CO_2	%	0.10	日平均值
9		氨 NH_3	mg/m³	0.20	1 小时均值
10		臭氧 O_3	mg/m³	0.16	1 小时均值
11		甲醛 HCHO	mg/m³	0.10	1 小时均值
12		苯 C_6H_6	mg/m³	0.11	1 小时均值
13		甲苯 C_7H_8	mg/m³	0.20	1 小时均值
14		二甲苯 C_8H_{10}	mg/m³	0.20	1 小时均值
15		苯并[a]芘 B(a)P	mg/m³	1.0	日平均值
16		可吸入颗粒 PM_{10}	mg/m³	0.15	日平均值
17		总挥发性有机物 TVOC	mg/m³	0.60	8 小时值
18	生物性	菌落总数	cfu/m³	2500	依据仪器定
19	放射性	氡^{222}Rn	Bq/m³	400	年平均值（行动水平）

注：新风量要求≥标准值，除温度、相对湿度外的其他参数要求≤标准值

2. 标准的特点

(1) 国际性

标准中引入了室内空气质量这个概念，这一概念是在借鉴国外相关标准的基础上建立的。在 20 世纪 70 年代后期，在一些西方发达国家出现的，这次我们明确确定标准为室内空气质量标准，说明加入 WTO 以后我们国家与世界的距离更近了。

(2) 全面性

标准规定了人们在正常居住或工作条件下，能保证人体健康的各项物理性指标、化学污染性指标、微生物指标和放射性指标等 4 种类型 19 种污染物作为民用建筑室内空气污染评价指标，可以比较全面地反映出室内综合的空气质量。

(3) 针对性

标准在紧密结合我国的实际情况，即考虑到发达地区和城市建筑中的新风量、温湿度以及甲醛、苯等污染物质，同时，也制定出了一些不发达地区的使用原煤取暖和烹饪造成的室内一氧化碳、二氧化碳和二氧化氮的污染。

(4) 前瞻性

标准中加入了"室内空气应无毒、无害、无异常嗅味"的要求，使标准的适用性更强。

(5) 权威性

标准的发布和实施，为广大消费者解决自己的污染难题提供了有力的武器。

(6) 完整性

标准与国家标准委以前发布的《民用建筑室内环境污染控制规范》、十种《室内装饰装修材料有害物质限量》共同构成我国一个比较完整的室内环境污染控制和评价体系，对于保护消费者的健康，发展我国的室内环境事业具有重要的意义。

1.4.3　GB 50325 与 GB/T 18883 的比较

两个标准都用于控制室内环境质量，但各自侧重点不同，使用范围和控制指标有所不同，前者适用于工程验收，关注由建设过程产生的污染对空气质量影响，后者适用于人们正常生活工作的环境质量评价。关注空气质量对人的影响。可以说，这两个标准互相补充，各有侧重，构成一个完整的室内环境质量评价体系，引导人们生活的室内空气环境向健康化发展。这两个国家标准在其条文中都很明确的规定了测试数据的取样条件、检测方法和不同实验分别所使用的仪器，但二者也存在着一定的区别，主要有以下几个方面：

1. 性质不同

GB 50325 主要是从工程验收的角度出发，规定了在工程施工过程中最易引起污染的五个参数，便于明确开发方、装饰装修方的责任，可操作性强。该标准明确规定了民用建筑工程从工程设计勘测、施工过程、材料选择、工程验收整个过程的规范要求，对室内环境污染注重过程控制。而 GB/T 18883 是国家环保总局和卫生部发布的国家推荐性标准，是从保护人体健康的最低要求出发，将影响健康的物理参数和主要污染物全部纳入监测范围，实施全面系统监测与控制。室内环境质量不仅取决于工程建设和装饰装修的过程，还依赖于个人生活习惯及建筑周围外环境改善，如生活中由于烧饭、抽烟、生活垃圾、外购衣物，家具，周围外环境等产生的污染。GB/T 18883 是一指导性标准，属室内环境健康标准。

2. 污染物控制的指标不同及限量值不同

GB 50325 控制的主要由于建筑过程造成、危害程度大、存在范围广的污染物甲醛、氨、苯、总挥发性有机物、氡 5 项指标的限制，而 GB/T 18883 是对室内空气中常见的物理性、化学性、生物性和放射性等 4 种类型 19 项污染物指标进行全面控制。

GB 50325 将限量值划分为以住宅为主的Ⅰ类建筑和以办公楼为主的Ⅱ类建筑，分别予以规定（见表 1-1），而 GB/T 18883 则不进行划分，采用统一的标准，相对于 GB 50325，同种污染物参数指标略为宽松，除氨外，其他限量值基本为 GB 50325 的Ⅱ类建筑限量或介于两类之间，而苯的限量值则更大（表 1-2）。

3. 采样条件不同

对于氡、甲醛、氨、苯、TVOC 这五个参数，两个国家标准要求的检测方法一样，但规定的采样条件却有较大差异，GB 50325 规定采用自然通风的民用建筑工程，除氡外，其他参数在封闭房间 1h 后采样。GB/T 18883 是评价人们在正常活动情况下，室内空气质量对人体健康影响状况，要求年平均浓度至少采样 3 个月，日平均浓度至少采样 18h，8h 平均浓度至少采样 6h、1h 平均浓度至少采样 45min，早晨不开窗通风，采样周期较长。

4. 强制力不同

GB 50325 是原质检总局和住房和城乡建设部发布的强制性标准，GB/T 18883 是国家质检总局、卫生部和国家环保总局发布的推荐性标准，但是都具有法规的性质，前者必须强制执行，后者相当于一些非强制的法律法规。

从以上两个标准的区别中可以看出，在进行室内环境检测时应明确检测的目的。如果检测结果是用于建筑工程竣工验收或装饰装修工程的验收，应采用《民用建筑工程室内环境质量控制规范》GB 50325，如果是为了评价、了解室内空气质量，应采用 GB/T 18883 标准，GB/T 18883 实质上是一个健康人居环境的基本标准，对建筑开发商、装修商、家具商并没有强制约束力，只具有指导性作用。

第2章 室内环境检测基础知识

2.1 化学分析基础知识

2.1.1 玻璃仪器

实验室中大量使用玻璃仪器，是因为玻璃具有一系列可贵的性质，它有很高的化学稳定性、热稳定性，有很好的透明度、一定的机械强度和良好的绝缘性能。玻璃原料来源方便，并可以用多种方法按需要制成各种不同形状的产品。用于制作玻璃仪器的玻璃称为"仪器玻璃"，用改变玻璃化学组成的方法可以制出适应各种不同要求的玻璃。玻璃的化学成分主要是 SiO_2、CaO、Na_2O、K_2O，引入 B_2O_3、Al_2O_3、ZnO、BaO 等以使玻璃具有不同的性质和用途，含 SiO_2 和 B_2O_3 玻璃是特硬玻璃和硬质玻璃，它们具有较高的热稳定性，在化学稳定性方面耐酸、耐水性能好，耐碱性能稍差。

一般的仪器玻璃和量器玻璃为软质玻璃，其热稳定性及耐腐蚀性稍差。我们说玻璃的化学稳定性较好，但并不是绝对不受侵蚀，而是其受侵蚀的程度符合一定的标准。因玻璃被侵蚀而有痕量离子进入溶液中和玻璃表面吸附溶液中的待测分析离子，是微量分析要注意的问题。氢氟酸强烈地腐蚀玻璃，故不能用玻璃仪器进行含有氢氟酸的实验。碱液特别是浓的或热的碱液对玻璃明显的腐蚀。储存碱液的玻璃仪器如果是磨口仪器还会使磨口粘在一起无法打开。因此，玻璃容器不能长时间存放碱液。

石英玻璃属于特种仪器玻璃，其理化性能与玻璃有同又有异，它有极其优良的化学稳定性和热稳定性，但价格较贵。石英制品在化验室中也占有重要的地位。

1. 常用玻璃仪器

实验室所用到的玻璃仪器种类很多，各种不同专业的实验室会用到一些特殊的玻璃仪器，这里主要介绍一般通用的玻璃仪器及一些磨口玻璃仪器的知识。

(1) 烧杯

烧杯在实验室应用范围较为广泛，形状大致差不多，只在高矮和直径的大小上有所不同，规格较多，最小的有 5、10mL，最大的有几千毫升，多用于蒸发、浓缩、煮沸、配制试剂等，见图 2-1。

(2) 三角烧瓶

三角烧瓶也称锥形瓶，多用于加热液体时避免大量蒸发、反应时便于摇动的工作中，特别适用于滴定工作，常用规格 50～500mL 不等，见图 2-2。

(3) 碘量瓶

碘量瓶也叫磨口三角瓶，它具有自己的固定磨口塞。磨口三角瓶在加热时需将塞子打开，否则瓶内气体膨胀，易使瓶子破碎或冲开塞子溅出液体，常用规格有 100、125、

250、500mL 四种，见图 2-3。

图 2-1　烧杯

图 2-2　三角烧瓶

图 2-3　碘量瓶

（4）试管

试管可加热，按直接能容纳液体的体积分类，如 5、10、20、30、50mL；按直径和长度分类，如 12mm×100mm、10mm×80mm、13mm×120mm 等；还有带刻度的试管，见图 2-4。

（5）比色管

比色管：主要用于比色分析。不能直接用火加热，注意保持管壁透明。其常用规格有 10、25、50、100mL，还有带刻度、不带刻度，具塞、不具塞之分，见图 2-5。

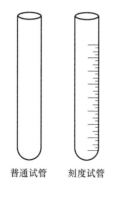

普通试管　　刻度试管

图 2-4　试管

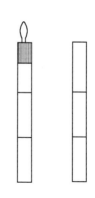

图 2-5　比色管

（6）干燥器

用于冷却和保存烘干的样品和称量瓶，底层放有干燥剂。常用的干燥剂有氯化钙、变色硅胶和浓硫酸。干燥器的盖和底的接触是磨口的，并需涂凡士林以保证接触面的密封。应注意及时更换干燥剂，保证干燥效果。

其规格是接口的直径划分，小型的有 100mm，最大的有 500mm 的。棕色玻璃质的为存放避光的样品，见图 2-6。

干燥器也可作为其他用途，测定板材甲醛时，把它当作一个小型密闭舱来使用。

（7）漏斗

漏斗规格是以上口直径来划分，最小的 20～30mm，最大的有 200～300mm。常用的有短颈漏斗、长颈漏斗、筋纹

图 2-6　干燥器

漏斗、布氏漏斗、砂心漏斗，见图2-7。注意砂心漏斗不能过滤碱液。

(8) 分液漏斗

分液漏斗用于萃取分离操作。分液漏斗进行液体分离时，必须放置在铁环上静置分层；待两层液体界面清晰时，先将顶塞的凹缝与分液漏斗上口颈部的小孔对好（与大气相通），再把分液漏斗下端靠在接受瓶壁上，然后缓缓旋开旋塞，放出下层液体，放时先快后慢，当两液面界限接近旋塞时，关闭旋塞并手持漏斗颈稍加振摇，使粘附在漏斗壁上的液体下沉，再静置片刻，下层液体常略有增多，再将下层液体仔细放出，此种操作可重复2～3次，以便把下层液体分净。当最后一滴下层液体刚刚通过旋塞孔时，关闭旋塞。待颈部液体流完后，将上层液体从上口倒出。绝不可由旋塞放出上层液体，以免被残留在漏斗颈的下层液体所沾污，见图2-8。

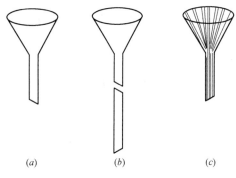

图 2-7　漏斗
(a) 短颈漏斗；(b) 长颈漏斗；(c) 筋纹漏斗

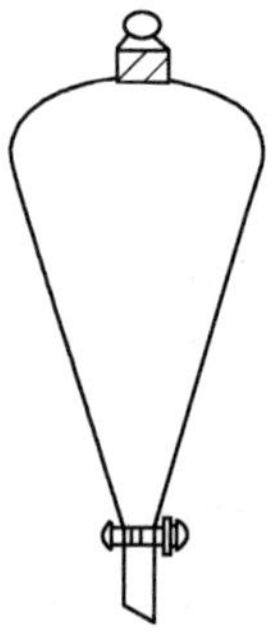

图 2-8　分液漏斗

(9) 平底烧瓶

平底烧瓶，口比较细，可以防止液体流出，可以进行长时间加热，加热时烧瓶应放置在石棉网上，不能用火焰直接加热，实验完毕后，应撤去热源，静止冷却后，再行废液处理，进行洗涤，通常有50、100、500、1000、2000mL等，见图2-9。

(10) 冷凝管

冷凝管供蒸馏时冷凝用，必须与其他仪器配套装在一起使用。冷凝管没有固定统一规格，分为直形、球形、蛇形和空气冷凝管四种。冷凝水的走向要从低处流向高处，千万不要把进水口和出水口装颠倒。

蛇形的冷凝面积大，适用于将沸点较低的物质由蒸气冷凝成液体，直形的适于将沸点较高的物质由蒸气冷凝成液体，球形的则两种情况都可以使用。还有一种空气冷凝器，是一支单层的玻璃管，用于冷凝沸点在15℃以上的液体蒸气，借助空气进行冷却，见图2-10。

2. 玻璃计量器具

实验室常用的玻璃量器有滴定管、容量瓶、移液管、量筒和量杯等。

玻璃量器应定期进行校正。玻璃量器的校正均通过称量量器装入或流出水的重量W，再根据该温度下水的密度d，计算出量器的容积V，$V=W/d$（mL）。V与玻璃量器的标示容积比较，其误差应小于规定限度（允差）。

(1) 滴定管

滴定管是滴定分析中最主要的玻璃仪器，其精度相对较高，按照颜色可分为白色（无色）滴定管和棕色滴定管。当标准溶液对光不稳定时需要使用棕色滴定管，如碘标准溶液。按照用途滴定管又可以分为酸式滴定管和碱式滴定管，分别用于标准溶液为酸性和碱性的滴定分析。目前还有一种滴定管为通用滴定管，它是带有聚四氟乙烯旋塞的滴定管，具体如图 2-11 所示。

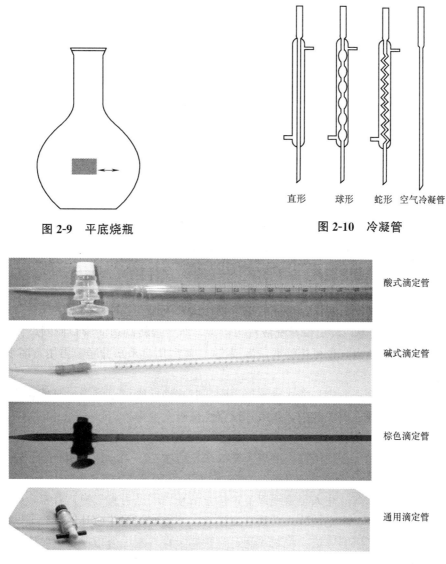

图 2-9　平底烧瓶

直形　球形　蛇形　空气冷凝管

图 2-10　冷凝管

酸式滴定管

碱式滴定管

棕色滴定管

通用滴定管

图 2-11　滴定管

滴定管一般有 25mL 和 50mL 两种规格，最小刻度均为 0.1mL，精确度是百分之一，即可精确到 0.01mL。

酸式滴定管主要用于量取或滴定酸溶液或氧化性试剂以及对橡皮有侵蚀作用的液体，其玻璃活塞与滴定管是固定配套使用的，不能任意更换。使用时要注意玻塞是否旋转自如，通常是取出活塞，拭干，在活塞两端沿圆周抹一薄层凡士林作润滑剂（或真空活塞油脂），然后将活塞插入，顶紧，旋转几下使凡士林分布均匀（几乎透明）即可，再在活塞尾端套一橡皮圈，使之固定。注意凡士林不要涂得太多，否则易使活塞中的小孔或滴定管下端管尖堵塞。

碱式滴定管的管端下部连有橡皮管，管内装一玻璃珠做控制开关，一般用于量取碱性等对玻璃管有侵蚀作用的溶液。其准确度不如酸式滴定管，主要由于橡皮管的弹性会造成液面的变动。在使用前，应检查橡皮管是否破裂或老化及玻璃珠大小是否合适，无渗漏后才可使用。

一般的滴定液均可使用酸式滴定管，但因碱性溶液常使玻塞与玻孔粘合，以至难以转动，故碱性溶液宜用碱式滴定管。若碱性溶液只要使用时间不长，用毕后立即用水冲洗，亦可使用酸式滴定管，但绝对禁止用碱式滴定管装酸性及强氧化性溶液，如高锰酸钾、碘、硝酸银等溶液，因它们易与橡皮起作用，造成橡皮管老化和破裂。

1）滴定管使用方法：

① 滴定管使用前的准备

滴定管在使用前按下列步骤进行准备：

a. 查试漏

酸式滴定管洗净后，先检查旋塞转动是否灵活，是否漏水，方法为关闭旋塞，将滴定管充满水，用滤纸在旋塞周围和管尖处检查。然后将旋塞旋转180°，直立2min，再用滤纸检查，如漏水，酸式管涂凡士林；碱式滴定管使用前应先检查橡皮管是否老化，检查玻璃珠大小是否适当，若有问题，应及时更换。

b. 滴定管的洗涤

滴定管使用前必须先洗涤，洗涤时以不损伤内壁为原则。洗涤前，关闭旋塞，倒入约10mL洗液，打开旋塞，放出少量洗液洗涤管尖，然后边转动边向管口倾斜，使洗液布满全管。最后从管口放出（也可用铬酸洗液浸洗）。然后用自来水冲净。再用蒸馏水洗3次，每次10～15mL。

碱式滴定管的洗涤方法与酸式滴定管不同，碱式滴定管可以将管尖与玻璃珠取下，放入洗液浸洗。管体倒立入洗液中，用吸耳球将洗液吸上洗涤。

c. 润洗

滴定管在使用前还必须用操作溶液润洗3次，每次10～15mL，润洗液弃去。

d. 装液排气泡

洗涤后再将操作溶液注入至零线以上，检查活塞周围是否有气泡，若有，开大活塞使溶液冲出，排出气泡。滴定剂装入必须直接注入，不能使用漏斗或其他器皿辅助。

碱式滴定管排气泡的方法：将碱式滴定管管体竖直，左手拇指捏住玻璃珠，使橡胶管弯曲，管尖斜向上约45°，挤压玻璃珠处胶管，使溶液冲出，以排除气泡。

e. 读初读数

放出溶液后（装满或滴定完后）需等待1～2min后方可读数。读数时，将滴定管从滴定管架上取下，左手捏住上部无液处，保持滴定管垂直。视线与弯月面最低点刻度水平线相切。视线若在弯月面上方，读数就会偏高；若在弯月面下方，读数就会偏低。若为有色溶液，其弯月面不够清晰，则读取液面最高点。有的滴定管背面有一条蓝带，称为蓝带滴定管。蓝带滴定管的读数与普通滴定管类似，当蓝带滴定管盛溶液后将有两个弯月面相交，此交点的位置即为蓝带滴定管的读数位置。

② 滴定

a. 滴定操作

滴定操作见图 2-12。

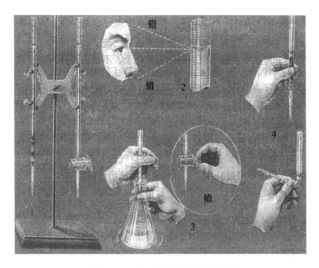

图 2-12　滴定管使用示意图

注：图 2-12 中：

　　1　滴定管架上的滴定管（左-碱式，右-酸式）。

　　2　观看管内液面的位置：视线跟管内液体的凹液面的最低处保持水平。

　　3　酸式滴定管的使用：右手拿住锥形瓶颈，向同一方向转动。左手旋开（或关闭）活塞，使滴定液逐滴加入。

　　4　碱式滴定管的使用：左手捏挤玻璃球处的橡皮管，使液体逐滴下降。如果管内有气泡，要先赶走气泡。

滴定时，应将滴定管垂直地夹在滴定管夹上，滴定台应呈白色。滴定管离锥瓶口约 10mm，用左手控制旋塞，拇指在前，食指中指在后，无名指和小指弯曲在滴定管和旋塞下方之间的直角中。转动旋塞时，手指弯曲，手掌要空。右手三指拿住瓶颈，瓶底离台约 20～30mm，滴定管下端深入瓶口约 10mm，微动右手腕关节摇动锥形瓶，边滴边摇使滴下的溶液混合均匀。摇动的锥瓶的规范方式为：右手执锥瓶颈部，手腕用力使瓶底沿顺时针方向画圆，要求使溶液在锥瓶内均匀旋转，形成旋涡，溶液不能有跳动，管口与锥瓶应无接触。

b. 滴定速度

液体流速由快到慢，起初可以"连滴成线"，之后逐滴滴下，快到终点时则要半滴半滴地加入。半滴的加入方法是：小心放下半滴滴定液悬于管口，用锥瓶内壁靠下，然后再用洗瓶冲下。

c. 终点操作

当锥瓶内指示剂指示终点时，立刻关闭活塞停止滴定。洗瓶淋洗锥形瓶内壁。取下滴定管，右手执管上部无液部分，使管垂直，目光与液面平齐，读出读数。读数时应估读一位。滴定结束，滴定管内剩余溶液应弃去，洗净滴定管，倒置在夹上备用。

2）滴定管使用的注意事项如下：

① 标准溶液装在滴定管中，待测液装在锥形瓶中，开始滴定之前，滴定管必须用标准溶液润洗 1～2 次，而锥形瓶绝对不能用待测液润洗，二者千万不能混淆；

② 滴定管在使用之前必须先检漏，特别是长时间不使用的滴定管，酸式滴定管玻璃塞上面的润滑剂干涸、碱式滴定管橡胶管老化等都容易造成滴定管漏液。检漏的方法是：向滴定管中加适量水，旋转玻璃塞或挤压玻璃球放出少量液体，反复几次，然后静置一段时间，观察液面是否下降；

③ 滴定管下部尖嘴内的液体不在刻度内，量取或滴定溶液时不能将尖嘴内的液体放出，即滴定终点时的液面必须在滴定管最低刻度线的上方；

④ 开始滴定之前，必须将滴定管内的气泡赶净，滴定管内壁上经常会附着微小气泡，特别是尖嘴和控制阀附近部位都会产生气泡。用碱式滴定管时，不能按玻璃珠以下部位，否则放开手时易形成气泡；

⑤ 滴定过程中，眼睛始终注视锥形瓶中溶液颜色的变化，无需观察液面的变化过程。左手控制阀门，右手振荡锥形瓶（一般右手较灵活），滴定速度先快后慢，振荡锥形瓶时注意千万不能将溶液洒出；

⑥ 读数时，最好将滴定管从滴定架上取下，拇指和食指拿住，确保滴定管与地面垂直。眼睛应该与凹液面最低点的切线处在同一水平面上（图 2-13），前后两次读数（初读数和终读数）应该为同一人读取（确保读数习惯一致）；

⑦ 需要注意的是：滴定管的零刻线在顶端（一般的量具零刻线在底端，如量筒），如果在非平视的位置读数，误差分析（偏大或偏小）时与一般量具的情况相反，例如：俯视下滴定管读数偏小，而俯视下量筒读数却偏大。

(2) 容量瓶

容量瓶是一种细颈梨形平底的容量器，带有磨口玻塞，颈上有标线，表示在所指温度下液体凹液面与容量瓶颈部的标线相切时，溶液体积恰好与瓶上标注的体积相等。容量瓶上标有：温度、容量、刻度线（图 2-14）。

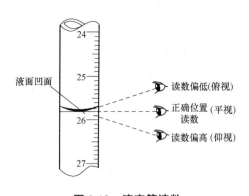

图 2-13　滴定管读数

图 2-14　容量瓶

1) 容量瓶的使用

容量瓶有多种规格，小的有 25mL、50 mL、100mL、250mL 等，大的有 1000 mL、2000 mL 等型号，容量瓶上只有一条刻线，每一个规格只能量取对应体积的溶液（与移液管相同），但这一条刻线的精度较高，是一种准确配制一定浓度溶液的精确玻璃仪器。

　　容量瓶有无色和棕色两种，棕色容量瓶主要用于对光不稳定的溶液配制，如高锰酸钾溶液、碘溶液等。使用容量瓶还应注意以下几点：

　　① 容量瓶和瓶塞是配套使用，瓶与塞不可胡乱搭配（一般用绳子相连接），否则容易引起漏液，而且每次使用容量瓶之前，还是必须检查瓶塞处是否漏液；

　　② 向容量瓶内加入液体至液面离标线 1～2cm 时，应改用滴管小心滴加，最后使液体的凹液面最低处与标线正好相切，观察时眼睛位置应与液面和刻度处于同一水平面上，否则会引起测量体积不准确；

　　③ 若滴加溶剂一旦超过容量瓶的标线，或定容好的溶液在振荡摇匀过程中发现漏液，必须重新进行配置。但有时在不漏液的情况下，液面在振荡过程中也会有所下降属于正常现象，不要加溶剂补齐；

　　④ 若溶液在配制过程中有放热现象，应冷却至室温后再定容。容量瓶不能用于储存溶液，配制好的溶液应及时转移至试剂瓶中；

　　⑤ 容量瓶只能配制一定容量的溶液，但是一般保留 4 位有效数字（如：250.0mL），不能因为溶液超过或者没有达到刻度线而估算改变小数点后面的数字，只能重新配置，因此书写溶液体积的时候必须是 XXX.0mL。

　　2）容量仪器使用的注意事项

　　① 由于玻璃器皿在使用过程中有轻微的磨损或变形，所以容量仪器都需要定期检定校准，检定合格后才可以正常使用；

　　② 容量仪器上通常都标有温度、容量、刻度线等信息，如容量瓶上标有"20℃，50mL"字样，表示 20℃下按正确方法量取至标线处的溶液体积恰好为 50.0mL，说明容量仪器量取的准确体积与温度有关，若量取的液体温度太高或太低，应使其温度恢复至标识的温度附近再进行量取；

　　③ 容量仪器在受热时瓶体会发生膨胀或变形，使其体积发生变化造成误差，所以容量仪器不能加热，洗涤后也只能自然晾干，不能烘干；

　　④ 国家对容量仪器的精度级别分为 A 级和 B 级，二者允许的容量误差不同，一般 B 级的容量允差为 A 级的两倍，所以通常一些精度要求较高的定量分析都必须使用 A 级的容量仪器；

　　⑤ 容量瓶若长时间不使用，洗涤干净后应在有塞子的地方夹一条纸条，防止塞子与瓶口粘连。

　　(3) 移液管

　　移液管是用来准确移取一定体积的溶液的量器，是一种量出式仪器，只用来测量它所放出溶液的体积。它是一根中间有一膨大部分的细长玻璃管，其下端为尖嘴状，上端管颈处刻有一条标线，是所移取的准确体积的标志。

　　常用的移液管有 5mL、10mL、25mL 和 50mL 等规格，由于移液管上只有一条标线，所以每一个规格的移液管只能量取对应体积的溶液。移液管也是一种精度较高的容量仪器，体积通常可准确到 0.01mL。

　　1）移液管使用的注意事项如下：

　　① 移液管通常和洗耳球配合使用，左手握洗耳球，右手拇指和中指拿住移液管上端合适位置，食指封堵移液管上口，控制液体流出。每次使用移液管之前应检查移液管的管

口和尖嘴有无破损，若有破损则不能使用；

② 定容时，移液管保持垂直，刻度线和视线保持水平，稍稍松开食指使管内液面缓慢下降，至溶液的凹液面底线与标线上缘相切为止，立即用食指压紧管口。定容后的移液管内不应有气泡；

③ 管内溶液流完后，应保持放液状态停留约15s，将移液管尖端在接受容器内壁小距离滑动几下，移走残留在管尖内壁处的少量溶液，不可用洗耳球吹出，因校准移液管已考虑了尖端内壁处保留溶液的体积（老式移液管身上标有"吹"字的，可用洗耳球吹出）。

2) 吸量管的使用

吸量管的全称是"分度吸量管"，又称为刻度移液管，它是带有分度线的量出式玻璃量器，用于移取非固定量的溶液。很多人容易将移液管和吸量管混淆，其实简单说就是：吸量管就是有多刻度的移液管，如图2-15所示。

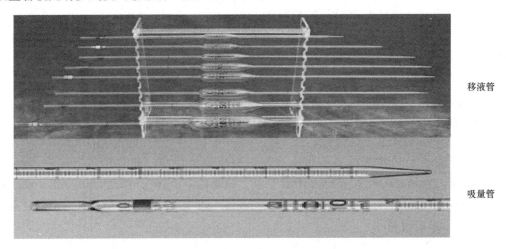

移液管

吸量管

图 2-15　移液管与吸量管

常用的吸量管有1mL、2mL、5mL、10mL、25mL等规格，材质有玻璃吸量管和塑料吸量管（主要用于量取对玻璃有强腐蚀的液体，如氢氟酸），类型有不完全流出式、完全流出式和吹出式。目前也有很多实验人员使用准确度较高的移液枪（图2-16），其兼有移液管和吸量管二者的特点和功能。

3) 吸量管和移液管区别：

吸量管的使用方法和注意事项都与移液管相同，但移液管和吸量管还是存在以下区别：

① 移液管只有一条刻线，每一个规格只能量取对应的一个体积，而吸量管有多条刻度，可量取规格内的多个体积；

② 人们为了区分二者，通常将移液管俗称"单标线移液管"或"大肚移液管"，将吸量管称为"多刻度移液管"；

③ 一般情况下，移液管的精度比吸量管要高一些，所以在配制要求比较高的标准溶液时，尽量使用

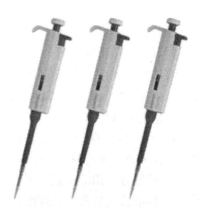

图 2-16　移液枪

移液管量取溶液，吸量管一般用于定性分析。

(4) 量筒和量杯

量筒是实验室中使用的一种量器，主要用玻璃，少数（特别是大型的）用透明塑料制造。用途是按体积定量量取液体。

量筒为竖长的圆筒形，上沿一侧有嘴，便于倾倒。下部有宽脚以保持稳定。圆筒壁上刻有容积量程，供使用者读取体积（图 2-17）。观察读数时，实验人员要注意视线需要与液体的凹液面的最低处（或凸液面的最高处）相平。

量杯广泛用于科研、大专院校、医疗卫生、工矿企业等单位的化验室，作量取各种不同体积的液体之用，或对不规则的固体物质，作体积计算用，有时也可作玻璃筒或接收器之用（图 2-18）。

在量取不太精确体积的液体及配制要求不太精确浓度的试剂时，常用量筒或量杯，规格有 2mL 、5mL、10mL、25mL、50mL 、100mL、250mL、500mL、1000mL、2000mL 等。

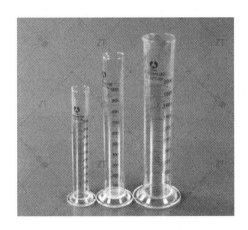

图 2-17　量筒

图 2-18　量杯

3. 玻璃仪器洗涤

在分析工作中，洗涤玻璃仪器是一个必须做的实验前的准备工作，也是一个技术性的工作，仪器洗涤是否符合要求，对分析工作的准确度和精密度均有重要影响。

(1) 洗涤仪器的一般步骤

1) 对于新的玻璃仪器，先用水浸泡或用毛刷与洗涤剂清洗，晾干后，再用洗液浸泡数小时，洗净。

2) 洗刷仪器时，应首先将手用肥皂洗净，免得手上的油污附在仪器上，增加洗刷的困难。如仪器长久存放附有灰尘，先用清水冲去，再按要求选用洁净剂洗刷或洗涤。如用去污粉，将刷子蘸上少量去污粉，将仪器内外全刷一遍，再边用水冲边刷洗至肉眼看不见有去污粉时，用自来水洗 3～6 次，再用蒸馏水冲三次以上。一个洗涤干净的玻璃仪器，应该以挂不住水珠为标准。如仍能挂住水珠，需要重新洗涤。用蒸馏水冲洗时，要用顺壁冲洗方法并充分振荡，经蒸馏水冲洗后的仪器，用指示剂检查应为中性。

(2) 各种洗涤液的使用

洗涤液简称洗液，根据不同的要求有各种不同的洗液，较常用的有以下几种：

1）强酸氧化剂洗液

强酸氧化剂洗液可用重铬酸钾（$K_2Cr_2O_7$）和浓硫酸（H_2SO_4）配制 $K_2Cr_2O_7$ 在酸性溶液中，有很强的氧化能力，对玻璃仪器又极少有侵蚀作用，这种洗液在实验室内使用最广泛。

配制浓度各有不同，从 5％～12％的各种浓度都有。配制方法大致相同：取一定量的 $K_2Cr_2O_7$（工业品即可），先用约 1～2 倍的水加热溶解，稍冷后，将工业品浓 H_2SO_4 按所需体积数徐徐加入 $K_2Cr_2O_7$ 溶液中（千万不能将水或溶液加入 H_2SO_4 中），边倒边用玻璃棒搅拌，并注意不要溅出，混合均匀，待冷却后，装入洗液瓶备用。新配制的洗液为红褐色，氧化能力很强。当洗液用久后变为黑绿色，即说明洗液无氧化洗涤力。

铬酸洗液配制方法：在 60℃下用 50g 水溶解 25g 重铬酸钾粉末后，搅拌下直接少量多次加入工业硫酸（98％）450mL。

这种洗液在使用时要切实注意不能溅到身上，以防"烧"破衣服和损伤皮肤。洗液倒入要洗的仪器中，应使仪器周壁全浸洗后稍停一会再倒回洗液瓶。第一次用少量水冲洗刚浸洗过的仪器后，废水不要倒在水池里和下水道里，长久会腐蚀水池和下水道，应倒在废液缸中，缸满后倒在垃圾里，如果无废液缸，倒入水池时，要边倒边用大量的水冲洗。

2）碱性洗液

碱性洗液用于洗涤有油污物的仪器，用此洗液是采用长时间（24h 以上）浸泡法，或者浸煮法。从碱洗液中捞取仪器时，要戴乳胶手套，以免烧伤皮肤。

常用的碱洗液有：碳酸钠液（Na_2CO_3，纯碱），碳酸氢钠（Na_2HCO_3，小苏打），磷酸钠（Na_3PO_4，磷酸三钠）液，磷酸氢二钠（Na_2HPO_4）液等。

3）碱性高锰酸钾洗液

用碱性高锰酸钾作洗液，作用缓慢，适合用于洗涤有油污的器皿。配制方法：取高锰酸钾（$KMnO_4$）4g 加少量水溶解后，再加入 10％氢氧化钠（NaOH）100mL。

4）纯酸纯碱洗液

根据器皿污垢的性质，直接用浓盐酸（HCl）或浓硫酸（H_2SO_4）、浓硝酸（HNO_3）浸泡或浸煮器皿（温度不宜太高，否则浓酸挥发刺激）。纯碱洗液多采用 10％以上的浓烧碱（NaOH）、氢氧化钾（KOH）或碳酸钠（Na_2CO_3）液浸泡或浸煮器皿（可以煮沸）。

5）有机溶剂

带有脂肪性污物的器皿，可以用汽油、甲苯、二甲苯、丙酮、酒精、三氯甲烷、乙醚等有机溶剂擦洗或浸泡。但用有机溶剂作为洗液浪费较大，能用刷子洗刷的大件仪器尽量采用碱性洗液。只有无法使用刷子的小件或特殊形状的仪器才使用有机溶剂洗涤，如活塞内孔、移液管尖头、滴定管尖头、滴定管活塞孔、滴管、小瓶等。

(3) 吸收池（比色皿）的洗涤

1）比色皿选择

比色皿透光面是由能够透过所使用的波长范围的光的材料制成，在 200～350nm 工作的比色皿适用于紫外区，必须使用石英或熔融硅石制成透光面的石英比色皿。如果不用紫外区，用普通玻璃比色皿即可。

2）比色皿使用

在使用比色皿时，两个透光面要完全平行，并垂直置于比色皿架中，以保证在测量时，入射光垂直于透光面，避免光的反射损失，保证光程固定。

比色皿一般为长方体，其底及两侧为磨毛玻璃，另两面为光学玻璃制成的透光面粘结而成。使用时应注意以下几点：

① 拿取比色皿时，只能用手指接触两侧的毛玻璃，避免接触光学面。

② 不得将光学面与硬物或脏物接触。盛装溶液时，高度为比色皿的三分之二处即可，光学面如有残液可先用滤纸轻轻吸附，然后再用镜头纸或丝绸擦拭。

③ 凡含有腐蚀玻璃物质的溶液，不得长期盛放在比色皿中。

④ 比色皿在使用后，应立即用水冲洗干净。必要时可用 1∶1 的盐酸浸泡，然后用水冲洗干净。

⑤ 不能将比色皿放在火焰或电炉上进行加热或干燥箱内烘烤。

⑥ 在测量时如对比色皿有怀疑，可自行检测。可将波长选择在实际使用的波长上，将一套比色皿都注入蒸馏水，将其中一只的透射比调至 95%（数显仪器调置 100%）处，测量其他各只的透射比，凡透射比之差不大于 0.5%，即可配套使用。

3）比色皿的洗涤方法

分光光度法中比色皿洁净与否是影响测定准确度的因素之一。因此，必须重视选择正确的洗净方法。选择比色皿洗涤液的原则是去污效果好，不损坏比色皿，同时又不影响测定。

当测定溶液是酸，用弱碱溶液洗涤，当测定溶液是碱，用弱酸溶液洗涤，当测定溶液是有机物质，用有机溶剂，比如酒精等溶液洗涤。HCl-乙醇（1+2）洗涤液适合于洗涤染上有色有机物的比色皿。

分析常用的铬酸洗液不宜用于洗涤比色皿，因为带水的比色皿在该洗液中有时会局部发热，致使比色皿胶接面裂开而损坏。同时经洗液洗涤后的比色皿还很可能残存微量铬，其在紫外区有吸收，因此会影响铬及其他有关元素的测定。

4. 玻璃仪器的干燥和存放

玻璃仪器在每次实验完毕后一般要求洗涤干净后干燥备用。玻璃仪器用于不同实验，对干燥有不同的要求，一般定量分析用的烧杯、锥形瓶等仪器洗涤干净后即可使用，而用于食品分析的仪器很多要求是干燥的，有的要求无水痕，有的要求无水，应根据不同要求干燥玻璃仪器。

（1）晾干

不急等用的仪器，可在蒸馏水冲洗后在无尘处倒置控去水分，然后自然干燥。可用安有木钉的架子或带有透气孔的玻璃柜放置仪器。

（2）烘干

洗净的仪器控去水分，放在烘箱内烘干，烘箱温度为 105～110℃烘 1h 左右。称量瓶等在烘干后要放在干燥器中冷却保存。带实心玻璃塞的及厚壁仪器烘干时要慢慢升温并且温度不可过高，以免破裂。量器不可放于烘箱中烘干。

硬质试管可用酒精灯加热烘干，要从底部烤起，把管口向下，以免水珠倒流把试管炸裂，烘到无水珠后把试管口向上赶净水气。

（3）热（冷）风吹干

对于急于干燥的仪器或不适于放入烘箱的较大的仪器可用吹干的办法。通常用少量乙醇、丙酮（或最后再用乙醚）倒入已控去水分的仪器中摇洗，然后用电吹风机吹，开始用冷风吹 1～2min，当大部分溶剂挥发后吹入热风至完全干燥，再用冷风吹去残余蒸汽，不使其又冷凝在容器内。

5. 使用玻璃仪器常见问题的解决方法

（1）凡士林粘住活塞，可用火烤或开水浸泡。

（2）碱性物质粘住活塞可在水中加热至沸腾，再轻度敲击。

（3）内有试剂的瓶塞打不开，如果是腐蚀性试剂，操作者要做好自我保护，同时脸部不能离瓶口太近。

（4）因结晶后碱金属盐沉积及强碱粘住瓶塞，可把瓶口泡在水中或稀盐酸中。

（5）将粘住的部位置于超声波清洗机的盛水清洗槽中清洗。

2.1.2 化学试剂和标准物质

1. 化学试剂

试剂（reagent），又称化学试剂或化学药品，是工农业生产、文教卫生、科学研究以及国防建设等多方面进行化验分析的重要药剂，是指具有一定纯度标准的各种单质和化合物（也可以是混合物）的化学品。

（1）试剂的分类

化学试剂的分类方法目前国际上尚未统一，分类的标准不同，试剂的种类也就不同。下面是几种比较常见的分类方法：

1）按试剂的纯度分类，可将化学试剂分为高纯试剂、优级纯、分析纯、化学纯、实验纯等级别。这种分类方法是我国国家标准所规定，适用于检验、鉴定、实验、教学等领域的不同需求，也是目前最为普遍的分类方法。

高纯试剂（EP）：包括超纯、特纯、高纯等级别，用于配制标准溶液，或用作某些特殊需要和一些痕量分析。

优级纯（GR，绿标签）：主成分含量很高、纯度很高，适用于精确分析和研究工作，有的可作为基准物质。

分析纯（AR，红标签）：主成分含量很高、纯度较高，干扰杂质很低，适用于工业分析及化学实验。

化学纯（CP，蓝标签）：主成分含量高、纯度较高，存在干扰杂质，适用于化学实验和合成制备。

实验纯（LR，黄标签）：主成分含量高，纯度较差，杂质含量不做选择，只适用于一般化学实验和合成制备。

2）在纯度的基础上，按试剂的用途分类，可将化学试剂分为基准试剂、光谱纯、色谱纯、电子纯、食品级、工业级等。这种分类方法与第一种分类方法又经常被混合使用。

基准试剂（PT）：主成分含量很高，纯度很高，作为基准物质，标定标准溶液。

光谱纯（SP）：纯度较高的试剂，适用于分光光度计标准品、原子吸收光谱标准品、原子发射光谱标准品。

色谱纯：主成分含量较高，用于气相色谱、液相色谱、薄层色谱等分析法中的标准物质，质量指标注重干扰色谱峰的杂质。

电子纯（MOS）：适用于电子产品生产中，电性杂质含量极低，纯度大致高于工业级，略低于化学纯。

食品级：纯度不一定很高，但对人体有害的杂质含量极低，适用作食品添加剂或食品包装材料。

工业级：主成分含量高，纯度较差，杂质对主成分的反应不干扰，适用作工业生产原料，纯度与实验纯相当。

3）按试剂的使用领域分类，可将化学试剂分为无机试剂、有机试剂、生化试剂等。

4）按试剂的安全性分类，可将化学试剂分为无危险性试剂和危险性试剂（包括剧毒类试剂、易燃易爆类试剂等）。

5）按试剂的使用频率分类，可将化学试剂分为常规试剂和非常规试剂等。

(2) 学试剂的包装和标识

化学试剂良好的包装和储存，合理的运输管理，可以防止试剂的污染、变质和损耗，并可大大减少燃烧、爆炸、腐蚀和中毒事故的发生。下面简单叙述试剂的包装、标识和运输的一般原则和注意事项。

1）试剂包装

盛装固态、液态化学试剂的容量一般有玻璃、塑料和金属容器三类，化学试剂所采用的包装容器是根据试剂的性质和纯度来确定的。

玻璃容器可以盛装各种化学试剂，包括可燃性的和高纯度的试剂，常见的玻璃容器有玻璃瓶和安瓿两种。前者适宜于盛装各种纯度级别的化学试剂，包括分析试剂、层析纯试剂、痕量分析试剂、MOS级试剂和有机合成试剂等。后者则往往用于盛装需要完全密封不使散逸的化学试剂，如重氢试剂。玻璃容器从颜色上又分为无色和棕色两种，对光不稳定的试剂需要使用棕色玻璃容器盛装，有的甚至需要在容器外套一层黑纸或锡箔纸增加避光效果。玻璃容器不宜盛装能与玻璃起化学反应或玻璃能起催化作用的一些化学试剂，如氢氟酸、双氧水等。容量大的玻璃容器易在运输或使用过程中破裂，通常都用钢套或强化的聚苯己烯套加固。

塑料和金属容器虽不适宜于盛装各种化学试剂，但比玻璃容器不易破碎。常见的塑料容器有塑料瓶和塑料桶两种。塑料瓶用于盛装不会与容器的金属起反应的化学试剂，数量较大时则用塑料桶盛装。

常见的金属容器有锡罐、铝瓶和各种金属罐、桶，用于盛装数量较大的不会与容器的金属起反应的化学试剂。现今世界上一些著名试剂厂商都陆续用金属安全罐作为盛装可燃、危险品的容积。金属安全罐由高强度材料用特殊工艺制成，即使在失火时，也不会立即破裂而释出内容物。

不论用何种容器盛装的化学试剂皆经过严格的试剂规格的检查。为保证试剂的纯度，容器在盛装试剂前的清洗和盛装试剂时的防尘、防污染措施皆有严格要求。

2）试剂标识

国产化学试剂的包装规格根据试剂的纯度、用途和价格分为 5 类：第一类为贵重试剂，包装单位分为 0.1、0.25、0.5、1.0 克，或 0.5、1.0mL 等数种；第二类为较贵重试剂，包装单位分为 5、10、25g（或毫升）等 3 种；第三种为基准试剂等用途较狭的试剂，包装单位为 50、100 克（或 mL）等 2 种；第四类为用途较广的试剂，包装单位为 250、500g（或 mL）2 种；第五种为酸类及纯度较差的实验试剂，包装单位为 1、2.5、5kg（或 L）。随着我国试剂工业的发展和国产试剂的外销，上述包装规格势必有所扩大。

合适的标识与正确的选用试剂容器材料一样，在防止实验室事故中具有重要作用，好的标识对学生和技术人员都具有教育作用。在试剂容器的标签上，至少应提供如下一些信息：①试剂的学名，常用名（一般要求中英文皆有）；②包装的规格、纯度级别和所依据的试剂标准；③指明本品的危险性，如危险、警告或注意等字样；④指出最危险的化学性质，如剧毒、易燃、易爆等；⑤说明避免本品伤害事故的方法以及发生事故时紧急处理的方法。

我国对下列化学试剂的标签颜色专门作了规定：优级纯-绿色；分析纯-红色；基准试剂-淡绿色；生化试剂-咖啡色；生物染色剂-玫红色。其他类别试剂均不得使用上述颜色。

（3）化学试剂的使用和保存

要进行任何试验都离不开试剂，试剂不仅有各种状态，而且不同的试剂其性质差异很大。有的常温非常安定、有的通常就很活泼，有的受高温也不变质、有的却易燃易爆，有的香气浓烈，有的则剧毒无比等等。只有对化学试剂的有关知识深入了解，才能安全、顺利进行各项实验。既可保证达到预期实验目的，又可消除对环境的污染。因此，首先要掌握各类试剂正确的使用和保存方法。

1）试剂的使用

需要特别提出的是：实验人员有时候会使用一些不熟悉的化学试剂或进行一些不熟悉的化学试验。在使用不熟悉的试剂之前，一定要先查询该试剂相关的资料，了解其基本性质和使用注意事项，以免发生试剂变质影响实验结果、挥发污染环境、有毒或易燃危及人身安全等现象。进行不熟悉的试验操作时，一定佩戴手套、安全眼镜等防护设备，在通风橱内操作，最好有其他人在场时进行。

实验室中一般只贮存固体试剂和液体试剂，气体物质都是需用时临时制备。在取用和使用任何化学试剂时，首先要做到"三不"，即不用手拿，不直接闻气味，不尝味道。此外还应注意试剂瓶塞或瓶盖打开后要倒放桌上，取用试剂后立即还原塞紧。取用后的试剂应放回原处。按量取用试剂，没使用完的试剂不能倒回原试剂瓶中。

实验过程中产生的废液、废渣和没有使用完的化学试剂，不能随意倒入下水道中或丢弃在垃圾桶内。因为化学实验室大多数废弃物都是有毒有害物质，其中还有些是剧毒物质和致癌物质，如果直接排放，就会污染环境，损害人体健康。所以化学废弃物应倒入专门的废料桶中，而且需要分类存放，一般原则是：常规废弃物和特殊废弃物分开，有机物和无机物分开，酸性物质和碱性物质分开，强氧化剂和强还原剂分开等。当化学废弃物累积到一定数量以后，联系专业的化学废弃物处理人员进行处置，并做好化学废弃物处置记录。

2）试剂的保存

化学试剂的保存包括两方面的内容：一方面要保管好试剂不使变质或损耗，另一方面是要注意危险性试剂的毒害作用，防止火警、中毒、损害以及放射性污染等事故的发生。常见的试剂变质和损耗包括：挥发、升华、潮解、风化、水解、氧化、还原、分解、聚合、失活、发霉、燃爆、光化学反应等。化学试剂的变质会造成实验误差，甚至导致实验失败，使实验数据偏差甚至获得错误的实验结论，所以正确地保存化学试剂意义重大。

3）化学试剂存贮的一般措施为：

① 密封。多数试剂都要密封存放，这是实验室保存试剂的一个重要原则，突出的有 3 类：易挥发的试剂；易与水蒸气、二氧化碳作用的试剂；易被氧化的试剂（或还原性试剂）。

② 避光。见光或受热易分解的试剂，要避免光照，置阴凉处。如硝酸、硝酸银等，一般应盛放在棕色试剂瓶中。

③ 通风。这也是多数试剂存放需要遵循的一个重要原则，即使试剂容器密闭封口，也难免有意外的跑冒漏泄现象，为使贮藏中不致形成爆炸性混合气体或积贮有毒蒸汽，贮藏室应安装排风装置，保持室内通风，特别可燃性液体和有毒液态试剂的存贮。

④ 防蚀。对有腐蚀作用的试剂，要注意防蚀。如氢氟酸不能放在玻璃瓶中；强氧化剂、有机溶剂不可用带橡胶塞的试剂瓶存放；碱液、水玻璃等不能用带玻璃塞的试剂瓶存放。

⑤ 抑制。对于易水解、易被氧化的试剂，要加一些物质抑制其水解或被氧化。如氯化铁溶液中常滴入少量盐酸；硫酸亚铁溶液中常加入少量铁屑。

⑥ 低温。对于室温下易发生反应的试剂，要采取措施低温保存。如苯乙烯和丙烯酸甲酯等不饱和烃及衍生物在室温时易发生聚合，过氧化氢易发生分解，因此要在 10℃ 以下的环境保存。

⑦ 隔离。是指试剂的分类分库存放，以免漏泄、失火时相互作用造成更大的事故。如易燃有机物要远离火源；强氧化剂（过氧化物或有强氧化性的含氧酸及其盐）要与易被氧化的物质（炭粉、硫化物等）隔开存放。

⑧ 特殊。特殊试剂要采取特殊措施保存。如钾、钠要放在煤油中，白磷放在水中；液溴极易挥发，要在其上面覆盖一层水等。

实验室中大部分试剂都具有多重性质，在保存时要综合考虑各方面因素，遵循相应的原则。

2. 标准物质

（1）标准物质的定义和特点

标准物质（Reference Material，RM），是一种已经确定了具有一个或多个足够均匀的特性值的物质或材料。作为分析测量行业中的"量具"，为了保证分析测试结果具有一定的准确度，并具有可比性和一致性，常常用来校准仪器、标定溶液浓度和评价分析方法的一种物质。标准物质要求材质均匀，性能稳定，批量生产，准确定值，有标准物质证书。

在实际工作中，特别是分析测量领域，很多时候需要使用标准物质，在校准测量仪器和装置、评价测量分析方法、测量物质或材料特性值和考核分析人员的操作技术水平，以及在生产过程中产品的质量控制等领域起着不可或缺的作用。所以，标准物质具有以下显著的特点：

1）准确性

标准物质具有准确计量的或严格定义的标准值，具有较高的量值准确性。通常标准物质证书中会同时给出标准物质的标准值和计量的不确定度。

2）均匀性

均匀性是物质的一种或几种特性具有相同组分或相同结构的状态。从理论上讲，标准物质的量值只与物质的性质有关，与物质的数量和形状无关。

3）稳定性

稳定性是指标准物质在规定的时间和环境条件下，其特性量值保持在规定范围内的能力。稳定性表现在：固体物质不风化、不分解、不氧化；液体物质不产生沉淀、发霉；气体和液体物质对容器内壁不腐蚀、不吸附等。

4）实用性

标准物质实用性强，可在实际工作条件下应用，既可用于校准检定测量仪器，评价测量方法的准确度，也可用于测量过程的质量评价以及实验室的计量认证与测量仲裁等。

5）复现性

标准物质具有良好的复现性，可以批量制备并且在用完后再行复制。

(2) 标准物质的分级和分类

1）标准物质的分级

标准物质的特性值准确度是划分级别的依据，不同级别的标准物质对其均匀性和稳定性以及用途都有不同的要求。通常把标准物质分为一级标准物质和二级标准物质。

一级标准物质的编号是以"GB W"开头，主要用于标定比它低一级的标准物质、校准高准确度的计量仪器、研究与评定标准方法。一级标准物质符合如下条件：①用绝对测量法或两种以上不同原理的准确可靠的方法定值。在只有一种定值方法的情况下，用多个实验室以同种准确可靠的方法定值；②准确度具有国内最高水平，均匀性在准确度范围之内；③稳定性在一年以上，或达到国际上同类标准物质的先进水平；④包装形式符合标准物质技术规范的要求。

二级标准物质的编号是以"GB W（E）"开头，主要用于满足一般的检测分析需求，以及社会行业的一般要求，作为工作标准物质直接使用，用于现场方法的研究和评价，用于较低要求的日常分析测量。二级标准物质符合如下条件：①用与一级标准物质进行比较测量的方法或一级标准物质的定值方法定值；②准确度和均匀性未达到一级标准物质的水平，但能满足一般测量的需要；③稳定性在半年以上，或能满足实际测量的需要；④包装形式符合标准物质技术规范的要求。

2）标准物质的分类

标准物质的种类繁多，也有不少分类方法，常用的分类方法有下列两种：

① 按标准物质的应用领域分类。这是国际标准化组织标准物质委员会（ISO/REM-CO）对标准物质的分类方法，我国也是按照这种方法将标准物质分为十三个大类，详见表 2-1。

我国标准物质就是按照这种分类方法进行编号，编号规则是：一级标准物质代号"GB W"，编号的前两位数是标准物质的大类号，第三位数是标准物质的小类号，最后二位是顺序号，生产批号用英文小写字母表示，排于标准物质编号的最后一位。二级标准物质代号"GB W（E）"，编号的前两位数是标准物质的大类号，后四位数为顺序号，生产批号用英文小写字母表示，排于编号的最后一位。

中国标准物质的分类 表 2-1

序号	类别	一级标准物质数	二级标准物质数
01	钢铁	258	142
02	有色金属	165	11
03	建材	35	2
04	核材料	135	11
05	高分子材料	2	3
06	化工产品	31	369
07	地质	238	66
08	环境	146	537
09	临床化学与药品	40	24
10	食品	9	11
11	煤炭、石油	26	18
12	工程	8	20
13	物理	75	208
合计：		1168	1422

② 按标准物质的技术特性分类。这种分类方法是根据特性量所反应的学科特点及所应用的学科进行分类的，通常分为：化学成分或纯度标准物质、物理（物理化学）特性标准物质、工程技术特性标准物质、生物化学量标准物质。

（3）标准物质的使用和保存

标准物质的用途主要表现在以下几个方面：

1）标准物质可用于校准仪器。分析仪器的校准是获得准确的测定结果的关键步骤。仪器分析几乎全是相对分析，绝对准确度无法确定，而标准物质可以校准实验仪器。

2）标准物质用于评价分析方法的准确度。选择浓度水平、准确度水平。

3）标准物质当作工作标准使用，制作标准曲线。仪器分析大多是通过工作曲线来建立物理量与被测组分浓度之间的线性关系。分析人员习惯于用自己配制的标准溶液做工作曲线。若采用标准物质做工作曲线，不但能使分析结果成立在同一基础上，还能提高工作效率。

4）标准物质作为质控标样。若标准物质的分析结果与标准值一致，表明分析测定过程处于质量控制之中，从而说明未知样品的测定结果是可靠的。

5）标准物质还可用于分析化学质量保证工作。分析质量保证责任人可以用标准物质考核、评价化验人员和整个分析实验室的工作质量。具体作法是：用标准物质做质量控制图，长期监视测量过程是否处于控制之中。

（4）使用标准物质注意事项：

1）标准物质一般应附有标准物质证书，确保其溯源性和可比性；

2）选用标准物质时，标准物质的基体组成与被测试样应尽可能地接近，这样可以消除基体效应引起的系统误差。但如果没有与被测试样的基体组成相近的标准物质，也可以选用与被测组分含量相当的其他基体的标准物质；

3) 要注意标准物质有效期。许多标准物质都规定了有效期，使用时应检查生产日期和有效期，当然由于保存不当，而使标准物质变质，就不能再使用了。

标准物质一般应存放在干燥、阴凉的环境中，用密封性好的容器贮存。具体贮存方法应严格按照标准物质证书上规定的执行，某些有特殊贮存要求的，应有特殊的贮存措施。否则，可能由于物理、化学和生物等作用的影响，使得标准物质发生变化，引起标准物质失效。

2.1.3 实验室用水

在分析工作中，洗涤仪器、溶解样品、配置溶液均需用水。一般天然水和自来水（生活饮用水）中常含有氯化物、碳酸盐、硫酸盐、泥沙等少量无机物和有机物影响分析结果的准确度。化学实验室用的水一般有蒸馏水、二次蒸馏水、去离子水、无二氧化碳蒸馏水、无氨蒸馏水等，实验要求不同，对水质纯度的要求也不同。

1. 几种常见的水

根据水的不同技术参数、不同的处理方法以及不同的用途，可将水划分为很多种类，下面简单介绍几种常见的水：

(1) 天然水

天然水是指未经过处理的、取自天然水体或蓄水池的水体，也称为原水。天然水中通常含有五种杂质：①电解质，包括带电粒子，常见的阳离子有 H^+、Na^+、K^+、NH_4^+、Mg^{2+}、Ca^{2+}、Fe^{3+}、Cu^{2+}、Mn^{2+}、Al^{3+} 等；阴离子有 F^-、Cl^-、NO_3^-、HCO_3^-、SO_4^{2-}、PO_4^{3-}、$H_2PO_4^-$、$HSiO_3^-$ 等；②有机物质，如：有机酸、农药、烃类、醇类和酯类等；③颗粒物；④微生物；⑤溶解气体，包括：N_2、O_2、Cl_2、H_2S、CO、CO_2、CH_4 等。所谓水的纯度，就是去掉这些杂质的程度。杂质去得越彻底，水的纯度也就越高。

(2) 自来水

自来水是指通过自来水厂净化、消毒后生产出来的符合相应标准的供人们生活、生产使用的水。自来水取自江、河、湖泊及地下水等天然水，经过沉淀、消毒等初步处理，纯度较低，不可直接饮用，一般用于烹饪、洗涤、灌溉、生产等方面。

(3) 蒸馏水

蒸馏水就是将自来水经过蒸馏、冷凝处理过的水，蒸二次的叫重蒸水或双蒸水，三次的叫三蒸水。有时候为了特殊目的，在蒸前会加入适当试剂，如为了无氨水，会在水中加酸；低耗氧量的水，加入高锰酸钾与酸等。蒸馏水去除了电解质及与水沸点相差较大的非电解质，无法去与水沸点相当的非电解质，一般普通蒸馏取得的水纯度不高，经过多级蒸馏的水才可达到很纯，成本也较高。蒸馏水用途很广，凡是化学实验、科研教学、医疗卫生方面使用的水无特别说明时，一般都是指蒸馏水。

(4) 去离子水

顾名思义就是将水通过阳离子交换树脂和阴离子交换树脂以后，去掉了水中的除氢离子、氢氧根离子外的其他溶于水中的全部离子，即去掉溶于水中的电解质物质。这也是在实验室和工业生中比较常用的一种水。由于去离子水中的离子数可被人为控制，许多工艺使用了去离子水以后，参数会更接近设计或理想数据，产品质量将变得易于控制。去离子水中虽然电解质含量很低，但含有不能电离的非电解质，如乙醇等。

(5) 纯净水

纯净水，简称净水或纯水，是纯洁、干净，不含有杂质或细菌的水，是以符合生活饮用水卫生标准的水为原水，通过电渗析器法、离子交换器法、反渗透法、蒸馏法及其他适当的加工方法制得而成，密封于容器内，且不含任何添加物，无色透明，可直接饮用。对于纯净水来说"纯净"是最基本的要求，是去掉了水中的全部电解质与非电解质，也可以说是去掉了水中的全部非水物质。纯净水主要用于人类饮用，但对于老人和儿童来讲，还是少喝为好，因为里面并没有太多人体需要的矿物质。

(6) 高纯水

高纯水就是指化学纯度极高的水，以离子交换、蒸馏、电除盐等方法将纯水进一步提纯去离子制得，其 TDS（水中溶解性总固体含量）值通常<5PPm，电导率通常<10μs/cm（电阻值>0.1Ω·cm）。超纯水是纯度比高纯水更高的水，其 TDS 值不可测，电导率通常<0.1μs/cm（电阻值>10MΩ·cm），其离子几乎完全去除，理论上最纯水电阻值为18.25MΩ·cm，主要应用在生物、化学化工、冶金、宇航、电力等领域。

2. 实验室用水

(1) 实验用水分级

根据《分析实验室用水规格和试验方法》GB/T 6682 的规定，分析实验室用水共分为三个级别：一级水、二级水和三级水，具体技术参数见表 2-2。

分析实验室用水规格表 表 2-2

名　称	一级	二级	三级
pH 值范围(25℃)	—	—	5.0～7.5
电导率(25℃)/(mS/m)	≤0.01	≤0.10	≤0.50
可氧化物质含量(以 O 计)/(mg/L)	—	≤0.08	≤0.4
吸光度(254nm,1cm 光程)	≤0.001	≤0.01	—
蒸发残渣(105℃±2℃)含量/(mg/L)	—	≤1.0	≤2.0
可溶性硅(以 SiO_2 计)含量/(mg/L)	≤0.01	≤0.02	—

注 1：由于在一级水、二级水的纯度下，难于测定其真实的 pH 值，因此，对一级水、二级水的 pH 值范围不做规定；

注 2：由于在一级水的纯度下，难于测定可氧化物质和蒸发残渣，对其限量不做规定，可用其他条件和制备方法来保证一级水的质量。

一级水可用二级水经过石英设备蒸馏或离子交换混合床处理后，再经 0.2μm 微孔滤膜过滤来制取，基本上不含有溶解或胶态离子杂质及有机物，主要用于有严格要求的分析试验，包括对颗粒有要求的试验，如高效液相色谱分析用水。

二级水可用多次蒸馏或离子交换等方法制取，含有微量的无机、有机或胶态杂质，主要用于无机痕量分析等试验，如原子吸收光谱分析用水。

三级水可用蒸馏或离子交换等方法制取，即一般的常规蒸馏水或去离子水，主要用于一般化学分析试验。

对于未知规格的实验室用水，可以参照《实验室用水规格和试验方法》GB/T 6682

中的相关方法进行检测。

（2）实验室用水的保存

实验室使用的蒸馏水，为保持纯净，蒸馏水瓶要随时加塞，专用虹吸管内外应保持干净。蒸馏水附近不要放浓 HCl 等易挥发的试剂，以防污染。通常用洗瓶取蒸馏水，用洗瓶取水时，不要取出其塞子和玻管，也不要把蒸馏水瓶上的虹管插入洗瓶内。

各级水均宜使用密闭的专用聚乙烯容器存放，新容器在使用前用 20％ 的盐酸溶液浸泡 3 天，在用待测水反复冲洗，并注满待测水浸泡 6h 以上。

通常，普通蒸馏水保存在玻璃容器中，去离子水保存在乙烯塑料容器内，用于痕量分析的高纯水，如二次亚沸石英蒸馏水，则需要保存在石英或聚乙烯塑料容器中。

各级水在贮存期间，其玷污的主要来源是容器可溶成分的溶解、空气中的二氧化碳和其他杂质，因此一级水不可贮存，应在使用前制备。二级水、三级水可适量制备。分别贮存于在预先经同级水清洗过的相应容器中。各级水在运输过程中应避免玷污。

2.1.4 溶液配制

1. 溶液的基本知识

（1）溶液的定义

溶液是由至少两种物质组成的均匀、稳定的分散体系，被分散的物质（溶质）以分子或更小的质点分散于另一物质（溶剂）中。溶液是混合物，物质在常温时有固体、液体和气体三种状态，因此溶液也有三种状态，大气本身就是一种气体溶液，固体溶液混合物常称固溶体，如合金。一般溶液专指液体溶液。

（2）溶液的组成

1）溶质：被溶解的物质。

2）溶剂：起溶解作用的物质。

3）两种液互溶时，一般把量多的一种叫溶剂，量少的一种叫溶质。

4）两种液互溶时，若其中一种是水，一般将水称为溶剂。

其中，水（H_2O）是最常用的溶剂，能溶解很多种物质。汽油、酒精、氯仿、香蕉水也是常用的溶剂，如汽油能溶解油脂，酒精能溶解碘等。

溶质可以是固体，也可以是液体或气体；如果两种液体互相溶解，一般把量多的一种叫做溶剂，量少的一种叫做溶质。

（3）溶液的分类

饱和溶液：在一定温度、一定量的溶剂中，溶质不能继续被溶解的溶液。

不饱和溶液：在一定温度、一定量的溶剂中，溶质可以继续被溶解的溶液。

饱和与不饱和溶液的互相转化：

不饱和溶液通过增加溶质（对一切溶液适用）或降低温度（对于大多数溶解度随温度升高而升高的溶质适用，反之则需升高温度，如石灰水）、蒸发溶剂（溶剂是液体时）能转化为饱和溶液。

饱和溶液通过增加溶剂（对一切溶液适用）或升高温度（对于大多数溶解度随温度升高而升高的溶质适用，反之则降低温度，如石灰水）能转化为不饱和溶液。

（4）相关概念

溶解度：一定温度下，某固态物质在 100g 溶剂里达到饱和状态时所溶解的质量。如果不指明溶剂，一般说的溶解度指的是物质在水中的溶解度。

$$溶液质量＝溶质质量＋溶剂质量$$

（5）溶液的稀释

根据稀释前后溶质的总量不变进行运算，无论是用水，或是用稀溶液来稀释浓溶液，都可计算。

1）用水稀释浓溶液。设稀释前的浓溶液的质量为 m，其溶质的质量分数为 $a\%$，稀释时加入水的质量为 n，稀释后溶质的质量分数为 $b\%$。

则可得：
$$m \cdot a\% ＝ (m＋n) \cdot b\%。$$

2）用稀溶液稀释浓溶液。设浓溶液的质量为 A，其溶质的质量分数为 $a\%$，稀溶液的质量为 B，其溶质的质量分数为 $b\%$，两液混合后的溶质的质量分数为 $c\%$。

则可得：

$$A \cdot a\% ＋ B \cdot b\% ＝ (A＋B) \cdot c\%$$

（6）溶液浓度的表示方法

按照化学反应和测定方法的需要，需要配制各种不同品种、不同浓度的溶液，溶液的浓度表示方法和溶液的配制方法是有直接关系的，一般的化学分析中常用如下几种表示：

1）质量分数

质量分数（mass fraction）：指溶质 B 的质量 m_B 与溶液的质量 m 之比，称为溶质 B 的质量分数，用符号 ω_B 表示，即式（2-1）：

$$\omega_B ＝ \frac{m_B}{m} \times 100\% \tag{2-1}$$

因通常用百分数表示，故又称为质量百分比浓度，其 SI 单位为 1。

2）体积分数

体积分数（volume fraction）：指在与混合气体相同温度和压强的条件下，混合气体中组分 B 单独占有的体积 V_B 与混合气体总体积 $V_总$ 之比，叫做组分 B 的体积分数，又称为体积百分比浓度，用符号 φ_B 表示，即式（2-2）：

$$\varphi_B ＝ \frac{V_B}{V_总} \times 100\% \tag{2-2}$$

通常用于表达混合气体中某一组分的浓度，如空气中 N_2 占 78%、O_2 占 21% 等，有时候也用于表示溶液的浓度，如医用酒精的体积浓度为 75%，其 SI 单位为 1。

3）物质的量浓度

物质的量浓度（amount of substance concentration）：又称摩尔浓度，指溶质 B 的物质的量 n_B（mol）与溶液的体积 V 之比，用符号 c_B 表示，即式（2-3）：

$$c_B ＝ \frac{n_B}{V} \tag{2-3}$$

其 SI 单位为 mol/m^3，由于立方米的单位太大，不太适用，化学计算中常用单位为 mol/L 或 mol/mL。

4）质量浓度

溶质 B 的质量浓度（mass concentration）：指溶质 B 的质量 m_B 与混合物的体积 V 之

比，以 ρ_B 表示，即式（2-4）：

$$\rho_B = \frac{m_B}{V} \tag{2-4}$$

其又被称为质量体积浓度，是分析测试中最为常用的一种浓度表示方法，特别是在绘制标准曲线时十分方便，SI 单位为 kg/m^3，常用单位为 g/L、g/mL、μg/mL 等。

5）质量质量浓度

质量质量浓度（mass mass concentration）：与质量体积浓度相对应，指溶质 B 的质量 m_B 与混合物的总质量 $m_总$ 之比，以 X_B 表示，即式（2-5）：

$$X_B = \frac{m_B}{m_总} \tag{2-5}$$

需要注意的是：这种浓度的表示方法不要与质量分数混淆，二者的区别是单位。质量浓度的常用单位为 g/kg、mg/kg、mg/g 等，而质量分数的单位为 1，二者可以相互转化。

6）比例浓度

比例浓度，又称稀释度浓度，是指液体试剂用水来稀释或液体试剂相互混合时的表示方法，是化验室里常用的粗略表示溶液（或混合物）浓度的一种方法，一般用（1＋X）的方法来表示，例如 1＋5 的硝酸溶液就是指一份硝酸和五份水混合均匀。

7）滴定度

滴定度是指每毫升标准溶液相当于被测定组分的质量，在固定称样量的情况下可以直接表示为百分含量。用 T（A/B）表示，其中 A 为被测组分，B 为标准溶液，常用的单位是 g/mL 或 mg/mL。例如，T（CaO/EDTA）＝0.5mg/ml，是指 EDTA 标准溶液滴定含钙离子的待测溶液时，每消耗 1mL EDTA，则待测溶液中就有 0.5mg CaO。

2. 溶液的配制和计算

(1) 质量浓度的配置步骤（图 2-19）

以配制 500mL，0.1mol/L 碳酸钠溶液为例说明物质的量浓度的溶液配置过程：

1）计算

称取溶质的克数＝需配制溶液的物质的量浓度×溶质的相对分子质量×需配制溶液的毫升数/1000。

例如：配制 2mol/L 碳酸钠溶液 500mL（Na_2CO_3 的相对分子质量为 106）：

$$2 \times 106 \times 500/1000 = 106(g)$$

2）称量：在天平上称量 106g 碳酸钠固体，并将它倒入小烧杯中。

3）溶解：在盛有碳酸钠固体的小烧杯中加入适量蒸馏水，用玻璃棒搅拌，使其溶解。

4）移液：将溶液沿玻璃棒注入 500mL 容量瓶中。

5）洗涤：用蒸馏水洗烧杯 2～3 次，并倒入容量瓶中。

6）定容：倒水至刻度线 10～20mm 处改用胶头滴管滴到与凹液面平直。

7）摇匀：盖好瓶塞，上下颠倒、摇匀。

8）装瓶、贴签。

(2) 质量浓度配制及计算

溶质是固体：称取溶质质量＝需配制溶液的总重量×需配制溶液的质量浓度，需用溶剂的质量＝需配制溶液质量－称取溶质质量。例如，配制 10％氢氧化钠溶液 200g：

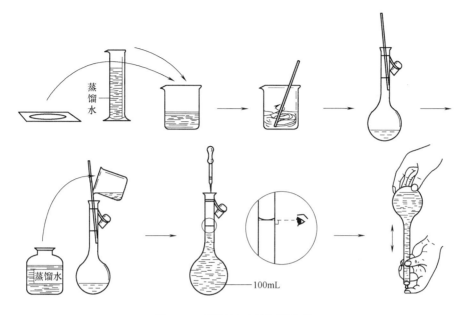

图 2-19 质量浓度的配置步骤

$200g×10\%＝20g$（固体氢氧化钠），$200g－20g＝180g$（溶剂的重量），称取 20g 氢氧化钠和 180g 水溶解即可。

溶质是液体：应量取溶质的体积＝需配制溶液总重量/（溶质的密度×溶质的质量浓度）×需配制溶液的质量浓度；需用溶剂质量＝需配制溶液总重量－（需配制溶液质量×需配制溶液的质量浓度）。

例如：配制 20％硝酸溶液 500g（浓硝酸的浓度为 90％，密度为 $1.49g/cm^3$）：
$$500/(1.49×90\%)×20\%＝74.57mL$$
$$500－(500×20\%)＝400mL$$

量取 400mL 水加入 74.57mL 浓硝酸混匀即得。

(3) 溶液浓度互换公式：
$$质量浓度\%＝\frac{物质的量浓度(moL/L)×溶液体积(L)×溶质相对分子量}{溶液体积(L)×1000×溶液密度(g/cm^3)} \tag{2-6}$$

3. 配制溶液的注意事项

溶液的配制是进行分析检验的一项基础工作，是保证检验结果准确可靠的前提。在很多检验方法标准中都有相应溶液的配制方法，通常在配制溶液过程中有以下注意事项：

（1）分析实验所用的溶液应用纯水配制，容器应用纯水洗 3 次以上，特殊要求的溶液应使用相应规格的纯水，并且应做纯水的空白值检验。

（2）溶液要用带塞的试剂瓶盛装。见光易分解的溶液要装于棕色瓶中。挥发性试剂、见空气易变质及放出腐蚀性气体的溶液，瓶塞要严密。浓碱液应用塑料瓶装，如装在玻璃瓶中，要用橡皮塞塞紧，不能用玻璃磨口塞。

（3）每瓶试剂溶液必须有明晰的标签，标签内容应包括：溶液名称、浓度、配制日期、配制人员等信息，标准溶液的标签还应包括标定日期、复核人员等信息（图 2-20）。

（4）配制硫酸、磷酸、硝酸、盐酸等溶液时，都应把酸倒入水中。对于溶解时放热较

溶液名称：	氢氧化钠溶液
浓　　度：	1.0mol/L
介　　质：	水
配制人员：	XXX
配制日期：	2016.10.13
存贮条件：	常温

普通溶液标签

溶液名称：	硫代硫酸钠标准溶液
浓　　度：	0.0105mol/L
介　　质：	0.2g/L 碳酸钠溶液
配制人员：	XXX
复核人员：	XXX
配制日期：	2016.7.3
标定日期：	2016.8.3
有 效 期：	2017.2.2
存贮条件：	常温

标准溶液标签

图 2-20　溶液标签示意图

多的试剂，不可在试剂瓶中配制，以免炸裂。

（5）用有机溶剂配制溶液时（如配制指示剂溶液），有时有机物溶解较慢，应不时搅拌，可以在热水浴中温热溶液，不可直接加热。易燃溶剂要远离明火使用，有毒有机溶剂应在通风柜内操作，配制溶液的烧杯应加盖，以防有机溶剂的蒸发。

（6）要熟悉一些常用溶液的配制方法，如配制碘溶液应加入适量的碘化钾；配制易水解的盐类溶液应先加酸溶解后，再以一定浓度的稀酸稀释，如氯化亚锡溶液的配制。

（7）不能用手接触腐蚀性及有剧毒的溶液。剧毒溶液用后应先作解毒处理，不可直接倒入下水道。

2.1.5　标准溶液

1. 标准溶液的基本知识

美国加联数据库定义：标准溶液（standard solution）为已知准确浓度的溶液，其性质相当于标准物质，通常作为一种"量具"，在分析测试行业中发挥重要的作用。

标准溶液一般分为滴定用标准溶液和绘制标准曲线用标准溶液两大类。在滴定分析中，标准溶液用作滴定剂，来标定未知溶液的浓度；在其他的一些定量分析中，标准溶液用来绘制工作曲线或作计算标准。这两方面是标准溶液最大的作用。

另外，标准溶液还可用来校准仪器和判定检测方法是否准确。当用标准溶液代替样品进行测试时，得到的结果应该与已知标准溶液的浓度相符。如果得到相符的结果，则说明测试操作正确；如果结果与标准值存在任何明显的误差，就说明存在错误，需要进行分析。

有时候为了实验的方便和实验结果的准确性，一些重要的或较难配制的标准溶液直接从相关单位购买，附有相关证书，已成为标准物质的一部分，避免了配制和标定的麻烦以及操作过程中带来的误差。

标准溶液有进口标准溶液和国内标准溶液之分，国内的标准溶液有钢铁研究总院（北京纳克分析仪器有限公司）、国家标物中心，国外进口的有美国标准局（NIST）和美国加联等单位。其中以美国标准局（NIST）的标准溶液权威性最高，国内标准溶液应与之进行比对溯源后，方可使用。

根据已确定组分的个数，标准溶液又可以分为单一组分标准溶液（简称"单标"）和多组分混合标准溶液（简称"混标"）。单标是指标准溶液中只有一种已知准确浓度的组分，平常使用的标准溶液大多数都是单标。混标是指标准溶液中有两种或两种以上已知准确浓度的组分，有时候需要同时测定多种元素，为了提高工作效率，会使用混标。

标准溶液与真正的标准物质的区别是：其作为一种"量具"的角色是相对的，而不是绝对的。例如，在绘制甲醛工作曲线时，甲醛标准溶液需要用硫代硫酸钠标准溶液来标定，而硫代硫酸钠本身不稳定，硫代硫酸钠标准溶液又需要用重铬酸钾标准溶液来标定。所以，整个的工作过程就是：先用基准物质配制重铬酸钾标准溶液，然后标定未知浓度的硫代硫酸钠溶液，标定好的硫代硫酸钠溶液作为标准溶液再来标定甲醛溶液，最后标定好的甲醛溶液再作为标准溶液用来绘制工作曲线。其实在化学分析中这种例子很多。

2. 标准溶液的配制

溶液的配制包括一般溶液的配制和标准溶液的配制。

一般溶液是指非标准溶液，它在化学实验中常作为溶解样品、调节 pH、分离或掩蔽离子、显色等使用。一般溶液的配制对浓度要求不高，只需保留 1～2 位有效数字，试剂的质量由架盘天平称量，体积用量筒量取即可。

标准溶液的配制方法有两种：一种是直接法，即准确称量基准物质，溶解后定容至一定体积；另一种是标定法（也称间接法），即先配制成近似需要的浓度，再用基准物质或用标准溶液来进行标定，这种配制方法比较费事，但大多数标准溶液都是采用这种方法配制的。

标准溶液主要用于样品主体成分的定量分析，所以对浓度的精度要求较高，一般要求准确到 4 位有效数字，在配制过程中需要满足以下要求：

（1）直接法配制标准溶液所用的试剂必需符合基准物质的要求，即组成与化学式相符，纯度高，成分稳定且无污染；

（2）为防止基准试剂存放后可能潮解，使用前应干燥至恒重，干燥方法按相应标准规定执行；

（3）称重操作应使用灵敏度在万分之一以上的分析天平，并校验合格；

（4）配制、标定过程中所用玻璃仪器应清洁无污染，所用容量玻璃仪器必须经过校准检定合格，如量瓶、滴定管、移液管等均应选用一等品，A 级。

3. 标准溶液的标定

如果试剂不符合基准物质的要求，则先配成近似于所需浓度的溶液，然后再用基准物质准确地测定其浓度，这个过程称为溶液的标定。

标准溶液的标定方法主要有三种：

（1）直接标定法

准确称取一定质量的基准物质，溶于纯水后用待标定溶液滴定，至反应完全，根据所消耗待标定溶液的体积和基准物的质量，计算出待标定溶液的准确浓度。如用基准物无水碳酸钠标定盐酸或硫酸溶液，就属于这种标定方法。

（2）间接标定法

有一部分标准溶液没有合适的用以标定的基准试剂，只能用另一已知浓度的标准溶液来标定。当然，间接标定的系统误差比直接标定的要大些。如用氢氧化钠标准溶液标定乙酸溶液，用高锰酸钾标准溶液标定草酸溶液都属于这种标定方法。

（3）比较法

用基准物质直接标定标准溶液后，为了保证其浓度更准确，采用比较法验证。例如，盐酸标准溶液用基准物质无水碳酸钠标定后，再用氢氧化钠标准溶液进行比较，既可以检验盐酸标准溶液浓度是否准确，也可考查氢氧化钠标准溶液的浓度是否可靠。

一些常见标准溶液的配制和标定方法可参照《化学试剂 标准滴定溶液的制备》GB/T 601。在标定过程中应特别注意的有以下几点：

1）标准溶液配制后应充分摇匀后标定，按规定方法进行预处理，例如过滤、放置规定时间等。如：碘标准溶液需垂熔玻璃滤器过滤、高锰酸钾标准溶液需静置 24h、硫代硫酸钠标准溶液需静置一个月后滤过等；

2）标准溶液的标定，应采用双人复标法，平行标定试验不得少于八次，两人各作四平行，每人四平行测定结果的极差与平均值之比不得大于 0.15%，两人测定结果平均值之差不得大于 0.18%，结果取最终平均值，浓度值取四位有效数字，初标与复标时的室温差值不得大于 2℃；

3）溶液标定后的浓度应以基准物标定为准，标准溶液的配制浓度与标定浓度相差不得大于 5%，若二者相差过大，应查找原因，重新配制并标定。配制标准溶液时，一般配制浓度比理论高一点，便于标定时调整浓度，直接加溶剂稀释即可。不建议浓度低了后，再加溶质；

4）溶液标定温度应在 15~25℃ 之间，当标定温度和使用温度差值超过 10℃ 时，否则应重新标定；

5）标准溶液的配制和标定过程应填写相应的原始记录，初标与复标人员均应签字确认，以确保标准溶液具有溯源性。

4. 标准溶液的使用与保存

（1）标准溶液在使用过程中应注意其有效期。标准溶液的有效期是指标准液配制标定后，可以使用该标准液的期限，超过有效期则不再使用。从瓶中取出标准溶液后，不管剩余多少，不得再倒入原标准溶液瓶中，取完溶液后应立即盖上瓶塞。

（2）浓度低于或等于 0.02mol/L 的标准溶液（乙二胺四乙酸二钠标准溶液除外），应在临用前将高浓度的标准溶液稀释制得，稀释溶剂用煮沸并冷却的水，必要时需进行重新标定。

（3）购买的标准溶液一般分装在安瓿瓶内，属于一次性的，特别是对于溶剂易挥发的标液，使用时按需要稀释到一定浓度，剩余的标液下次不能再使用。外购的标准溶液在条件许可的情况下应复标（核查）后再使用。

（4）标准溶液的保存应该注意以下几点：

1）保存标准溶液的容器必须洗净，用蒸馏水洗三次，烘干后使用；

2）易氧化的溶液应放在棕色瓶中，不准用橡皮塞盖瓶口，装碱性标准溶液的瓶子，为了防止吸收空气中的 CO_2，要求在瓶塞上装有吸收 CO_2 的碱石棉；

3）不同性质、不同浓度、不同介质以及不同使用方法都会影响标准溶液有效期的长短。除另有规定外，标准溶液在常温（15～25℃）下保存时间一般不超过两个月（硫代硫酸钠的有效期实际为 7 个月，包括放置 1 个月）。当溶液出现浑浊、沉淀、颜色变化等现象时，应重新制备；

4）标准溶液标好后，应该定期进行期间核查（复标），以防止浓度改变而造成分析上的误差，使用前要摇匀，以使浓度保持均一；

5）标准溶液应存放在阴凉干燥的地方，免于日光照射，有低温要求的标准溶液应放于冰箱中，需避光保存的应装于棕色瓶中，碱溶液和其他能与玻璃发生化学反应的应装于塑料瓶中。

2.1.6　分析天平

天平用于试剂或样品的称量。称量时应按误差的要求来选择天平与量具的等级。例如配制一般试剂，只需普通托盘天平，但称量标准物质或样品时，一般需准确至±0.1mg，即应使用分析天平（通常称为万分之一天平），分析天平是准确称量一定质量物质的仪器。

1. 天平分类及原理

分析天平的种类较多，通常有：机械式、电子式、手动式、半自动式、全自动式等。

分析天平按校正方式可以分为：内校型，外校型。所谓内校，就是电子天平带有内部标定砝码，方便随时调取，一键进行标定。外校型必须要按校正键，从外部放砝码进行人工校正。

天平类别不同，其原理也不相同：

（1）机械天平根据杠杆原理，当天平达平衡时，物体的质量即等于砝码的质量。

（2）电子分析天平多采用电磁平衡方式，因称出的是重量，需要校准来消除重力加速度的影响。

（3）分析天平是比台秤更为精确的称量仪器，可精确称量至 0.0001g（即 0.1mg）以上，既有机械天平又有电子天平，不同类型的分析天平规格型号多种多样，但同种类型原理与使用方法基本相同。

2. 天平称量方法

（1）直接称量法：所称固体试样如果没有吸湿性并在空气中是稳定的，可用直接称量法。先在天平上准确称出洁净容器的质量，然后用药匙取适量的试样加入容器中，称出它的总质量。这两次质量的数值相减，就得出试样的质量。

（2）减量法：在分析天平上称量一般都用减量法。先称出试样和称量瓶的精确质量，然后将称量瓶中的试样倒一部分在待盛药品的容器中，到估计量和所求量相接近。倒好药品后盖上称量瓶，放在天平上再精确称出它的质量。两次质量的差数就是试样的质量。如果一次倒入容器的药品太多，必须弃去重称，切勿放回称量瓶。如果倒入的试样不够可再加一次，但次数宜少。

（3）指定法：对于性质比较稳定的试样，有时为了便于计算，则可称取指定质量的样品。用指定法称量时，在天平盘的两边各放一块表面皿（它们的质量尽量接近），调节天平的平衡点在中间刻度左右，然后在左边天平盘内加上固定质量的砝码，在右边天平盘内加上试样（这样取放试样比较方便），直至天平的平衡点达到原来的数值，这时，试样的质量即为指定的质量。

3. 天平的使用

（1）电子天平使用

1）检查并调整天平至水平位置。

2）事先检查电源电压是否匹配（必要时配置稳压器），按仪器要求通电预热至所需时间。

3）预热足够时间后打开天平开关，天平则自动进行灵敏度及零点调节。待稳定标志显示后，可进行正式称量。

4）称量时将洁净称量瓶或称量纸置于秤盘上，关上侧门，轻按一下去皮键，天平将自动校对零点，然后逐渐加入待称物质，直到所需重量为止。

5）被称物质的重量是显示屏左下角出现"→"标志时，显示屏所显示的实际数值。

6）称量结束应及时除去称量瓶（纸），关上侧门，切断电源，并做好使用情况登记。

（2）机械天平使用

1）慢慢旋动升降旋钮，开启天平，观察指针的摆动范围，如指针摆动偏向一边，可调节天平梁上零点调节螺丝。

2）将要称量的物质从左门放入左盘中央，按先在托盘天平上称得的初称质量用镊子夹取适当砝码从右门放入右盘中央，用左手慢慢半升升降旋钮（因天平两边质量相差太大时，全升升降旋钮可能会引起吊耳脱落。损坏刀刃），视指针偏离情况由大到小添减砝码。待克组砝码试好后，再加游码调节。在加游码调节天平平衡过程中，右门必须关闭，这时可以将升降旋钮全部升起，待指针摆动停止后，要使标牌上所指刻度在零点或附近。

4. 使用天平注意事项

（1）动作要缓而轻：升降旋钮缓慢打开且开至最大位置，慢慢转动圈码，防止圈码脱落或错位。

（2）称量物不能直接放在称量盘内，根据称量物的不同性质，可放在纸片、表面皿或称量瓶内。不能称超过天平最大载重量的物体。

（3）同一称量过程中不能更换天平，以免产生相对误差。

（4）使用分析天平时除应遵循托盘天平有关操作规则外，还应注意：添加砝码、取放称样或其他原因接触天平时应先把天平梁托住，否则易使刀口损坏，这是使用天平规则中最重要的一条。每次称量时，应将天平门关好。加砝码后开启天平时，指针摆幅应控制在2～4格之间。被称样品视其性质放在洁净干燥的称量瓶或表面皿中称量。称量瓶不得用手拿，要用滤纸条夹取。称量结束，要检查天平梁是否托好，砝码是否齐全，有无药品撒落到天平内，天平门是否关紧，布罩是否罩好。天平使用一段时期后，要送计量部门进行检定和调修。天平的全面清洁工作每年应进行两次。

5. 天平性能检查与校准

对于天平的性能如灵敏度、变动性等应按仪器说明书随时进行检查。天平在安装、修理和移动位置后均需进行计量性能的检定。检定应由计量部门进行。使用中的天平也应定期检定。

6. 天平的维护

（1）天平应放在稳固不易受振动的天平台上，避免日光直晒，室内温度勿变化太大应尽量消除水气、腐蚀性气体和粉尘等影响。

（2）保持天平罩内清洁。

（3）天平安装后不宜经常搬动。

（4）应注意保持天平室内干燥。

2.1.7　化学分析常用术语

1. 恒重

恒重系指连续两次干燥后的质量差异在 0.2mg 以下。

2. 量取

量取指用量筒取水、溶剂或试液。

3. 吸取

吸取指用无分度吸管或分度吸管吸取。

4. 定容

定容系指在容量瓶中用纯水或其他溶剂稀释至刻度。

5. 加热

加热指用直接或间接加热的方法来达到加快化学反应、蒸发浓缩速度等目的。

（1）加热目的。加热目的是根据检验分析工作中的某种特殊要求而确定的，其目的大致有以下几种：加快化学反应、蒸发浓缩、加快溶解、加热保温以及保温过滤等。

（2）加热方法。加热方法有多种多样，总的可分为两大类，即直接加热和间接加热。

直接加热的方法一般指在火焰上或电热仪器上加热。直接加热的容器要选择适当，如需高温直火加热，需选用瓷质、石英质或金属质及特种玻璃质的容器。

间接加热的方法在分析时较为多用，这种方法比直接加热时温度更为均匀易控制。间接加热的方法除加热器上放有石棉网或石棉板的一种形式外，各种浴器都应属于间接加热法，如水浴、油浴、沙浴等。

6. 过滤与分离

过滤一般指分离悬浮在液体中的固体颗粒的操作。滤纸分定性滤纸和定量滤纸两种，除重量分析中常用定量滤纸（或称无灰滤纸）进行过滤外，其他用定性滤纸。定量滤纸一般为圆形，按直径分为 11、9、7cm 等几种；按滤纸孔隙大小分有"快速"、"中速"和"慢速"三种。过滤时滤纸折叠方法为对折后．再对折，分开，一侧是三层，另一侧是一层；然后将滤纸放入漏斗尽量紧贴漏斗，润湿；滤纸低于漏斗，玻璃棒靠在有三层的一侧。

2.1.8　化学分析常用物理量单位

1. 质量单位

质量（俗称重量）的法定基本单位是千克（公斤），它等于国际千克原器的质量，符号为 kg。"公斤"可作为"千克"的同义语，但在化学中应用"千克"这一名称，不要用"公斤"这一名称。

在化验工作中常用的质量单位有 kg（千克）、g（克）、mg（毫克）、μg（微克）。要注意这些符号均为小写体，不应将其分别写成大写体 KG、G、Mg 等。质量常用的分数单位如下：

$$1g(克)=1\times10^{-3}kg(千克)$$
$$1mg(毫克)=1\times10^{-6}kg$$
$$=1\times10^{-3}g$$
$$1\mu g(毫克)=1\times10^{-9}kg$$
$$=1\times10^{-6}g$$
$$1ng(纳克)=1\times10^{-12}kg$$
$$=1\times10^{-9}g$$

2. 时间单位

秒是我国的时间法定基本单位，符号为 s。除此之外还有非十进制时间单位分、时、天（日）。它是我国选定的非国际单位制的法定计量单位，符号分别为 min、h、d，其关系为：

$$1min=60s$$
$$1h=60min$$
$$1d=24h$$

使用时间单位秒（s）、分（min）、时（h）、天（日）（d）的国际符号时，要注意它们的符号都是小写正体，不应写成大写体。

3. 温度单位

开尔文是热力学温度的单位，国际单位制（SI）中 7 个基本单位之一，简称开，国际代号 K，以绝对零度为最低温度，规定水的三相点的温度为 273.16K，1K 等于水三相点温度的 1/273.16。热力学温度 T 与人们惯用的摄氏温度 t 的关系是 $T=t+273.16$。开尔文是为了纪念英国物理学家开尔文而命名的。

4. 体积单位

体积的 SI 单位为立方米，符号为 m^3。常用的倍数和分数单位有 km^3（立方千米）、dm^3（立方分米）、cm^3（立方厘米）、mm^3（立方毫米）。

$$1m^3=10^3dm^3$$
$$=10^6cm^3$$
$$1dm^3=10^3cm^3$$

体积的另一个单位是升（L），它是我国选定的法定计量单位。其定义为：升等于 1 立方分米的体积，符号为 L 或 l。

$$1L=1dm^3$$

按国际单位制规定，所有的计量单位都只给予一个单位符号，唯独升例外，它有两个符号，一个大写的 L 与一个小写的 l。升的名称不是来源于人名，本应用小写体字母 l 作符号，但是小写体的字母 l 极易与阿拉伯数字 1 混淆而带来误解。例如体积 10 升则应写成 10l，它与数字"101"无法区分。为此国际计量大会决议把 L 和 l 两个符号暂时并列。

我国法定计量单位规定，升的符号用大写体 L，小写体字母 l 为备用符号。

国际单位制 dm^3 与升的关系为：

$$1L=1dm^3$$
$$1L=10^3cm^3$$

$$1L=1000mL$$
$$1mL=1cm^3$$
$$=10^{-6}m^3$$

使用时要注意，不能把升称为"立升"、"公升"等。

5. 放射性活度单位

放射性活度：在给定时刻，处于特定能态的一定量放射性核素在 dt 时间内发生自发核跃迁数的期望值除以 dt。其单位名称是贝可［勒尔］，符号是 Bq。贝可勒尔（Bq）是每秒发生一次衰变的放射性活度：

$$1Bq=1s^{-1}$$

贝可勒尔可简称贝可，但不可称为贝。

2.2　容量分析

2.2.1　容量分析的基本知识

容量分析又称滴定分析。是一种重要的定量分析方法，此法将一种已知浓度的试剂溶液滴加到被测物质的试液中，根据完成化学反应所消耗的试剂量来确定被测物质的量。容量分析所用的仪器简单，还具有方便、迅速、准确的优点，特别适用于常量组分测定和大批样品的例行分析。

1. 容量分析原理

滴定分析法通常是将一定体积的待测组分溶液 X 置于锥形瓶中，然后将某种试剂 R 的标准溶液通过滴定管逐滴加到锥形瓶中。设 X 与 R 之间的化学反应为：aX＋bR＝cP

当所加入的 R 与 X 的物质的量的比值恰好等于 b/a 时，则停止滴加。这一过程称为滴定。该反应称为滴定反应。根据 R 的浓度 c_R 和所消耗的体积 V_R，以及 X 的体积 V_X，再根据 X 与 R 之间的计量关系 a/b，便可求得 X 的浓度，即式（2-7）：

$$c_X=\frac{c_R V_R}{V_X}\times\frac{a}{b} \tag{2-7}$$

2. 容量分析中的常用术语

滴定剂：已知准确浓度的试剂溶液，即标准溶液，又称标准滴定溶液，滴定分析过程中装在滴定管中；

被滴定剂：未知准确浓度的试剂溶液，即待测溶液，滴定分析过程中装在锥形瓶（或烧杯）中；

滴定：将滴定剂从滴定管中逐滴加到盛有待测物质溶液的锥形瓶（或烧杯）中进行测定的过程；

指示剂：对滴定终点的判断起指示作用而加入的一种辅助试剂，常伴有颜色变化、产生混浊或沉淀以及有荧光等明显现象，指示剂是否选择恰当将直接影响滴定分析结果的准确与否；

滴定终点：在滴定过程中，指示剂恰好发生颜色变化的突变点，此时反应应立即终止，故称此点为滴定终点；

化学计量点：加入滴定剂的量与待测物的量正好符合化学反应式所表示的化学计量关系的时刻，即反应达到了化学计量点。换言之，化学计量点就是滴定剂与待测物理论上恰好完全反应的时刻，即理论滴定终点；

终点误差：滴定终点与化学计量点不一定一致，即实际滴定终点和理论滴定终点不重合而引起的分析误差为终点误差。终点误差是滴定分析误差的主要来源之一，化学反应越完全，指示剂选择得越恰当，终点误差就越小。

3. 容量分析的分类

（1）按滴定方式分类

滴定分析方法按照滴定方式可分为直接滴定法、间接滴定法、返滴定法和置换滴定法。

1）直接滴定法

将滴定剂直接加入到待测物质溶液中的一种方法，凡是能同时满足滴定分析基本条件的化学反应，都可以采用直接滴定法，如用 HCl 滴定 NaOH，用 $K_2Cr_2O_7$ 滴定 Fe^{2+} 等。直接滴定法是滴定分析法中最常用、最基本的滴定方法。

2）间接滴定法

某些待测组分不能直接与滴定剂反应，但可通过其他的化学反应，间接测定其含量。例如 Ca^{2+} 不能用直接滴定法，但可先将其沉淀为 CaC_2O_4，然后将沉淀滤过洗涤后再溶解于硫酸中，就可用 $KMnO_4$ 标准溶液滴定溶液中的草酸，间接测定 Ca^{2+} 的含量。

3）返滴定法

返滴定法又称回滴法或剩余滴定法，即在待测试液中准确加入适当过量的标准溶液，使其与试液中的待测物质或固体试样进行完全反应后，再用另一种标准溶液滴定剩余的第一种标准溶液，从而测定待测组分的含量。例如对于 Al^{3+} 的滴定，先加入已知过量的 EDTA 标准溶液，待 Al^{3+} 与 EDTA 反应完成后，剩余的 EDTA 再利用标准 Zn^{2+} 溶液返滴定。

返滴定法主要用于反应速度慢或反应物是固体，加入滴定剂后不能立即定量反应，或者没有适当指示剂的滴定反应，也是一种比较常用的滴定方法。

4）置换滴定法

先加入适当的试剂与待测组分定量反应，置换出另一种可滴定的物质，再利用标准溶液滴定反应产物，然后由滴定剂的消耗量，反应生成的物质与待测组分等物质的量的关系计算出待测组分的含量。例如用 $K_2Cr_2O_7$ 标定 $Na_2S_2O_3$ 溶液的浓度时，就是以一定量的 $K_2Cr_2O_7$ 在酸性溶液中与过量的 KI 作用，析出相当量的 I_2，再用 $Na_2S_2O_3$ 溶液滴定析出的 I_2，进而求得 $Na_2S_2O_3$ 溶液的浓度。

置换滴定法主要用于待测物质与滴定剂之间没有确定的反应式（伴有副反应发生），或反应的完全度不够高的滴定反应。

显然，由于返滴定法、置换滴定法、间接滴定法的应用，大大扩展了滴定分析的应用范围。

（2）按化学反应类型分类

滴定分析方法按照滴定反应的化学反应类型可分为酸碱滴定法、络合滴定法、氧化还原滴定法、沉淀滴定法。

1）酸碱滴定法

酸碱滴定法是以酸、碱之间质子传递反应为基础的一种滴定分析法，反应速率较快，通常采用直接滴定的方式，主要用于测定酸、碱和两性物质。

2）配位滴定法

配位滴定法又称络合滴定法，是以配位反应为基础的一种滴定分析方法，主要用于对金属离子进行测定，目前常用的配位滴定就是以 EDTA 为络合剂测定金属离子。

3）氧化还原滴定法

氧化还原滴定法是以氧化还原反应为基础的一种滴定分析方法，其应用范围要比其他类型的滴定法广泛得多，其中碘量法就是应用最广泛的一种滴定方法，用 $Na_2S_2O_3$ 标准溶液标定甲醛溶液就是采用碘量法。

由于氧化还原反应常伴有电子转移，产生电极电位，故氧化还原滴定法又被称为电位滴定法，与此相关的辅助仪器有电位滴定计。

4）沉淀滴定法

沉淀滴定法是以沉淀反应为基础的一种滴定分析方法，主要用于对 Ag^+、CN^-、SCN^- 以及类卤素离子等进行测定，如银量法。

2.2.2　酸碱滴定法

酸碱滴定法是指利用酸和碱在水中以质子转移反应为基础的滴定分析方法。

1. 质子理论

酸：凡是能释放质子 H^+ 的任何含氢原子的分子或离子的物种，即质子的给予体。

碱：任何能与质子结合的分子或离子的物质，即质子的接受体。

$$酸 \Longrightarrow 质子 + 碱$$
$$HAc \Longrightarrow H^+ + Ac^-$$
$$H_3PO_4 \Longrightarrow H^+ + H_2PO_4^-$$
$$NH_4^+ \Longrightarrow H^+ + NH_3$$
$$[Fe(H_2O)_6]^{3+} \Longrightarrow H^+ + [Fe(OH)(H_2O)_5]^{2+}$$

可见，酸给出质子生成相应的碱，而碱结合质子后又生成相应的酸；酸与碱之间的这种依赖关系称共轭关系。相应的一对酸碱被称为共轭酸碱对。例如：HAc 的共轭酸碱是 Ac^-，Ae^- 的共轭酸是 HAc，HAc 和 Ae^- 是一对共轭酸碱。通式表示如下：

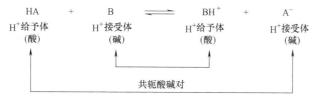

既能给出质子，又能接受质子的物质为两性物质，例如：HPO_4^{2-}、$H_2PO_4^{2-}$、$[Fe(OH)(H_2O)_5]^{2+}$、H_2O 等。

2. 酸碱强度

酸和碱的强度是指酸给出质子的能力和碱接受质子的能力的强弱。在水溶液中：

$$K_a(HAc) = 1.8 \times 10^{-5} \quad K_a(HCN) = 5.8 \times 10^{-10}$$

说明在水溶液中，HAc 的酸性比 HCN 的酸性强。

区分效应：用一个溶剂把酸或碱的相对强弱区分开来，称为溶剂的区分效应。例如：H_2O 可以区分 HAc、HCN 酸性的强弱。

拉平效应：溶剂将酸或碱的强度拉平的作用，称为溶剂的"拉平效应"。水对强酸起不到区分作用，水能同等强度地将 $HClO_4$、HCl、HNO_3 等强酸的质子全部争取过来。

选取比水碱性弱的碱，如冰醋酸为溶剂对水中的强酸可体现出区分效应。例如，上述强酸在冰醋酸中不完全解离，酸性强度依次为：

$$HClO_4 > HCl > H_2SO_4 > HNO_3$$

所以，H_2O 对以上强酸有拉平反应，冰醋酸对它们有区分效应。

结论：

酸性越强，其共轭碱越弱；碱越强，其共轭酸越弱。

酸性：$HClO_4 > H_2SO_4 > H_3PO_4 > HAc > H_2CO_3 > NH_4^+ > H_2O$

碱性：$ClO_4^- < HSO_4^- < H_2PO_4^- < Ac^- < HCO_3^- < NH_3 < OH^-$

3. 酸碱反应

酸碱质子理论中的酸碱反应是酸碱之间的质子传递。例如：这个反应无论在水溶液中、苯或气相中，它的实质都是一样的。HCl 是酸，放出质子给 NH_3，然后转变成共轭碱 Cl^-，NH_3 是碱，接受质子后转变成共轭酸 NH_4^+。强碱夺取了强酸放出的质子，转化为较弱的共轭酸和共轭碱。

酸碱质子理论不仅扩大了酸碱的范围，还可以把酸碱离解作用、中和反应、水解反应等，都看作质子传递的酸碱反应。

由此可见，酸碱质子理论更好地解释了酸碱反应，摆脱了酸碱必须在水中才能发生反应的局限性，解决了一些非水溶剂或气体间的酸碱反应，并把水溶液中进行的某些离子反应系统地归纳为质子传递的酸碱反应，加深了人们对酸碱和酸碱反应的认识。

4. 酸碱指示剂

用于酸碱滴定的指示剂，称为酸碱指示剂。这是一类结构较复杂的有机弱酸或有机弱碱，它们在溶液中能部分电离成指示剂的离子和氢离子（或氢氧根离子），并且由于结构上的变化，它们的分子和离子具有不同的颜色，因而在 pH 不同的溶液中呈现不同的颜色，见表 2-3。

常用酸碱指示剂变色范围及配置方法　　　　　　　　　　表 2-3

名称	本身性质	室温下的颜色变化		溶液的配置方法
		pH 范围	颜色	
甲基橙	碱	3.1～4.4	红～黄	每 100mL 水中溶解 0.1g 甲基橙
石蕊	酸	5.0～8.0	红～蓝	向 59 石蕊中加入 95% 热酒精 500mL 充分振荡后静置一昼夜，然后倾去红色浸出液（酒精可回收）。向存留的石蕊固体中加入 500mL 纯水，煮沸后静置一昼夜后过滤，保留滤液，再向滤渣中加入 200mL 纯水，煮沸后过滤，弃去滤渣。将两次滤液混合，水浴蒸发浓缩至向 100mL 水中加入三滴浓缩液即能明显着色为止（若用于分析化学，还需除去碳酸根）

名称	本身性质	室温下的颜色变化		溶液的配置方法
		pH 范围	颜色	
苯酚红	碱	6.6～8.0	黄～红	取 0.19 苯酚红与 57mL0.05 mol/L 的 NaOH 溶液在研钵中研匀后用纯水溶解制成 250mL 试液
酚酞	酸	8.2～10.0	无色～红	将 0.1g 酚酞溶于 100mL90％的酒精中

5. 酸碱滴定法

酸碱滴定法是以酸碱反应为基础的滴定分析方法。利用该方法可以测定一些具有酸碱性的物质，也可以用来测定某些能与酸碱作用的物质。有许多不具有酸碱性的物质，也可通过化学反应产生酸碱，并用酸碱滴定法测定它们的含量。因此，在生产和科研实践中，酸碱滴定法的应用相当广泛。最常用的酸标准溶液是盐酸，有时也用硝酸和硫酸。标定它们的基准物质是碳酸钠 Na_2CO_3。最常用的碱标准溶液是氢氧化钠，有时也用氢氧化钾或氢氧化钡，标定它们的基准物质是邻苯二甲酸氢钾 $KHC_8H_4O_6$。

2.2.3　氧化还原滴定法

氧化还原滴定法是容量分析中应用最为广泛的一种分析方法，它不仅可用于无机分析，而且可以用于有机分析，许多具有氧化性或还原性的无机或有机化合物，都可以用氧化还原滴定法来加以测定。

1. 氧化还原滴定法概念

氧化还原滴定法是以氧化还原反应中氧化剂和还原剂之间的电子转移为基础的滴定分析方法。氧化还原反应较为复杂，一般反应速度较慢，副反应较多，并不是所有的氧化还原反应都能用于滴定反应，应该符合滴定分析的一般要求，即要求反应完全，反应速度快，无副反应等。因此，必须根据具体情况，创造适宜的反应条件。

（1）根据平衡常数的大小判断反应进行程度。一般 $K \geqslant 10^6$ 时，该反应进行得完全。

（2）反应速度快。一般可通过下列几种方法增加反应速度。

1）加催化剂。例如，用 MnO_4^- 氧化 Fe^{2+} 时，加入少许 Mn^{2+} 作为催化剂，可使反应迅速进行。

2）升高温度。例如，用 MnO_4^- 氧化 $C_2O_2^{4-}$ 时，室温下反应进行得很慢，温度升高到 80℃时反应能够很快地进行。

（3）无副反应。若用于滴定分析的氧化还原反应伴有副反应发生，必须设法消除。如果没有抑制副反应的方法，反应就不能用于滴定。

2. 氧化还原指示剂

氧化还原指示剂指本身具有氧化还原性质的一类有机物，这类指示剂的氧化态和还原态具有不同的颜色。当溶液中滴定体系电对的点位改变时，指示剂电对的浓度也发生改变，因而引起溶液颜色变化，以指示滴定终点。常见氧化还原指示剂如二苯胺磺酸钠、邻二氮菲（也称邻菲啰啉）、自身指示剂如 $KMnO_4$、专属指示剂如淀粉。

3. 碘量法

按照氧化还原滴定中所用氧化剂的不同，将氧化还原法分为高锰酸钾法、碘量法、重铬酸钾法等，这里主要讨论碘量法。

碘量法是利用 I_2 的氧化性和 I^- 的还原性进行滴定的分析方法。

$$I_2 + 2e = 2I^- \qquad E_o = +0.5355V$$

从值可知，I_2 是一种较弱的氧化剂，而 I^- 是中等强度的还原剂。低于电对的还原性物质如 S^{2-}、$S_2O_3^{2-}$、AsO_3^{3-}、SbO_3^{3-}、维生素 C 等，能用 I_2 标准溶液直接滴定，这种方法叫直接碘量法或碘滴定法。高于电对的氧化性物质如 Cu^{2+}、$Cr_2O_7^{2-}$、CrO_4^{2-}、MnO_4^{2-}、NO_2^- 漂白粉等，可将 I^- 氧化成 I_2，再用 $Na_2S_2O_3$ 标准溶液滴定生成的 I_2。这种滴定方法叫间接碘量法或滴定碘量法。

1）直接碘量法

用直接碘量法来测定还原性物质时，一般应在弱碱性、中性或弱酸性溶液中进行，如测定 AsO_3^{3-} 需在弱碱性 $NaHCO_3$ 溶液中进行。

若反应在强酸性溶液中进行，则平衡向左移动，且 I^- 易被空气中的 O_2 氧化：

$$4I^- + O_2 + 4H^+ \rightarrow 2I_2 + 2H_2O$$

如果溶液的碱性太强，I_2 就会发生歧化反应。

I_2 标准溶液可用升华法制得的纯碘直接配制。但 I_2 具有挥发性和腐蚀性，不宜在天平上称量，故通常先配成近似浓度的溶液，然后进行标定。由于碘在水中的溶解度很小，通常在配制 I_2 溶液时加入过量的 KI 以增加其溶解度，降低 I_2 的挥发性。直接碘量法可利用碘自身的黄色或加淀粉作指示剂，I_2 遇淀粉呈蓝色。

2）间接碘量法

间接碘量法测定氧化性物质时，需在中性或弱酸性溶液中进行。例如，测定 $K_2Cr_2O_7$ 含量的反应如下：

$$Cr_2O_7^{2-} + 6I^- + 14H^+ \rightarrow 2Gr^{3+} + 3I_2 + 7H_2O$$

$$I_2 + 2S_2O_3^{2-} \rightarrow 2I^- + S_4O_6^{2-}$$

若溶液为碱性，则存在如下副反应：

$$4I_2 + S_2O_3^{2-} + 100H^- \rightarrow 8I^- + 2SO_4^{2-} + 5H_2O$$

在强酸性溶液中，$S_2O_3^{2-}$ 易被分解：

$$S_2O_3^{2-} + 2H^+ \rightarrow S\downarrow + SO_2 + H_2O$$

间接碘量法也用淀粉作指示剂，但它不是在滴定前加入，若指示剂加得过早，则由于淀粉与 I_2 形成的牢固结合会使 I_2 不易与 $Na_2S_2O_3$ 立即作用，以致滴定终点不敏锐。故一般在近终点时加入。应用碘量法除需掌握好酸度外，还应注意以下两点：

①防止碘挥发。主要方法有：加入过量的 KI，使 I_2 变成 I_3^-；反应时溶液不可加热；反应在碘量瓶中进行，滴定时不要过分摇动溶液。

②防止 I^- 被空气氧化。主要方法有：避免阳光照射；Cu_2^+、NO_2^- 等能催化空气对 I^- 的氧化，应该设法除去；滴定应该快速进行。

2.2.4 络合滴定法

络合滴定法又称螯合滴定法。是以络合反应为基础的容量分析方法称。它主要以氨羧络合剂为滴定剂，较常用氨羧络合剂有氨三乙酸（NTA）、乙二胺四乙酸（EDTA）、环己烷二胺四乙酸（DCTA）、三乙四胺五乙酸（DTPA）、乙二醇二乙醚二胺四乙酸（EGTA）。这些氨羧络合剂对许多金属有很强的络合能力。在碱性介质中能与钙和镁络合成为易溶而又难于离解的络合物。瑞士的 G. K. 施瓦岑巴赫及其合作者详细研究了它们的化学性质，并于 1945 年首先提出用 EDTA 二钠盐滴定钙和镁以及测定水的硬度（图 2-21），奠定了络合滴定法的基础。在络合滴定中大约 95% 以上的滴定是用 EDTA 二钠盐进行的。

图 2-21　络合滴定

自络合滴定法提出后，许多原材料的分析大为简化，例如水中的钙和镁测定（图 2-21）：方法是在含钙、镁的溶液中加入三乙醇胺以隐蔽铁、铝、钛和锰后，在 pH＝12 时，以钙试剂为指示剂，用 EDTA 滴定钙；另取一份溶液，以三乙醇胺隐蔽铁等后在 pH＝10 时以铬黑 T 为指示剂，滴定钙镁含量，两者之差为镁量。

2.2.5　沉淀滴定分析

沉淀滴定法是以沉淀反应为基础的一种滴定分析方法。沉淀滴定法必须满足的条件：1. S 小，且能定量完成；2. 反应速度大；3. 有适当指示剂指示终点；4. 吸附现象不影响终点观察。

生成沉淀的反应很多，但符合容量分析条件的却很少，实际上应用最多的是银量法，即利用 Ag^+ 与卤素离子的反应来测定 Cl^-、Br^-、I^-、SCN^- 和 Ag^+。

银量法共分三种，分别以创立者的姓名来命名。

1. 莫尔法　在中性或弱碱性的含 Cl 试液中，加入指示剂铬酸钾，用硝酸银标准溶液滴定，氯化银先沉淀，当砖红色的铬酸银沉淀生成时，表明 Cl 已被定量沉淀，指示终点已经到达。此法方便、准确，应用很广。

2. 福尔哈德法

（1）直接滴定法。在含 Ag 的酸性试液中，加 $NH_4Fe(SO_4)_2$ 为指示剂，以 NH_4SCN 为滴定剂，先生成 AgSCN 白色沉淀，当红色的 $Fe(SCN)_2^+$ 出现时，表示 Ag^+ 已被定量沉淀，终点已到达。此法主要用于测 Ag^+。

（2）返滴定法。在含卤素离子的酸性溶液中，先加入一定量的过量的 $AgNO_3$ 标准溶液，再加指示剂 $NH_4Fe(SO_4)_2$，以 NH_4SCN 标准溶液滴定过剩的 Ag^+，直到出现红色为止。两种试剂用量之差即为卤素离子的量。此法的优点是选择性高，不受弱酸根离子的干扰。但用本法测 Cl^- 时，宜加入硝基苯，将沉淀包住，以免部分的 Cl^- 由沉淀转入溶液。

3. 法扬斯法 在中性或弱碱性的含 Cl^- 试液中加入吸附指示剂荧光黄，当用 Ag-NO_3 滴定时，在等当点以前，溶液中 Cl^- 过剩，$AgCl$ 沉淀的表面吸附 Cl^- 而带负电，指示剂不变色。在等当点后，Ag^+ 过剩，沉淀的表面吸附 Ag^+ 而带正电，它会吸附荷负电的荧光黄离子，使沉淀表面显示粉红色，从而指示终点已到达。此法的优点是方便。

2.3 重量分析法

2.3.1 重量法概念

重量法是化学分析中的一种定量测定方法，指以质量为测量值的分析方法。将被测组分与其他组分分离，称重计算含量。例如欲测定一种水溶液试样中的某离子含量，可在适当条件下将其中欲测的离子转变为溶解度极小的物质而定量析出，再经过滤、洗涤、干燥或灼烧成为有一定组成的物质，冷至室温后称重，即可定量地测定该离子的含量。

重量法兴起于 18 世纪，曾对建立质量守恒定律和定比定律等有过一定贡献。重量法曾用于测定原子量、金属和非金属物质。在当时和以后一段时间内，重量法一直在分析化学中占有重要位置。最早的有机分析也采用重量法。18 世纪以后，重量分析在方法、试剂、仪器等方面不断改进，试样用量渐趋减少。分析天平的感度为 0.1mg，微量化学天平的感度可达 1mg。由于有机试剂具有选择性和灵敏度高的特点，19 世纪末，无机重量法中引入了有机试剂，如用 1-亚硝基-2-萘酚在镍存在下测定钴。20 世纪上半叶，则在沉淀方法中引入了均相沉淀。用在水中溶解度低的试剂（如二苯基羟乙酸）作沉淀剂时，比其水溶性铵盐更优异，这是由于它能延长沉淀作用的时间，与均相沉淀类似。在加热方法上，从 19 世纪末已开始使用电热板和电炉了。

2.3.2 重量分析法的分类与特点

1. 沉淀法

沉淀法是重量分析的重要方法，这种方法是利用试剂与待测组分生成溶解度很小的沉淀，经过滤、洗涤、烘干或灼烧成为组成一定的物质，然后称其质量，再计算待测组分的含量。

2. 气化法（挥发法）

利用物质的挥发性质，通过加热或其他方法使试验中的待测组分挥发逸出，然后根据试样质量的减少计算该组分的含量；或者用吸收剂吸收逸出的组分，根据吸收剂质量的增加计算该组分的含量。

3. 电解法

利用电解的方法，使待测金属离子在电极上还原析出，然后称量，根据电极增加的质量要求得其含量。

重量分析法是经典的化学分析法，它通过直接称量得到分析的结果，不需要从容量器皿中引入许多数据，也不需要标准试样或基准物质做比较。对高含量组分的测定，重量分析法比较准确，一般测定的相对误差不大于 0.1%。但重量分析法的不足之处是操作较繁琐，耗时多，不适于生产中的控制分析；对低含量组分的测定误差较大。

2.4　分光光度法

2.4.1　分光光度法基本知识

许多物质是有颜色的，例如高锰酸钾在水溶液中呈紫色，Cu^{2+} 在水溶液中呈蓝色。这些有色溶液颜色的深浅与浓度有关，溶液越浓，颜色越深。因此可以用比较颜色的深浅来测定溶液中该种有色物质的浓度，这种测定方法就称为比色分析法。比色分析的基本依据是有色物质对光的选择性吸收作用。随着近代测试仪器的发展，目前已普遍地使用分光光度计进行比色分析。这种方法也被叫分光光度法，它具有灵敏、准确、快速及选择性好等特点。

由于分光光度法的灵敏度高，所以它主要用于测定微量组分。例如，试样中含铜 0.001%，即 100mg 试样含铜 0.001mg 时，用比色法可以测出。若欲用碘量法进行滴定分析，设 $Na_2S_2O_3$ 溶液浓度为 $C(Na_2S_2O_3)=0.05mol/L$，消耗体积为 V（mL），则：

$$0.001/63.55=0.05V,$$
$$V=0.0003mL$$

所需标准溶液的量这样少，无法进行滴定；若欲用重量法测定，沉淀的重量太少，也无法准确称量。此时，我们就可以选择分光光度法来进行微量组分的测定。

分光光度法测定的相对误差为 2%～5%，完全可以满足微量组分测定准确度的要求，且分光光度法测定迅速，所用仪器操作简便，价格便宜，几乎所有的无机物质和许多有机物质都能用此法进行测定，因此它对生产或科研都有极其重要的意义。

1. 分光光度法定义及特点

分光光度法（spectrophotometry），又称为吸光光度法（absorptiometry），是通过测定被测物质，在特定波长处或一定波长范围内光的吸光度，对该物质进行定性和定量分析的方法。

分光光度法是建立在物质对光的选择性吸收的基础之上的分析方法。将一定浓度的有色溶液放入分光光度计中，用可见光连续地照射该有色溶液，溶液便会对可见光进行选择性吸收从而得到定量测定，也将此法称为比色法。光的吸收测量由混合光的吸收发展到单色光的吸收，并由可见光区域发展到紫外和红外光区域，因此比色法发展成为分光光度法。

（1）光的选择性吸收

当一束光射到某种物质的固态物或溶液上时，一部分光会被吸收或被反射，不同的物质对于照射它们的光束的吸收程度是不同的，对某个波长的光吸收强烈，对另外波长的光的吸收很小或不吸收，我们把这种现象称为光的选择性吸收。

由于不同物质的分子其组成和结构不同，它们所具有的特征能级也不同，故能级差不同，而各物质只能吸收与它们分子内部能级差相当的光辐射，所以不同物质对不同波长光的吸收具有选择性。

各种不同颜色的溶液，其有色质点（分子或离子）选择性地吸收某种颜色的光。实验证明：溶液所呈现的颜色是其主要吸收光的互补色。如一束白光通过硫酸铜溶液时，黄光大部分被选择性吸收，其他的光透过溶液。由颜色互补原则，透过光中只剩下蓝色光，所以高锰酸钾溶液呈蓝色（如图 2-22 所示）。

光的互补原则：理论上将具有同一波长的光称为单色光，由不同波长组成的光称为复色光。若把某两种颜色的光，按一定的强度比例混合，能够得到白色光，则这两种颜色的光叫做互补色。研究证明：图2-23中处于直线关系的两种光为互补色。如绿光和紫光为互补色，黄光和蓝光为互补色等。

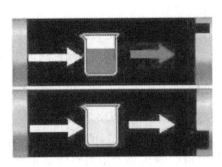

图2-22 光的选择性吸收示意图

图2-23 色光互补示意图

物质对光的选择性吸收，即利用被测物质对某波长的光的吸收情况来了解物质的特性（如含量多少），是分光光度法的理论基础。

(2) 光谱的分区

光是能的一种表现形式，是电磁波的一种，即光具有"波动性"，通常可用波长、频率、传播速度等参量来描述。光的颜色即由光的波长决定，人眼能感觉到的光称为可见光，其波长在400～760nm之间。在可见光之外是红外光和紫外光（图2-24）。

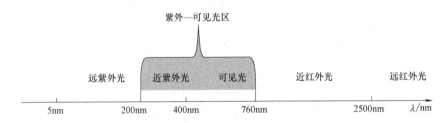

图2-24 光学分析法的分类

不同波长下的光具有不同的能量，波长越短，能量越高。特定波长的光被分子吸收后，可引起分子运动能级的跃迁。按所吸收光的波长区域不同，分光光度法可分为：

1）紫外分光光度法，波长范围200～400nm，电子跃迁光谱，可用于结构鉴定和定量分析；

2）可见分光光度法，波长范围400～760nm，电子跃迁光谱，主要用于有色物质的定量分析；

3）红外吸收分光光度法，波长范围2.5～25μm（按波数计为4000cm^{-1}～400cm^{-1}），分子振动光谱，主要用于有机化合物的结构鉴定。

本书主要讲述紫外-可见分光光度法。

(3) 分光光度法的特点

分光光度法对于分析人员来说，可以说是最常用的分析方法之一。几乎每一个分析实验室都离不开紫外－可见分光光度计。
分光光度法的主要特点为：

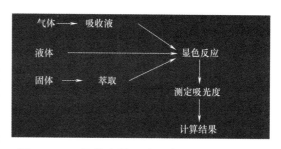

图 2-25　不同状态样品的分光光度法分析步骤

1）应用广泛

由于各种各样的无机物和有机物在紫外可见区都有吸收，因此均可借此法加以测定。对于不同状态的样品，按照一定的步骤处理后，均可以使用分光光度法进行测定（图 2-25）。到目前为止，几乎化学元素周期表上的所有元素（除少数放射性元素和惰性元素之外）均可采用此法。在国际上发表的有关分析的论文总数中，光度法约占 28%，我国约占所发表论文总数的 33%。

2）灵敏度高

由于新的显色剂的大量合成，并在应用研究方面取得了可喜的进展，使得对元素测定的灵敏度有所推进，特别是有关多元络合物和各种表面活性剂的应用研究，使许多元素的摩尔吸光系数由原来的几万提高到数十万。

3）选择性好

目前已有些元素只要利用控制适当的显色条件就可直接进行光度法测定，如钴、铀、镍、铜、银、铁等元素的测定，已有比较满意的方法。

4）准确度高

对于一般的分光光度法，其浓度测量的相对误差在 1%～3% 范围内，如采用示差分光光度法进行测定，则误差可减少到 0.X%。

5）适用浓度范围广

可从常量（1%～50%）（尤其使用示差法）到痕量（10^{-8}%～10^{-6}%）（经预富集后）。

6）分析成本低、操作简便、快速

由于分光光度法具有以上优点，因此目前仍广泛地应用于化工、冶金、地质、医学、食品、制药等部门及环境监测系统。单在水质分析中的应用就很广，目前能有直接法和间接法测定的金属和非金属元素就有 70 多种。

2. 分光光度法的基本原理

许多化学物质具有颜色，有些无颜色的化合物也可以与显色剂作用，生成有色物质。实践证明，有色溶液的浓度越大，颜色越深；浓度越小，颜色越浅。因此，可以通过比较溶液颜色深浅的方法来确定有色溶液的浓度，对溶液中所含的物质进行定量分析。描述溶液颜色的深浅与所含物质的浓度之间的定量关系就是朗伯-比尔定律，俗称光的吸收定律，是分光光度法定量分析的依据和基本原理。

（1）吸光度

当一束平行单色光垂直照射均匀的溶液时，光的一部分被吸收，一部分透过溶液，还有一部分被器皿表面反射。设入射光强度为 I_0，吸收光强度为 I_a，透射光强度为 I_t，反射光强度为 I_r（图 2-26），则有等式（2-8）：

$$I_0 = I_a + I_t + I_r \qquad (2-8)$$

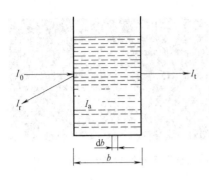

图 2-26 光强度守恒示意图

在进行吸收光谱分析中，通常将被测溶液和参比溶液分别放在同样材料及厚度的两个吸收池中，让强度同为 I_0 的单色光分别通过两个吸收池，用参比池调节仪器的吸收零点，再测量被测溶液的透射光强度，所以反射光的影响可以从参比溶液中消除，则式（2-8）可简写为式（2-9）：

$$I_0 = I_a + I_t \quad\quad (2\text{-}9)$$

透射光强度 I_t 与入射光强度 I_0 的比值被称为透射比（亦称透光率），用 T 表示，则有式（2-10）：

$$T = \frac{I_t}{I_0} \quad\quad (2\text{-}10)$$

溶液的 T 值越大，表明它对光的吸收越弱；反之，T 越小，表明它对光的吸收越强。为了更明确地表示溶液的吸光强弱与表达物理量的相应关系，常用吸光度（A）表示物质对光的吸收程度，其定义为式（2-11）：

$$A = \lg \frac{1}{T} = \lg \frac{I_0}{I_t} \quad\quad (2\text{-}11)$$

则 A 值越大，表明物质对光吸收越强。T 及 A 都是表示物质对光吸收程度的一种量度，透射比常以百分率表示，称为百分透射比，$T\%$；吸光度 A 为一个无量纲的量，二者可通过上式相互换算。

（2）朗伯-比尔定律

物质对光吸收的定量关系很早就受到了科学家的注意并进行了研究。皮埃尔·布格（Pierre Bouguer）和约翰·海因里希·朗伯（Johann Heinrich Lambert）分别在 1729 年和 1760 年阐明了物质对光的吸收程度和吸收介质厚度之间的关系。1852 年奥古斯特·比尔（August Beer）又提出光的吸收程度和吸光物质浓度也具有类似关系，两者结合起来就得到目前光吸收的基本定律——布格-朗伯-比尔定律，简称朗伯-比尔定律（Lambert-Beer）。

朗伯-比尔定律的具体内容：当一束平行的单色光通过某一均匀、无散色的含有吸光物质的溶液时，在入射光的波长强度以及溶液的温度等因素保持不变的情况下，该溶液的吸光度 A 与溶液的浓度 c 及液层厚度 b 的乘积成正比关系，表达式为式（2-12）：

$$A = \kappa \cdot b \cdot c \quad\quad (2\text{-}12)$$

式中　A——吸光度，描述溶液对光的吸收程度；

　　　κ——摩尔吸光系数，$L \cdot mol^{-1} \cdot cm^{-1}$；

　　　b——液层厚度（光程长度），cm；

　　　c——溶液的浓度，$mol^{-} \cdot L^{-1}$。

朗伯-比尔定律是分光光度法、比色分析法和光电比色法的理论基础，是光吸收的基本定律，光被吸收的量正比于光程中产生光吸收的分子数目，适用于所有的电磁辐射和所有的吸光物质，包括气体、固体、液体、分子、原子和离子。

1）前提条件

朗伯-比尔定律的成立是有前提的，即：

① 入射光为平行单色光且垂直照射；

② 吸光物质为均匀非散射体系；

③ 吸光质点之间无相互作用；

④ 辐射与物质之间的作用仅限于光吸收，无荧光和光化学现象发生。

2）适用范围

朗伯-比尔定律不仅适用于有色溶液，也适用于无色溶液及气体和固体的非散射均匀体系；不仅适用于可见光的单色光，也适用于紫外和红外光区的单色光。但应注意：此定律仅适用于单色光和一定范围的低浓度溶液。溶液浓度过大时，透光性质发生变化，从而使溶液对光的吸收度与溶液浓度不成正比关系；波长较宽的混合光影响光的互补吸收，也会使测定产生误差。

(3) 摩尔吸光系数

朗伯-比尔定律公式中的 K 是一个比例常数，随 b 和 c 的单位不同而取值不同。当 b 的单位是 cm，c 的单位是 mol/L 时，K 称为摩尔吸光系数（molar absorptivity），也可以用 ε 表示，也称为摩尔消光系数。

摩尔吸光系数的物理意义：K 值等于当吸光物质的浓度为 1mol/L，吸收池厚度为 1cm 时，吸光物质对某波长光的吸光度。它是有色化合物的重要特性之一，是物质对某波长的光的吸收能力的量度。K 越大，表明该溶液吸收光的能力越强，相应的分光度法测定的灵敏度就越高。

摩尔吸光系数的大小取决于入射光的波长和吸光物质的吸光特性，同时也受溶剂和温度的影响。入射光的波长不同，其吸光系数也不同；待测物不同，则吸光系数也不同；溶剂不同时，同一物质的摩尔吸光系数也不同，因此，在说明摩尔吸光系数时，应注明溶剂。单色光的纯度越高，摩尔吸光系数越大。

摩尔吸光系数的特性有以下几点：

1）对于某一种有色溶液在一定波长（单色光）的入射光下，K 值是一个定值，不随浓度 c 和光程长度 b 的改变而改变；

2）在温度和波长等条件一定时，K 值仅与吸收物质本身的性质有关，因此 K 值可作为吸收物质的特征常数进行定性鉴定；

3）同一种物质对不同波长光的吸光度不同，吸光度最大处对应的波长称为最大吸收波长 λ_{max}。与入射光波长 λ_{max} 对应的 K 值为最大吸光系数，表明了该吸收物质最大限度的吸光能力，也反映了光度法测定该物质可能达到的最大灵敏度；

4）K 值越大表明该物质的吸光能力越强，用光度法测定该物质的灵敏度越高，具体数值为：$K > 10^5$，超高灵敏；$K = (6 \sim 10) \times 10^4$，高灵敏；$K < 2 \times 10^4$，不灵敏。

由 $A = Kbc$ 公式可以看出，当 K 和 b 不变时，吸光度 A 与溶液浓度 c 成正比关系，也可以说，当一束单色入射光经过有色溶液且入射光、吸光系数和溶液厚度不变时，吸光度 A 是随着溶液浓度而变化的。

(4) 朗伯-比耳定律的偏离

理论上，根据 Lambert-Beer 定律，以吸光度 A 为纵坐标，以浓度 c 为横坐标作图，应得到一条通过原点的直线。但在实际测定中，常会出现标准曲线偏离直线的现象，曲线向上或向下发生弯曲，或者直线不能通过原点，这种现象称为朗伯-比尔定律的偏离。这是因为：朗伯-比尔定律成立的前提条件是入射光为平行的单色光，且待测物为均一的低浓度介质，无溶质、溶剂及悬浊物引起的散射。但在实际工作中往往很难完全实现这些条件，具体表现在以下几个方面：

1）单色光不纯引起的偏离

严格来说，朗伯-比尔定律只适用于单色光。但实际上，理论上的单色光是不存在的。由于仪器分辩能力所限，入射光实际为一段波长很窄的复色光，若分光光度计分光系统中的色散元件分光能力差，就会在工作波长附近或多或少含有其他杂色光，杂散光（非吸收光）也会对比尔定律产生影响，这些杂色光将导致朗伯-比尔定律的偏离。所以，在吸收曲线中，通常选用最大吸收波长 λ_{max} 进行物质含量的测定。

2）非平行入射光引起的偏离

若入射光束为非平行光，就不能保证光束全部垂直通过吸收池。一般情况下，通过吸收池的光也不可能完全是平行光，实际实验操作时，入射光通过吸收池的实际光程会比理想状态下的平行光程要长得多，使实际测得的吸光度大于理论值，从而导致与朗伯-比尔定律产生正偏离。

3）介质不均匀引起的偏离

朗伯-比尔定律是适用于均匀、非散射的溶液的一般规律，如果被测试液不均匀，是胶体溶液、乳浊液或悬浮液，则入射光通过溶液后，除了一部分被试液吸收，还会有反射、散射使光损失，导致透光率减小，使透射比减小，使实际测量吸光度增大，使标准曲线偏离直线向吸光度轴弯曲，造成对朗伯-比尔定律的偏离。所以，在分析条件选择时，应考虑往样品溶液的测量体系中加入适量的表面活性剂等来改善溶质的均匀度。

4）样品溶液浓度的影响

朗伯-比尔定律是一个有限的定律，它只适用于浓度小于 0.01mol/L 的稀溶液。因为浓度高时，吸光粒子间的平均距离减小，受粒子间电荷分布相互作用的影响，他们的摩尔吸收系数发生改变，导致偏离比尔定律。因此，待测溶液的浓度应该控制在 0.01mol/L 以下。

5）溶质和溶剂性质的影响

由于溶质和溶剂的作用，生色团和助色团也发生相应的变化，使吸收光谱的波长向长波长方向移动（红移）或向短波长方向移动（蓝移）。例如，碘在四氯化碳溶液中呈紫色，在乙醇中呈棕色，在四氯化碳溶液中即使含有1％乙醇也会使碘溶液的吸收曲线形状发生变化。

6）化学反应引起的偏离

比尔定律在有化学因素影响时不成立。解离、缔合、生成络合物或溶剂化等会对比尔定律产生偏离。离解是偏离朗伯-比尔定律的主要化学因素。溶液浓度的改变，离解程度也会发生变化，吸光度与浓度的比例关系便发生变化，导致偏离朗伯-比尔定律。

溶液中有色质点的聚合与缔合，形成新的化合物或互变异构等化学变化以及某些有色物质在光照下的化学分解、自身的氧化还原、干扰离子和显色剂的作用等，都对遵守朗伯-比尔定律产生不良影响。

3. 分光光度法的定量计算

对某一单组分溶液，使用分光光度法对其浓度进行定量计算的方法主要有：校准曲线法、标准对比法和吸光系数法等。

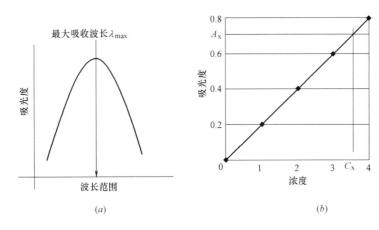

图 2-27　标准曲线法计算

(1) 校准曲线法

配制一系列不同含量的标准溶液，选择其中浓度合适的标准溶液进行扫波测试，确定测试条件下待测组分的最大吸收波长 λ_{max}（图 2-27a）。

选用适宜的参比，在相同的条件下，测定系列标准溶液的吸光度，以标准溶液的浓度 c 为横坐标，吸光度 A 为纵坐标，作 A-c 曲线，即标准曲线（图 2-27b）。同时可用最小二乘法处理，得线性回归方程，计算相关系数 R^2。

在相同条件下测定未知试样的吸光度，从标准曲线上就可以找到与之对应的未知试样的浓度。

标准曲线法是实验室最常用的方法，也是准确度较高的方法，但是比较麻烦，需要准确配制很多标准溶液。

(2) 标准对比法

根据被测溶液浓度的大致范围，先配制一个已知浓度的标准溶液。用同样的方法处理标准溶液与被测溶液，使其成色后，在同样的实验条件下用同一台仪器分别测定它们的吸光度。

对于相同厚度的比色皿 b 相等，并使用同一波长的单色光，保持温度相同，则 K 也相等。根据朗伯-比尔定律，将标准溶液和待测溶液的吸光度和浓度代入公式，再两式相除即可计算出待测溶液中组分的浓度，具体表达式如图 2-28 所示。

$$A_{标} = k\ b\ c_{标}$$
$$A_{x} = k\ b\ c_{x}$$
$$\Longrightarrow\quad c_{x} = \frac{A_{x}}{A_{0}}c_{标}$$

图 2-28　标准对比法示意图

该方法简便、快捷，避免了绘制标准曲线的麻烦。但由于仪器的性能和实验环境在不断的变化，所以在采用对比法计算时，必须每次都要对标准液和被测液进行测量，然后利用上式进行计算，否则会带来较大的测量误差。

(3) 吸光系数法

配制几组浓度合适的标准溶液，选择合适的条件测定其吸光度，根据相关参数计算出待测组分的摩尔吸光系数 ε。或者通过查阅文献获得待测物质的吸光系数 ε（一般都是通过查阅文献获得 ε）。

配制合适浓度的待测溶液，相同条件下测定其吸光度，根据公式计算出待测溶液中组分的浓度，具体公式如图 2-29 所示。

$$A_x = \varepsilon \, b \, c_x \longrightarrow c_x = \frac{A_x}{\varepsilon b}$$

图 2-29　吸光系数法示意图

吸光系数法通常要求已知待测组分的吸光系数，在实际应用中可能有较大误差。

2.4.2　分光光度计

1. 分光光度计结构

分光光度计，又称光谱仪（spectrometer），是将成分复杂的光，分解为光谱线的分析仪器。最常用的光度计有紫外—可见分光光度计和可见光分光光度计（或比色计）。

分光光度计的工作原理：由钨丝灯发射出的白色光，通过透镜成为平行光，进入棱镜色散后得到单色光，经狭缝选择某一波长的光，照射入盛有待测溶液的比色皿上，（强度减弱后的）透射光经过检流计将光电流转化为电信号，最后记录吸光度结果。在根据朗伯-比尔定律将吸光值转化成样品的浓度。

分光光度计主要由光源、单色器、样品室、检测器、信号处理与显示系统等结构单元构成（图 2-30）。

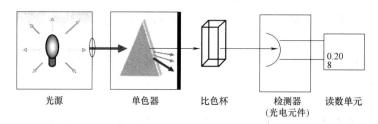

光源　　　　　单色器　　　　比色杯　　　检测器　　　读数单元
　　　　　　　　　　　　　　　　　　　　（光电元件）

图 2-30　分光光度计基本结构示意图

（1）光源

光源是用来提供所需波长范围的连续光谱，一般具有稳定而足够的强度。波长范围一般包括 400～760nm 的可见光区和 200～400nm 的紫外光区。不同的光源都有其特有的发射光谱，因此可采用不同的发光体作为仪器的光源。

分光光度计上常用的光源有白炽灯（钨丝灯、卤钨灯等），气体放电灯（氢灯、氘灯及氙灯等），金属孤灯（各种汞灯）等多种。

可见光区主要用钨灯，钨灯和卤钨灯发射 320～2000nm 连续光谱，最适宜工作范围为 360～1000nm 稳定性好，用作可见光分光光度计的光源。

氢灯和氘灯能发射 150～400nm 的紫外线，可作紫外光区分光光度计的光源。汞灯发射的不是连续光谱，能量绝大部分集中在 253.6nm 波长外，一般作波长校正用。

钨灯在出现灯管发黑时应及时更换，如换用的灯型号不同，还需要调节灯座的位置的焦距。氢灯及氘灯的灯管或窗口是石英的，且有固定的发射方向，安装时必须仔细校正，接触灯管时应戴手套以防留下污迹。

（2）单色器

单色器是能从光源的复合光中分出所需波长的单色光的装置，其主要功能应该是能够产生光谱纯度高、色散率高且波长在紫外可见光区域内任意可调。单色器是分光光度计的核心部件，其性能直接影响入射光的单色性，从而影响测定的灵敏度、选择性及校准曲线的线性关系等。

单色器主要由入射狭缝、准光器（透镜或凹面反射镜使入射光变成平行光）、色散元件、聚焦元件和出射狭缝等几个部分组成。其核心部分是色散元件，起分光作用。其他光学元件中狭缝在决定单色器性能上起着重要作用，狭缝宽度过大时，谱带宽度太大，入射光单色性差，狭缝宽度过小时，又会减弱光强。

能起分光作用的色散元件主要是棱镜和光栅。

棱镜：是用玻璃或者石英材料制成的一种分光装置，其原理是利用光从一种介质进入另一种介质时，光的波长不同，其折射率不同，可将不同波长的光分开（图2-31）。玻璃对紫外的吸收力强，故玻璃棱镜多用于可见光分光光度计。石英棱镜可在整个紫外光区传播光，故在紫外分光光度计中广为应用，同时也适用于可见光区和近红外光区。

图 2-31　棱镜的分光作用

光栅：在石英或者玻璃表面上刻画许多平行线（每英寸约刻 $1500\sim30000$ 条）。由于刻线处不透光，通过光的干涉和衍射较长的光波偏折角度大，较短的光波偏折角度小，因而形成光谱。光栅是分光光度计常见的一种分光装置，其特点是波长范围宽，可见于紫外、可见和近红外光区，而且分光能力强，光谱中各谱线的宽度均匀一致。

（3）狭缝

狭缝是指由于一堆隔板在光路上形成的缝隙，用来调节入射单色光的纯度和强度，也可直接影响分辨力。

狭缝宽度是分光光度计在分析中一个重要的参数，可在 $0\sim2mm$ 内调节。由于棱镜色散力随波长不同而变化，较为先进的分光光度计的狭缝宽度可随波长一起调节。

（4）吸收池（比色皿）

吸收池又称比色皿或比色杯，按材料可分为玻璃池、石英池和塑料池，紫外区须采用石英池（玻璃能够吸收紫外光），可见区一般用玻璃池。石英池相对于玻璃池价格高一些。

各种类型的吸收池（比色皿）放置在分光光度计样品室的池架上，用于盛装待测溶液和参比溶液，其光径（比色皿厚度）可在 $0.1\sim10cm$ 之间，也是分光光度法中一个重要的参数，其中以 1cm 光径吸收池最为常用。

吸收池是分光光度计中最易损坏的部件，使用时应注意其透光面的光洁度，当溶液中含有染料（如考马斯亮兰）时，必须采用一次性的塑料池，因为染料能让石英和玻璃着色，而且不易清洗干净。

（5）检测器

检测器是一种光电转换元件，利用光电效应将透过吸收池的光信号转换为可测的电信号，并将电信号放大的装置。

检测器应在测量的光谱范围内具有高的灵敏度；对辐射能量的影响快、线性关系好、线性范围宽；对不同波长的辐射响应性能相同且可靠；有好的稳定性和低的噪音水平等。目前分光光度计大多采用的检测器有光电池、光电管、光电倍增管等，其中光电管和光电倍增管较为常见，光电倍增管效果较好。

(6) 信号显示系统

显示系统是将光电管或者光电倍增管放大的电流通过仪表显示出来的装置。常用的信号显示装置有直读检流计，电位调节指零装置，以及自动记录和数字显示装置等。

常用的显示器有检流计、微安表、记录器和数字显示，检流计和微安表可显示透光度（$T\%$）和吸光度（A），数字显示器可显示 $T\%$、A、和 C（浓度）。

2. 分光光度计的类型

分光光度计因为需求的不同，有着不同的种类，下面将简单介绍几种常见的分光光度计的种类和区别：

(1) 可见分光光度计

用来测量待测物质对可见光（400～760nm）的吸光度并进行定量分析的仪器，称为可见分光光度计（又称比色计）。可在 600nm 测定细菌细胞密度。

(2) 紫外-可见分光光度计

用来测量待测物质对可见光或紫外光（200～760nm）的吸光度并进行定量分析的仪器，也是目前使用最广泛的分光光度计，可以测定核酸和蛋白的浓度，也可以测定细菌细胞密度。

紫外-可见分光光度计又可分为单光束、双光束、双波长等，它们的用途又有区别。

单光束分光光度计：入射光单波长、单光束，结构简单、价格便宜、操作方便，适于在给定波长处测量吸光度或透光度，一般不能作全波段光谱扫描，要求光源和检测器具有很高的稳定性。目前国内使用最普遍的 721 型分光光度计就是这种，另外还有国产 751 型、XG-125 型、英国 SP500 型和伯克曼 DU-8 型等。

双光束分光光度计：入射光经单色器分光后分解为强度相等的两束光，一束通过参比池，另一束通过样品池，光度计可自动比较两束光的吸收强度。自动记录，快速全波段扫描。可消除光源不稳定、检测器灵敏度变化等因素的影响，特别适合于结构分析。仪器复杂，价格较高，目前有国产 710 型、730 型、740 型、日立 UV-340 型等。

双波长分光光度计：同一光源发出的光被分成两束，分别经过两个单色器，得到两束不同波长的单色光，交替照射同一吸收池。优点是可以在有背景干扰或共存组分吸收干扰的情况下对某组分进行定量测定，对组分复杂的试样分析具有特殊意义。目前有国产 WFZ800-5 型、岛津 UV-260 型、UV-265 型等。

(3) 红外分光光度计

一般的红外光谱是指大于 760nm 的红外光谱，这是研究有机化合物最常用的光谱区域，能分析各种状态（气、液、固）的试样。特点是：快速、样品量少（几微克-几毫克），特征性强（各种物质有其特定的红外光谱图）、能分析各种状态（气、液、固）的试样以及不破坏样品。

(4) 荧光分光光度计

是用于扫描液相荧光标记物所发出的荧光光谱的一种仪器。通过对一些参数的测定，不但可以做一般的定量分析，而且还可以推断分子在各种环境下的构象变化，从而阐明分子结构与功能之间的关系。应用于科研、化工、医药、生化、环保以及临床检验、食品检验、教学实验等领域。

（5）原子吸收分光光度计

该法主要适用样品中微量及痕量组分分析常规仪器之一。是材料分析及质量控制部门进行常量、微量金属（半金属）元素分析的有力工具。

3. 分光光度计的特点

分光光度计设备简洁、操作简单、检测灵敏、准确，因而不断地发展成为了多功能仪器，与其他大型仪器相比，具有以下几个特点：

（1）结构简单、造价低廉、操作方便，体积小，维修简单；

（2）应用范围广泛，可用于科研、教学和生产质量控制，应用于化工、医药、环保、检验检疫等领域；

（3）灵敏高，测量范围大，计算精度高；

（4）受环境影响大，对仪器本身稳定性要求较高。

4. 分光光度计的条件选择

在分光光度计测量吸光物质的吸光度时，仪器本身的稳定性和测试条件的选择往往对结果的准确度产生重大影响，测试条件的选择主要包括：仪器测量条件的选择、显色反应条件的选择、参比溶液的选择等方面内容。

（1）仪器测量条件的选择

仪器测量的选择条件包括测量波长、适宜吸光度范围及仪器狭缝宽度的选择。

1）测量波长的选择

通常都是选择最强吸收带的最大吸收波长 λ_{max} 作为测量波长量，称为最大吸收原则，以获得最高的分析灵敏度。而且 λ_{max} 附近，吸光度随波长的变化一般较小，波长的稍许偏移引起吸光度的测量偏差较小，可得到较好的测定精密度。但在测量高浓度组分时，宁可选用灵敏度低一些的吸收峰长波长（ε 较小）作为测量波长，以保证校正曲线有足够的线性范围。如果 λ_{max} 所处吸收峰太尖锐，则在满足分析灵敏度前提下，可选用灵敏度低一些的波长进行测量，以减少朗伯-比尔定律的偏差。

2）适宜吸光度范围的选择

任何光度计都有一定的测量误差，这是由于测量过程中光源的不稳定、读数的不准确或实验条件的偶然变动等因素造成的。由于吸收定律中透射比 T 与浓度 c 是负对数的关系，从负对数的关系曲线可以看出，相同的透射比读数误差在不同的浓度范围中，所引起的浓度相对误差不同，当浓度较大或浓度较小时，相对误差都比较大。因此，要选择适宜的吸光度范围进行测量，以降低测定结果的相对误差。根据吸收定律式（2-13）

$$A = -lgT = \varepsilon bc \tag{2-13}$$

微分后得式（2-14）

$$dlgT = 0.4343\frac{dT}{T} = -\varepsilon bdc \tag{2-14}$$

写成有限的小区间为式（2-15）

$$0.4343\frac{\Delta T}{T} = -\varepsilon b\Delta c = \frac{\lg T}{c} * \Delta c \tag{2-15}$$

即浓度的相对偏差为式（2-16）

$$\frac{\Delta c}{c} = \frac{0.4343\Delta T}{T\lg T} \qquad (2-16)$$

要使测定结果相对偏差（$\Delta c/c$）最小，上式对 T 求导应有一个极小值，即为式（2-17）

$$\frac{d}{dT}\left[\frac{0.4343\Delta T}{T\lg T}\right] = \frac{-0.4343\Delta T(\lg T + 0.4343)}{(T\lg T)^2} = 0 \qquad (2-17)$$

解得式（2-18）

$$\lg T = -0.434,\ T = 36.8\% \text{ 或 } A = 0.434 \qquad (2-18)$$

即：当吸光度 $A = 0.434$ 时，仪器的测量误差最小。

这个结果也可以用图 2-32 表示，即图中曲线的最低点。当 A 大或小时，误差都变大。

在光度分析中，一般选择吸光度 A 最适宜的测量范围为 0.2～0.8（$T\%$ 为 65%～15%）之间，此时如果仪器透射率读数误差（ΔT）为 1% 时，由此引起的测定结果相对误差（$\Delta c/c$）约为 3%。

在实际工作中，可通过调节待测溶液的浓度或选用适当厚度的吸收池的方法，使测得的吸光度 A 落在所要求的范围内。

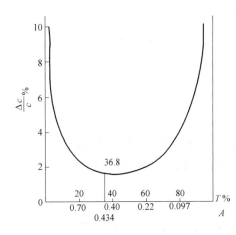

图 2-32　浓度测量的相对误差（$\Delta c/c$）与溶液透射比（T）的关系

3）狭缝宽度的选择

狭缝的宽度会直接影响到测定的灵敏度和校准曲线的线性范围。狭缝宽度过大时，入射光的单色光降低，校准曲线偏离比尔定律，灵敏度降低；狭缝宽度过窄时，光强变弱，势必要提高仪器的增益，随之而来的是仪器噪声增大，于测量不利。选择狭缝宽度的方法是：测量吸光度随狭缝宽度的变化。狭缝的宽度在一个范围内，吸光度是不变的，当狭缝宽度大到某一程度时，吸光度开始减小，因此，在不减小吸光度时的最大狭缝宽度，即是所欲选取的适合的狭缝宽度。

一般来说，狭缝宽度大约是试样吸收峰半宽度的十分之一。

（2）显色反应条件的选择

显色反应条件的选择包括显色剂及其用量的选择、反应酸度、温度、时间等参数的选择。

1）显色剂种类及其用量的选择

显色反应中的显色剂应该是它与待测离子显色反应，产物应满足：①组成恒定、稳定性好、显色条件易于控制；②产物对紫外、可见光有较强的吸收能力，即 ε 大；③显色剂与产物的颜色对照性好，即吸收波长有明显的差别，一般要求 $\Delta\lambda_{max} > 60nm$。

显色剂选定以后，还必须选择显色剂的用量。如以 CNS^- 作为显示剂测定钼时，要求生成红色的 $Mo(CNS)_5$ 配合物进行测定，当 CNS^- 浓度过高时，会生成 $Mo(CNS)_6^-$ 而使颜色变浅，ε 降低；而用 CNS^- 测定 Fe（Ⅲ）时，随 CNS^- 浓度增大，配合物逐渐增加，颜色也逐步加深。因此，必须严格控制 CNS^- 用量，才能获得更准确的分析结果。

显色剂量可通过实验选择，在固定金属离子浓度的情况下，作吸光度随显色剂浓度的变化曲线，选取吸光度恒定时的显色剂用量。

2）反应的酸度

介质的酸度往往是显色反应的一个重要的条件。酸度的影响因素很多，主要从显色剂及金属离子两方面考虑。

多数显色剂是有机弱酸或弱碱，介质的酸度直接影响着显色剂的解离程度，从而影响显色的反应完全程度。当酸度高时，显色剂解离度降低，显色剂可配位的阴离子浓度降低，显色反应的完全程度也跟着降低。对于多级配合物的显色反应来说，酸度变化可形成具有不同配位比的配合物，产生颜色变化。在高酸度下多生成低配位数的配合物，可能没有达到金属离子的最大配位数，当酸度降低（pH 变大）时，游离的配位体阴离子浓度相应变大，使得可能生成高配位数的配合物。如 Fe（Ⅲ）与水杨酸的配合物随介质 pH 值的不同而变化。对于这一类的显色反应，控制反应酸度至关重要。

不少金属离子在酸度较低的介质中，会发生水解而形成各种型体的羟基、多核羟基配合物，有的甚至可能析出氢氧化物沉淀，或者由于生成金属离子的氢氧化物而破坏了有色配合物，使溶液的颜色完全褪去，例如 pH 比较高时有式（2-19）的反应：

$$Fe(CNS)^{2+} + OH^- \Longrightarrow Fe(OH)^{2+} + CNS^- \tag{2-19}$$

在实际分析工作中，是通过实验来选择显色反应的适宜酸度的。具体做法是固定溶液中待测组分和显色剂的浓度，改变溶液（通常用缓冲溶液控制）的酸度（pH），分别测定在不同 pH 溶液的吸光度 A，绘制 A-pH 曲线，从中找出最适宜的 pH 范围。

3）显色的时间

由于各种反应的速度不同，控制一定的显色时间是必要的，尤其是对一些反应速度较慢的反应体系，更需要有足够的反应时间。值得注意的是，介质酸度、显色剂的浓度以及反应温度都将会影响显色时间。

4）反应温度

吸光度的测量都是在温室下进行的，温度稍许变化，对测量影响不大，但是有的显色反应受温度影响很大，需要进行反应温度的选择和控制，特别是进行热力学参数的测定、动力学方面的研究等特殊工作时，反应温度的控制尤为重要。

此外，由于配合物的稳定时间不一样，显色后放置及测量时间的影响也不能忽视，需经试验选择合适的放置、测量时间。

(3) 参比溶液的选择

在吸光度的测量中，由于比色皿的反射以及溶剂、试剂等对光的吸收，使得测得的吸光度值不能真实地反映待测物质对光的吸收，也就不能真实地反映待测物质的浓度。为了校正上述影响需要正确选择参比溶液。通过调节仪器使参比溶液的吸光度为零（$A=0$），或透光度 $T=100\%$，以此消除上述所带来的误差。所以，根据试样溶液的性质，选择适合组分的参比溶液是很重要的。

参比溶液的选择原则如下：①若仅待测物（M）与显色剂（R）的反应产物（MR）有吸收，可用蒸馏水作参比溶液；②若 M 无吸收，而 R 或其他试剂（R′）有吸收，则用不加试样的空白溶液作参比溶液；③若试样中的其他组分有吸收（M 之外的组分，如

N），但不与显色剂反应，而显色剂无吸收时，可用试样溶液作参比溶液；当显色剂有吸收时，可在试液中加入适当掩蔽剂将待测组分掩蔽后再加显色剂，以此溶液作参比溶液。

总之，选择参比溶液的原则是：应使测得的试液的吸光度能真正反映待测物的浓度。

参比溶液的选择视分析体系而定，具体可分为以下四种：

1）溶剂参比

当试样溶液的组成较为简单，共存的其他组分很少且对测定波长的光几乎没有吸收以及显色剂没有吸收时，可采用溶剂作为参比溶液，这样可消除溶剂、吸收池等因素的影响。

2）试剂参比

如果显色剂或者其他试剂测定波长没有吸收，按显色反应相同的条件，只是不加入试样，同样加入试剂和溶剂作为参比溶液。这种参比溶液可消除试剂中的组分产生吸收的影响。

3）试样参比

如果试样基体在测定波长有吸收，而与显色剂不起显色反应时可按与显色反应相同的条件处理试样，只是不加显色试剂。这种参比溶液适用于试样中有较多的共存组分，加入的显色剂量不大，且显色剂在测定波长无吸收的情况。

4）平行操作溶液参比

用不含被测组分的试样，在相同条件下与被测试样同样进行处理，由此得到平行操作参比溶液。

(4) 干扰及消除方法

在光度分析中，体系内存在的干扰物质的影响有以下几种情况：①干扰物质本身有颜色或与显色剂形成有色化合物，在测定条件也有吸收；②在显色条件下，干扰物质水解，析出沉淀使溶液混浊，致使吸光度的测定无法进行；③与待测离子或显色剂形成更稳定的配合物，使显色反应不能进行完全。

可以采用以下几种方法来消除这些干扰：

1）控制酸度

根据配合物的稳定性不同，可以利用控制酸度的方法提高反应的选择性，以保证主反应进行完全，例如，双硫腙能与 Hg^{2+}、pb^{2+}、Cu^{2+}、Cd^{2+} 等十种多种金属离子形成有色配合物，其中与 Hg^{2+} 生成的配合物最稳定，在 $0.5mol/L\ H_2SO_4$ 介质中仍能定量进行，而上述其他离子在此条件下不发生反应。

2）选择适当的掩蔽剂

使用掩蔽剂消除干扰是常用的有效方法。选取的条件是掩蔽剂不与待测离子作用，掩蔽剂以及它与干扰物形成的配合物的颜色应不干扰待测离子的测定。

3）利用生成惰性配合物

例如钢铁中微量钴的测定，常用钴试剂为显剂。但钴试剂不仅与 Co^{2+} 有灵敏的反应，而且与 Ni^{2+}、Zn^{2+}、Mn^{2+}、Fe^{2+} 等都有反应，但它与 Co^{2+} 在弱酸性介质中一旦完成反应后，即使再用强酸酸化溶液，该配合物也不会分解。而 Ni^{2+}、Zn^{2+}、Mn^{2+}、Fe^{2+} 等与钴试剂形成的配合物在强酸介质中很快分解，从而消除了上述离子的干扰，提高了反应的选择性。

4）选择适当的测量波长

如 $K_2Cr_2O_7$ 存在下测定 $KMnO_4$ 时，不是选 λ_{max}（525nm），而是选 $\lambda=545nm$。这样测定 $KMnO_4$ 溶液的吸光度，$K_2Cr_2O_7$ 就不干扰了。

5）分离

若上述方法不易采用时，也可以采用预先分离的方法，如沉淀、萃取、离子交换、蒸发和蒸馏以及色谱分离法（包括柱色谱、纸色谱、薄层色谱），此外，还可以利用化学计量学方法实现多组分同测定，以及利用导数光谱法、双波长法等新技术来消除干扰。

5. 分光光度计的操作规程

为了延长仪器的使用寿命，保证设备和操作人员的安全，确保检测结果准确可靠，实验人员使用分光光度计应按照一定的操作规程进行（以 721 型分光光度计为例）。

(1) 使用前准备工作

1）使用本仪器前，使用者应该首先认真阅读使用说明书，了解仪器的结构和工作原理，以及各个操纵旋钮之功能。在未接通电源之前，应该对仪器的安全性能进行检查，电源接线应牢固，通电也要良好，各个调节旋钮的起始位置应该正确，然后再接通电源开关；

2）预热：仪器开机后灯及电子部分需热平衡，故开机预热 30min 后才能进行测试工作，如紧急应用时请注意随时调 0，调 100%T。

(2) 基本操作步骤

1）调整波长

使用仪器上唯一的旋钮，即可方便地调整仪器当前测试波长，具体波长由旋钮左侧的显示窗显示，读出波长时目光垂直观察。

2）调零

目的：校正基本读数标尺两端（配合 100%T 调节），进入正确测试状态；

调整开机：开机预热 30min 后，改变测试波长时或测试一段时间后，以及作高精度测试前；

操作：打开试样盖（关闭光门）或用不透光材料在样品室中遮断光路，然后按"0%"键，即能自动调整零位。

3）调整 100%T

目的：校正基本读数标尺两端（配合调零），进入正确测试状态；

调整开机：开机预热后，改变测试波长或测试一段时间后，以及作高精度测试前；

操作：将参比溶液置入样品室光路中，盖上样品室盖（同时打开光门），按下"100%T"键即能自动调整 100%T（一次有误差时可加按一次）。

4）标准溶液系列的比色

标准溶液系列的浓度一般以 0、1.0、2.0、3.0…逐级增大，比色时先从 0（空白溶液）开始，按照浓度由小到大逐次比色，记录吸光度。

5）样品比色

进行样品比色前，需用待测溶液润洗比色皿 1～2 次。样品比色时，若待测液体积足够的情况下，一般要求对同一个待测溶液进行 2～3 次的平行比色，至前后两次的吸光度无明显差别时为最终测定值。

6）结束

比色完毕，关上电源，取出比色皿洗净，样品室用软布或软纸擦净。

6. 注意事项

（1）放大器灵敏度换挡后，必须重新调零。

（2）仪器使用前需开机预热 30 分钟，以便仪器的光源和其他电子元件达到热平衡，确保仪器在测试过程中的稳定性。

（3）比色皿盛放待测液时不要装得太满，以池体的 2/3～3/4 为宜，以免待测液泼洒在光度计的样品室内，使用挥发性溶液时应加盖。

（4）样品比色时，尽量使待测液的吸光度在 0.2～0.8 的范围内最佳，因为吸光度在此范围时，朗伯-比尔定量偏离最小，分光光度计的稳定性和灵敏度最好。若待测液的吸光度不在此范围内，可以进行稀释或更换不同厚度的比色皿。

（5）比色完毕后，应尽快清洗比色皿。若比色皿长时间盛放有色溶液，有色物质会吸附在比色皿的内表面上很难清除，影响比色皿的透光性。手应该拿在比色皿毛玻璃面的两侧，透光面要用擦镜纸由上而下擦拭干净。

7. 分光光度计的日常维护

分光光度计作为一种精密仪器，在运行工作过程中由于工作环境，操作方法等种种原因，其技术状况必然会发生某些变化，可能影响设备的性能，甚至诱发设备故障及事故。因此，分析工作者必须了解分光光度计的基本原理和使用说明，并能及时发现和排除这些隐患，对已产生的故障及时维修才能保证仪器设备的正常运行。

(1) 维护保养

1）仪器应放在干燥的房间内，使用时放置在坚固平稳的工作台上，室内照明不宜太强。热天时不能用电扇直接向仪器吹风，防止灯泡灯丝发亮不稳定。

2）若大幅度改变测试波长，需稍等片刻，等灯热平衡后，重新校正"0"和"100％"点。然后再测量。若仪器长时间不使用，应定期通电，以避免仪器中的某些电子元件吸潮而造成电路短路，损坏仪器。

3）指针式仪器在未接通电源时，电表的指针必须位于零刻度上。若不是这种情况，需进行机械调零。

4）比色皿应该保持清洁，干燥。如有污物，可用稀盐酸清洗后，再用 1:1 的酒精与乙醚清洗晾干。禁止用硬物碰或擦透明表面。或者建议使用 10％的盐酸溶液浸泡，然后用无水乙醇冲洗 2～3 次。比色皿具有方向性，使用时要注意，仔细观察比色皿上方应该有一个箭头标志的，代表入射光方向。注入和倒出溶液时，应该选择非透光面。最好使用配对的比色皿。

5）比色皿使用完毕后，请立即用蒸馏水冲洗干净，并用干净柔软的纱布将水迹擦去，以防止表面光洁度被破坏，影响比色皿的透光率。

6）操作人员不应轻易动灯泡及反光镜灯，以免影响光效率。在开机状态，不测量时，应该打开样品池门，否则，影响光电传感器寿命。

7）若分光光度计的光电接收装置为光电倍增管，由于其本身的特点是放大倍数大，因而可以用于检测微弱光电信号，而不能用来检测强光。否则容易产生信号漂移，灵敏度下降。针对其上述特点，在维修、使用此类仪器时应注意不让光电倍增管长时间暴露于光下，因此在预热时，应打开比色皿盖或使用挡光杆，避免长时间照射使其性能漂移而导致工作不稳。

8）仪器的工作电源一般允许 220V±10％的电压波动，为保持光源灯和检测系统的稳定性，在电源电压波动较大的实验室最好配备稳压器。

（2）工作环境要求

分光光度计属于精密仪器，在使用过程中应对工作环境有一定要求，从而保证分光光度计长期使用、长期的稳定可靠、测量的高精度。在多年的生产和应用的过程中，总结得到了一套在一定环境下维护分光光度计的经验，具体如下：

1）环境温度在条件容许的情况下，尽量保持在 15～30℃之间，这样能保持电器件稳定工作，不易老化，使分光光度计不易损坏，灯源的使用寿命得到延长。若条件不容许，在高温的情况下，缩短开机时间，高效使用分光光度计，使电器件不要长期保持在高温下。在低温下，使预热时间比常温下的预热时间要长，这样能保证在仪器稳定的情况下进行测试。

2）环境湿度在条件容许的情况下，尽量保持在 60％以下，这样能保证光度计内部的光学件和电器件不易受潮、腐蚀和上霉。若条件不容许，在高湿度和低湿度的情况下尽量保持通风。

3）环境在条件容许的情况下尽量保持洁净，打扫环境时动作不宜太大，不要扬起灰尘，打扫之前用防尘罩盖上分光光度计，不要让灰尘进入分光光度计内部。

（3）常见故障及其排除方法

1）仪器不能调零。可能原因：

① 光门不能完全关闭，解决方法：修复光门部件，使其完全关闭。

② 透过率"100％"旋到底了，解决方法：重新调整"100％"旋钮。

③ 仪器严重受潮，解决方法：可打开光电管暗盒，用电吹风吹上一会儿使其干燥，并更换干燥剂。

④ 电路故障，解决方法：送修理部门，检修电路。

2）仪器不能调"100％"。可能原因：

① 光能量不够，解决方法：增加灵敏度倍率档位，或更换光源灯（尽管灯还亮）。

② 比色皿架未落位，解决方法：调整比色皿架使其落位。

③ 光电转换部件老化，解决方法：更换部件。

④ 电路故障，解决方法：调修电路。

3）测量过程中，"100％"点经常变动。可能原因：

① 比色皿在比色皿架中放置的位置不一致，或其表面有液滴，解决方法：用擦镜纸擦干净比色皿表面，然后将其安放在比色槽的左边，上面用定位夹定位。

② 电路故障（电压、光电接收、放大电路），解决方法：送修。

4）数显不稳。可能原因：

① 预热时间不够，解决方法：延长预热时间至 30 分钟左右（部分仪器由于老化等原因，长时间处于工作状态时，也会工作不稳）。

② 光电管内的干燥剂失效，使微电流放大器受潮，解决方法：烘烤电路，并更换或烘烤干燥剂。

③ 环境振动过大、光源附近空气流速大、外界强光照射等。解决方法：改善工作环境。

④ 光电管、电路等其他原因，解决方法：送修。

2.5 原子吸收分光光度法

原子吸收分光光度法的测量对象是呈原子状态的金属元素和部分非金属元素，是由待测元素灯发出的特征谱线通过供试品经原子化产生的原子蒸气时，被蒸气中待测元素的基态原子所吸收，通过测定辐射光强度减弱的程度，求出供试品中待测元素的含量。原子吸收一般遵循分光光度法的吸收定律，通常借比较对照品溶液和供试品溶液的吸光度，求得供试品中待测元素的含量。

2.5.1 原子吸收分光光度法基本原理

原子吸收光谱法（Atomic Absorption Spectrometry）是基于从光源发射的待测元素的特征辐射通过样品蒸气时，被蒸气中待测元素的基态原子所吸收，根据辐射强度的减弱程度以求得样品中待测元素的含量。

通常情况下，原子处于基态。当相当于原子中的电子由基态跃迁到激发态所需要的辐射频率通过原子蒸气，原子就能从入射辐射中吸收能量，产生共振吸收，从而产生吸收光谱。原子吸收分析就是利用基态原子对特征辐射的吸收程度的，常使用最强吸收线作为分析线。

2.5.2 原子吸收分光光度法主要特点

原子吸收分光光度法（AAS）简称原子吸收法，是利用被测元素基态原子蒸气对其共振辐射线的吸收特性进行元素定量分析的方法。原子吸收分光光度法具有以下特点：

1. 灵敏度高：常规分析法对大多数元素可达到 ppm 级；利用特殊手段可达到 ppb 级的浓度范围；

2. 精密度好：一般测定 RSD 约为 1%～3%，利用特殊方法精密度可小于 1%；

3. 应用范围广：周期表中 70 多种元素可利用该法测定；

4. 干扰少：原子吸收光谱为分立的锐线光谱，且谱线重叠性少，干扰性小；

5. 试样用量少：采用石墨炉无火焰原子吸收法，每次测量仅需 $5\sim20\mu l$ 试液或 $0.05\sim10mg$ 的固体试样；

6. 快速简便，易于自动化：液体试样常可直接进样，一般样品无需进行预分离处理，新型号商品仪器的进样和测定步骤全部自动化完成。

原子吸收分光光度法应用的主要限制是：该法只能进行无机元素的含量分析，不能直接用于有机化合物的含量分析和结构分析；另外，常规原子吸收分光光度法每测一种元素，要更换一次空心阴极灯光源，不能同时进行多元素分析。

2.5.3 原子吸收分光光度计结构

所用仪器为原子吸收分光光度计，它由光源、原子化器、单色器、背景校正系统、自动进样系统和检测系统等组成（图 2-33）。

1. 光源：常用待测元素作为阴极的空心阴极灯。

2. 原子化器　主要有四种类型：火焰原子化器、石墨炉原子化器、氢化物发生原子化器及冷蒸气发生原子化器。

（1）火焰原子化器：由雾化器及燃烧灯头等主要部件组成。其功能是将供试品溶液雾化成气溶胶后，再与燃气混合，进入燃烧灯头产生的火焰中，以干燥、蒸发、离解供试品，使待测元素形成基态原子。燃烧火焰由不同种类的气体混合物产生，常用空气-乙炔气火焰。改变燃气和助燃气的种类及比例可以控制火焰的温度，以获得较好的火焰稳定性和测定灵敏度。

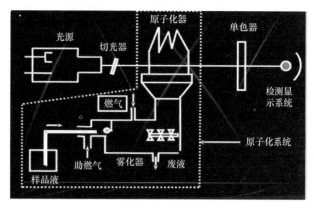

图 2-33　原子吸收分光光度计结构

（2）石墨炉原子化器：由电热石墨炉及电源等部件组成。其功能是将供试品溶液干燥、灰化，再经高温原子化使待测元素形成基态原子。一般以石墨作为发热体，炉中通入保护气，以防氧化并能输送试样蒸气。

（3）氢化物发生原子化器：由氢化物发生器和原子吸收池组成，可用于砷、锗、铅、镉、硒、锡、锑等元素的测定。其功能是将待测元素在酸性介质中还原成低沸点、易受热分解的氢化物，再由载气导入由石英管、加热器等组成的原子吸收池，在吸收池中氢化物被加热分解，并形成基态原子。

（4）冷蒸气发生原子化器：由汞蒸气发生器和原子吸收池组成，专门用于汞的测定。其功能是将供试品溶液中的汞离子还原成汞蒸气，再由载气导入石英原子吸收池，进行测定。

3. 单色器：其功能是从光源发射的电磁辐射中分离出所需要的电磁辐射，仪器光路应能保证有良好的光谱分辨率和在相当窄的光谱带（0.2nm）下正常工作的能力，波长范围一般为 190.0～900.0nm。

4. 检测系统：由检测器、信号处理器和指示记录器组成，应具有较高的灵敏度和较好的稳定性，并能及时跟踪吸收信号的急速变化。

5. 背景校正系统：背景干扰是原子吸收测定中的常见现象。背景吸收通常来源于样品中的共存组分及其在原子化过程中形成的次生分子或原子的热发射、光吸收和光散射等。这些干扰在仪器设计时应设法予以克服。常用的背景校正法有 以下四种：连续光源（在紫外区通常用氘灯）、塞曼效应、自吸效应、非吸收线等。

在原子吸收分光光度分析中，必须注意背景以及其他原因引起的对测定的干扰。仪器某些工作条件（如波长、狭缝、原子化条件等）的变化可影响灵敏度、稳定程度和干扰情况。在火焰法原子吸收测定中可采用选择适宜的测定谱线和狭缝、改变火焰温度、加入络合剂或释放剂、采用标准加入法等方法消除干扰；在石墨炉原子吸收测定中可采用选择适宜的背景校正系统、加入适宜的基体改进剂等方法消除干扰。具体方法应按各品种项下的规定选用。

2.5.4　原子吸收分光光度检测方法

1. 标准曲线法

在仪器推荐的浓度范围内，制备含待测元素的对照品溶液至少 3 份，浓度依次递增，并分别加入各品种项下制备供试品溶液的相应试剂，同时以相应试剂制备空白对照溶液。将仪器按规定启动后，依次测定空白对照溶液和各浓度对照品溶液的吸光度，记录读数。以每一浓度 3 次吸光度读数的平均值为纵坐标、相应浓度为横坐标，绘制标准曲线。按各品种项下的规定制备供试品溶液，使待测元素的估计浓度在标准曲线浓度范围内，测定吸光度，取 3 次读数的平均值，从标准曲线上查得相应的浓度，计算元素的含量。

2. 标准加入法

取同体积按各品种项下规定制备的供试品溶液 4 份，分别置 4 个同体积的量瓶中，除第 1 号量瓶外，其他量瓶分别精密加入不同浓度的待测元素对照品溶液，分别用去离子水稀释至刻度，制成从零开始递增的一系列溶液。按上述标准曲线法自"将仪器按规定启动后"操作，测定吸光度，记录读数；将吸光度读数与相应的待测元素加入量作图，延长此直线至与含量轴的延长线相交，此交点与原点间的距离即相当于供试品溶液取用量中待测元素的含量（图 2-34）。再以此计算供试品中待测元素的含量。此法仅适用于第一法标准曲线呈线性并通过原点的情况。当用于杂质限度检查时，取供试品，按各品种项下的规定，制备供试品溶液；另取等量的供试品，加入限度量的待测元素溶液，制成对照品溶液。照上述标准曲线法操作，设对照品溶液的读数为 a，供试品溶液的读数为 b，b 值应小于（$a-b$）。

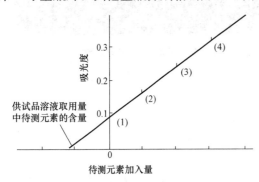

图 2-34 图标准加入法测定图示

2.5.5 原子吸收光法应用

原子吸收光谱法凭借其本身的特点，现已广泛的应用于工业、农业、生化制药、地质、冶金、食品检验和环保等领域。该法已成为金属元素分析的最有力手段之一。而且在许多领域已作为标准分析方法，如化学工业中的水泥分析、玻璃分析、石油分析、电镀液分析、食盐电解液中杂质分析、煤灰分析及聚合物中无机元素分析；农业中的植物分析、肥料分析、饲料分析；生化和药物学中的体液成分分析、药物分析；冶金中的钢铁分析、合金分析；地球化学中的水质分析、大气污染物分析、土壤分析、岩石矿物分析；食品中微量元素分析，建筑及装修材料中有害重金属元素分析等。

2.6 气相色谱法

2.6.1 气相色谱法的基本知识

1. 基本概念

色谱（chromatography）：又称色谱分析、色谱分析法、层析法，是一种分离和分析方法，利用物质在流动相中与固定相中分配系数的差异，当两相作相对运动时，试样混合组分在两相之间进行反复多次分配，各组分的分配系数即使只有微小差别，也会以不同的速度沿固定相移动，最终达到分离的效果。通常根据流动相的状态可分为液相色谱和气相色谱。

气相色谱（gas chromatography，简称 GC）：又称气相色谱法，是以惰性气体（通常为 99.999％的高纯氮气）作为流动相，色谱柱为固定相的色谱分析技术。

基线（baseline）：在实验条件下，色谱柱后仅有纯流动相进入检测器时的流出曲线称为基线。基线在稳定的条件下应是一条水平的直线（如图 2-35 中所示的直线）。它的平直与否可反应出实验条件的稳定情况，若实验条件不稳，基线会出现漂移（直线但不水平）或噪声（水平但呈波浪线）。

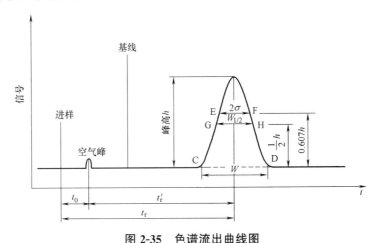

图 2-35　色谱流出曲线图

峰高（peak height）：色谱峰顶点与基线的距离（如图 2-35 中的 h）。它是待测组分从柱后洗脱出最大浓度时检测器输出的信号值，一般用 mm 或检测器输出的信号单位表示，可作为定量测定的依据。它的大小取决于组分的最大浓度和响应系数。

峰面积（peak area）：色谱峰与峰底基线所围成区域的面积（如图 2-35 中的 CDFE 区域），一般用 A 表示。它是待测组分从柱后洗脱出的所有含量的信号值，一般用 mAu ＊ s 作为单位，是定量测定的主要依据。它的大小取决于组分的含量和响应系数。

归一化法（normalization method）：以样品中被测组分经校正过的峰面积（或峰高）占样品中各组分经校正过的峰面积（或峰高）的总和的比例来表示样品中各组分含量的定量方法。采用积分仪或色谱工作站处理数据时，一般均采用峰面积直接归一化进行定量分析。该方法的优点是简便、准确，操作条件对定量结果影响小，但使用前提是：试样中所有组分均能流出色谱柱，且完全分离，并在检测器上都能产生信号。

死时间（dead time）：不与固定相作用的物质从进样到出现峰极大值时的时间（如图 2-35 中的 t_0），它与色谱柱的空隙体积成正比。由于该物质不与固定相作用，其流速与流动相的流速相近，因此据 t_0 可求出流动相平均流速。

保留时间（retention time）：从进样至被测组分出现浓度最大值（最高峰）时所需时间（如图 2-35 中的 t_r），它包括组分随流动相通过柱子的时间 t_0 和组分在固定相中滞留的时间。保留时间是由色谱过程中的热力学因素所决定，在一定的色谱操作条件下，任何一种物质都有一个确定的保留时间，因此可根据 t_r 值对组分进行定性分析。

区域宽度（peak width）：色谱峰的区域宽度是色谱流出曲线中一个重要参数，它的大小反映色谱柱或所选色谱条件的好坏，从分离效果的角度来讲，区域宽度越窄越好。通常度量色谱峰区域宽度有三种方法：

（1）标准偏差（standard deviation）σ：这里的意义与统计学中的标准偏差意义不同，这里是指 0.607 倍峰高处色谱峰宽度的一半（如图 2-35 中的 EF 直线段的一半）；

（2）半高峰宽（peak width at half height）$W_{h/2}$：是指峰高一半处的色谱峰的宽度（如图 2-35 中的 GH 直线段）；

（3）峰底宽度（peak width at peak base）W：是指由色谱峰两侧的转折点作切线，与基线交点的距离（如图 2-35 中的 CD 直线段）。

这三种表示方法中以后两者使用较多，三者的关系是：

$$W_{h/2} = 2.355\sigma, W = 4\sigma = 1.70 W_{h/2}$$

根据上述的概念介绍可知：

1）根据色谱峰的位置（保留时间）可以进行定性分析；

2）根据色谱峰的面积或峰高可以进行定量分析；

3）根据色谱峰的区域宽度，可以对色谱柱的分离情况（柱效率）进行评价。

2. 气相色谱的分类

气相色谱是一种以气体（载气）为流动相的柱色谱法，分离过程主要在色谱柱内完成，根据所用固定相状态的不同可分为气-固色谱（GSC）和气-液色谱（GLC）。

（1）气固色谱

气固色谱是指流动相是气体，固定相是固体物质的色谱分离方法。气固色谱的固定相是一种具有一定活性的固体吸附剂，利用样品中不同分子在固定相表面的吸附-脱附能力的差异（吸附原理）来实现分离。常用的固体吸附剂有碳质吸附剂（活性炭、石墨化炭黑、碳分子筛）、氧化铝、硅胶、无机分子筛和高分子小球等。

1）碳质吸附剂：有较大的比表面积，吸附性较强。

2）活性氧化铝：有较大的极性。适用于常温下 O_2、N_2、CO、CH_4、C_2H_6、C_2H_4 等气体的相互分离，CO_2 能被活性氧化铝强烈吸附而不能用这种固定相进行分析。

3）硅胶：与活性氧化铝大致相同的分离性能，除能分析上述物质外，还能分析 CO_2、N_2O、NO、NO_2 等，且能够分离臭氧。

4）分子筛：碱及碱土金属的硅铝酸盐（沸石），多孔性。如 3A、4A、5A、10X 及 13X 分子筛等。常用 5A 和 13X（常温下分离 O_2 与 N_2），除了广泛用于 H_2、O_2、N_2、CH_4、CO 等的分离外，还能够测定 He、Ne、Ar、NO、N_2O 等。

5）高分子多孔微球（GDX 系列）：新型的有机合成固定相（苯乙烯与二乙烯苯共聚），型号：GDX-01、-02、-03 等。适用于水、气体及低级醇的分析。

气固色谱固定相具有的特点：①使用方便；②性能与制备和活化条件有很大关系；③同一种固定相，不同厂家或不同活化条件，分离效果差异较大；④吸附剂种类有限，所以能分离的对象不多。

气固色谱不如气液色谱应用广泛，主要用于分离和分析永久性气体和低沸点烃类物质，在石油化工领域应用很普遍。

（2）气液色谱

气液色谱是指流动相是气体，固定相是液体的色谱分离方法。气固色谱的固定相是在惰性多孔固体基质（载体或担体）上涂渍一薄层高沸点的液体物质（固定液），利用样品中不同分子与固定液分子之间作用力（溶解-挥发）的差异（分配原理）来实现分离。气固色谱固定相的分离效果主要取决于载体和固定液的选择。

1）载体的选择

载体物质应满足的条件有：①比表面积大，孔径分布均匀；②化学惰性，表面无吸附性或吸附性很弱，与被分离组分不起反应，且有较好的浸润性；③具有较高的热稳定性和机械强度，不易破碎；④颗粒大小均匀、适度，一般常用 60～80 目、80～100 目等。

常用的载体有：无机载体（如硅藻土、玻璃粉末或微球、金属粉末或微球、金属化合物）和有机载体（如聚四氟乙烯、聚乙烯、聚乙烯丙烯酸酯）。

2）固定液的选择

固定液为高沸点、难挥发的有机物或聚合物，在常温下不一定为液体，但在使用温度下一定呈液体状态。作为固定液的物质应满足以下条件：

① 挥发性小，具有较低的蒸气压（在 450℃ 以下有 1.5～10kPa 的蒸汽压）；

② 热稳定性好，一般在 500℃ 以下不分解、不汽化、不挥发；

③ 化学稳定性好，不与被分离组分发生不可逆的化学反应；

④ 熔点不能太高，在使用温度下须呈液态；

⑤ 对被分离试样中的各组分具有不同的溶解能力。

固定液的种类繁多，选择余地大，所以在固定液的选择过程中应注意以下几点：

a. 固定液的相对极性：规定角鲨烷（异三十烷）的相对极性为零，β，β'-氧二丙腈的相对极性为 5（图 2-36）；

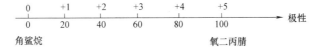

图 2-36　固定液的极性示意图

b. 固定液的最高和最低使用温度：高于最高使用温度固定液物质易分解，低于最低使用温度固定液呈固体；

c. 混合固定相：对于复杂的难分离组分通常采用特殊固定液或将两种甚至两种以上配合使用；

d. 固定液的选择原则：固定液的选择一般根据"相似相溶"的原则，待测组分分子与固定液分子的性质（极性、官能团）相似时，其溶解度就大。通常根据极性将固定液分为几大类，分别适用于不同化合物的分析，具体见表 2-4。

固定液的分类　　　　　　　　　　　　　　　　　　　　　　　表 2-4

固定液分类	相对极性	固定液与待测物分子间的作用力	组分出峰顺序	常见固定液	主要分析对象（参考）
非极性	0～1	色散力	按沸点由低到高顺序出峰	角鲨烷（异十三烷）、阿皮松类、聚二甲基硅氧烷等	非极性和弱极性化合物，如烃类、醚类等
中等极性	1～3	色散力、诱导力	按沸点由低到高顺序出峰	苯基聚甲基硅氧烷、聚乙二醇酯等	弱极性和中等极性化合物，如酚类、酯类、硝基苯类等

固定液分类	相对极性	固定液与待测物分子间的作用力	组分出峰顺序	常见固定液	主要分析对象（参考）
强极性	3～5	静电力、诱导力	按极性由小到大顺序出峰	三氟丙基聚硅氧烷、β,β-氧二丙腈等	极性化合物,如醇类、醛类、酸类等
氢键型	—	氢键	按形成氢键的难易程度由难到易出峰	聚乙二醇,三乙醇胺等	含 F、N、O 等的化合物,如醛类、脂肪酸等

由于在气液色谱中可供选择的固定液种类很多，而且新的固定液不断被研究开发出来，特别是根据使用需求将多种固定液配合使用，可以得到理想的分离效果，所以气液色谱比气固色谱有着更广泛的实用价值。但气液色谱的缺点是高温下固定液易流失，所以使用时须注意最高使用温度。

（3）填充柱气相色谱和毛细管气相色谱

按照气相色谱的色谱柱类型又可分为填充柱气相色谱和毛细管气相色谱。填充柱的柱管有不锈钢管、铜管、铝管、铜镀镍管、玻璃管以及聚四氟乙烯管等。柱管内径一般为 2～4mm，长度一般小于 10m。柱子的形状可以是螺旋形的，也可以是 U 形的（图 2-37a）。U 形柱易获得较高的柱效，若是使用螺旋形的柱，应注意柱色谱柱圈直径的大小对柱效会产生一定的影响，一般柱圈的圈径应比柱管的内径大 15 倍。

毛细管柱是用熔融二氧化硅拉制的空心管，也叫弹性石英毛细管。柱管内径通常为 0.1～0.5mm，柱长 30～50m，绕成直径 20cm 左右的环状（图 2-37b）。用这样的毛细管作分离柱的气相色谱称为毛细管气相色谱或开管柱气相色谱，与填充柱相比，毛细管柱的优点为：分离效能高，分析速度快，样品用量少，可在几十分钟内分离出包含几百种化合物的汽油馏分，然而样品用量仅需数微克。

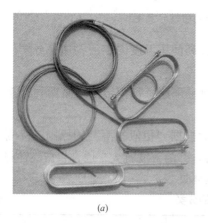
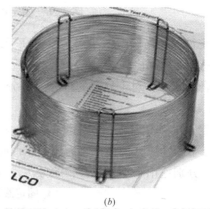

（a）　　　　　　　　　　　　　（b）

图 2-37　气相色谱柱

（a）填充柱；（b）毛细管柱

3. 气相色谱的分离原理及特点

（1）气相色谱的分离过程

气相色谱实质上是一种物理化学的分离方法，其分离过程大致如下（图 2-38）：

1）待分析样品汽化后被载气（流动相）带入色谱柱，样品通过色谱柱内的填充物（固定相）时，样品中的各组分在流动相和固定相之间连续移动并多次建立分配平衡；

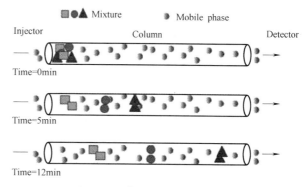

图 2-38　气相色谱分离示意图

2）每种组分都倾向于在流动相和固定相之间形成分配或吸附平衡，但由于载气是流动的，这种平衡实际上很难建立起来。当两相作相对运动时，各组分在两相之间进行反复多次分配（吸附-脱附或溶解-挥发过程）；

3）由于样品中各组分的沸点、极性或吸附性能不同，使其在两相间的分配系数不同，经过反复多次分配（从几千次到数百万次），即使组分的分配系数只有微小的差异，随着流动相的移动可以有明显的差距；

4）结果是在载气中浓度大的组分运动速度快，而在固定相中分配浓度大的组分运动速度慢，经过一定长度的色谱柱后，各组分拉开一定距离，先后流出色谱柱进入检测器；

5）检测器将各组分的浓度转变为电信号，而电信号的大小与被测组分的量或浓度成正比，这些信号经放大并绘制成强度与时间的关系图，就形成了气相色谱图。

(2) 塔板理论和速率理论

气相色谱法的理论基础主要表现在两个方面，即色谱过程动力学和色谱过程热力学，也可以这样说，组分是否能分离开取决于其热力学行为，而分离得好不好则取决于其动力学过程。目前，用于描述色谱过程中的热力学行为的理论是塔板理论，用于描述色谱过程中的动力学过程的理论是速率理论。

1）塔板理论

塔板理论是 Martin 等人于 1941 年提出的色谱热力学平衡理论，该理论将色谱分离过程比拟作蒸馏过程，把色谱柱比作一个精馏塔，沿用精馏塔中塔板的概念来描述组分在两相间的分配行为，同时引入理论塔板数作为衡量柱效率的指标，即色谱柱是由一系列连续的、相等的水平塔板组成。由于流动相在不停地移动，组分就在这些塔板间隔的气液两相间不断地达到分配平衡。

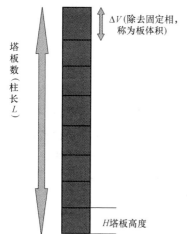

图 2-39　塔板理论示意图

塔板理论假设（图 2-39）：①在柱内一小段长度 H 内，组分可以在两相间迅速达到平衡。这一小段柱长称为理论塔板高度 H；②以气相色谱为例，载气进入色谱柱不是连续进行的，而是脉动式，每次进气为一个塔板体积（ΔV_{m}）；③所有组分开始时存在于第 0 号塔板上，而且试样沿轴（纵）向扩散可忽略；④分配系数在所有塔板上是常数，与组分在某一塔板上的量无关。

塔板理论指出：a）当溶质在柱中的平衡次数，即理论塔板数 n 大于 50 时，可得到基本对称的峰形曲线。在色谱柱中，n 值一般很大，如气相色谱柱的 n 约为 $10^3 \sim 10^6$，因而这时的流出曲线可趋近于正态分布曲线；

b）当样品进入色谱柱后，只要各组分在两相间的分配系数有微小差异，经过反复多次的分配平衡后，仍可获得良好的分离；

c）通常用 n 或 H 作为描述柱效能的一个指标，在 t_R 一定时，如果色谱峰越窄，则说明 n 越大，H 越小，柱效能越高。n 与半峰宽及峰底宽的关系式为式（2-20）、（2-21）：

$$n_{理} = 5.54 \left(\frac{t_R}{W_{1/2}} \right)^2 = 16 \left(\frac{t_R}{W} \right)^2 \tag{2-20}$$

$$H_{理} = \frac{L}{n} \tag{2-21}$$

式中 L 为色谱柱的长度，t_R 及 $W_{1/2}$ 或 W 用同一单位（时间或距离）。

塔板理论是一种半经验性理论，它用热力学的观点定量说明了溶质在色谱柱中移动的速率，成功解释了流出曲线的形状，并提出了计算和评价柱效能高低的参数。但是，色谱过程不仅受热力学因素的影响，而且还与分子的扩散、传质等动力学因素有关，因此塔板理论只能定性地给出板高的概念，却不能解释板高受哪些因素影响；也不能说明为什么在不同的流速下，可以测得不同的理论塔板数，因而限制了它的应用。

2）速率理论

速率理论是 1956 年荷兰学者 Van Deemter（范第姆特）等在研究气液色谱时，提出的色谱过程动力学理论。他们吸收了塔板理论中板高的概念，并充分考虑了组分在两相间的扩散和传质过程，从而在动力学基础上较好地解释了影响板高的各种因素。该理论模型对气相、液相色谱都适用。

速率理论认为，单个组分分子在色谱柱内固定相和流动相间要发生千万次转移，加上分子扩散和运动途径等因素，它在柱内的运动式高度不规则的，是随机的，在柱中随流动相前进的速率是不均一的。与偶然误差造成的无限多次测定的结果呈正态分布相类似，无限多个随机运动的组分粒子流经色谱柱所用的时间也是正态分布的。

速率理论更重要的是把色谱过程看作一个动态非平衡过程，研究了过程中的动力学因素对板高的影响，提出了范第姆特方程式（速率方程式），其数学简化式为式（2-22）：

$$H = A + B/u + Cu \tag{2-22}$$

式中 u 为流动相的线速度，即一定时间里载气在色谱柱中的流动距离，单位为 cm/s；A、B、C 为常数，分别代表涡流扩散系数、分子扩散项系数、传质阻力项系数。由式中关系可见，当 u 一定时，只有当 A、B、C 较小时，H 才能有较小值，才能获得较高的柱效能；反之，色谱峰扩张，柱效能较低，所以 A、B、C 为影响峰扩张的三项因素。

A、B、C 三项又分别受填充物颗粒直径 d_p、组分在流动相中的扩散系数 D_g、容量因子 k 等因素的影响，将速率方程式扩展可得气液色谱速率板高方程式（2-23）：

$$H = 2\lambda d_p + \frac{2rD_g}{u} + \left[\frac{0.01k^2}{(1+k)^2} \frac{d_p^2}{D_g} + \frac{2}{3} \cdot \frac{k}{(1+k)^2} \frac{d_f^2}{D_l} \right] u \tag{2-23}$$

这一方程是色谱工作者选择色谱分离条件的主要理论依据，它指出了色谱柱填充的均匀程度、填料颗粒的大小、流动相的种类及流速、柱温、固定相的液膜厚度等因素对柱效能及色谱峰扩张的影响，对于气相色谱分离条件的选择具有实际指导意义。

（3）气相色谱的特点

气相色谱是色谱分析中的一种，在分离分析方面，具有如下一些特点：

1）分离效率高：一般填充柱的理论塔板数可达数千，毛细管柱可达一百多万，可把组分复杂的样品分离成单组分。

2）选择性高：可以使一些分配系数很接近的以及极为复杂、难以分离的物质（如有机同系物、异构体、手性异构体等），获得满意的分离。

3）灵敏度高：可以检测：$10^{-11} \sim 10^{-13}$ g 级别的物质，可作超纯气体、高分子单体的痕迹量杂质分析和空气中微量毒物的分析。

4）分析速度快：一般在几分钟或几十分钟内可以完成一个试样的分析，有利于指导和控制生产。

5）应用范围广：适用于沸点低于 400℃ 的各种有机或无机试样的分析，即可分析低含量的气、液体，也可分析高含量的气、液体，可不受组分含量的限制。

6）所需试样量少：一般气体样用几毫升，液体样用几微升或几十微升。

7）设备和操作比较简单，仪器价格便宜。

8）不足之处：a. 不适用于高沸点、难挥发、热不稳定物质的分析；b. 被分离组分的定性较为困难。

4. 气相色谱的分离效果

色谱分析的目的是将样品中各组分彼此分离，因此色谱分离的效果才是最终判断一个色谱技术成功与否的标准。为了判断相邻两组分在色谱柱中的分离情况，通常用分离度 R 作为衡量色谱柱的分离效能指标。

（1）分离度

分离度（resolution），又称分辨率，是指相邻两色谱峰保留时间之差与两组分色谱峰的峰底宽度之和的一半的比值，用 R 表示，用式（2-24）表示：

$$R = \frac{t_{R(2)} - t_{R(1)}}{\dfrac{w_1 + w_2}{2}} = \frac{2(t_{R(2)} - t_{R(1)})}{w_1 + w_2} \tag{2-24}$$

由上式可知：相邻两组分保留时间的差值反映了色谱分离的热力学性质，色谱峰的宽度则反映了色谱过程的动力学因素，因此分离度 R 概括了这两方面的因素，并定量地描述了混合物中相邻两组分的实际分离效果，所以 R 是既能反映柱效率又能反映选择性的指标，称总分离效能指标，是一个综合性指标。

R 值越大，表明相邻两组分分离越好。对于峰形对称且满足正态分布的色谱峰（图 2-40）：①当 $R<1$ 时，相邻两峰有部分重叠；②当 $R=1.0$ 时，相邻两组分分离程度可达 98%，称为 4σ 分离，两峰基本分离，裸露峰面积为 95.4%，内侧峰基重叠约 2%；③当 $R=1.5$ 时，相邻两组分分离程度可达 99.7%，称为 6σ 分离，裸露峰面积为 99.7%。

所以，通常用 $R=1.5$ 作为相邻两组分已完全分离的标志，$R \geqslant 1.5$ 称为完全分离。

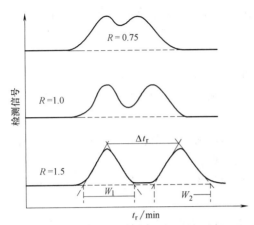

图 2-40 不同分离度时色谱峰分离的程度

(2) 色谱分离方程式

在色谱分析中，对于难分离的两个组分，由于它们的保留值和分配系数差别小，可以近似认为 $W_1 \approx W_2 = W$，$k_1 \approx k_2 = k$，则分离度 R 为式（2-25）：

$$R = \frac{2(t_{R(2)} - t_{R(1)})}{w_1 + w_2} = \frac{t_{R(2)} - t_{R(1)}}{w} \tag{2-25}$$

根据式（2-20）有式（2-26）：

$$n = 16 \left(\frac{t_R}{W} \right)^2 \tag{2-26}$$

可推出式（2-27）：

$$W = \sqrt{\frac{16 t_{R(2)}^2}{n}} = \frac{4 t_{R(2)}}{\sqrt{n}} \tag{2-27}$$

又根据 $\dfrac{t'_{R(2)}}{t_0} = k_2$ 得式（2-28）：$\dfrac{t'_{R(2)}}{t'_{R(1)}} = \dfrac{t_{R(2)} - t_0}{t_{R(1)} - t_0} = \dfrac{k_2}{k_1} = r_{2,1} \tag{2-28}$

所以式（2-25）可变为式（2-29）：

$$R = \left(\frac{\sqrt{n}}{4} \right) \left(\frac{r_{2,1} - 1}{r_{2,1}} \right) \left(\frac{k}{k+1} \right) \tag{2-29}$$

在实际应用中，往往用 n_{eff} 代替 n，如式（2-30）：

$$n = \left(\frac{1+k}{k} \right)^2 \times n_{eff} \tag{2-30}$$

则最终可得式（2-31）：

$$R = \frac{\sqrt{n_{eff}}}{4} \times \left(\frac{\alpha - 1}{\alpha} \right) \tag{2-31}$$

式（2-31）称为色谱分离的基本方程式，式中 $\dfrac{\sqrt{n_{eff}}}{4}$ 称为柱效项，$\left(\dfrac{\alpha-1}{\alpha} \right)$ 称为柱选择项，$\left(\dfrac{k}{k+1} \right)$ 称为容量因子项，$\alpha = r_{2,1}$ 为相对保留因子。

由分离方程式可知，分离度 R 受柱效（n）、选择因子（α）和容量因子（k）三个参数的控制。组分要达到完全分离，两峰间的距离必须足够远，两峰间的距离是由组分在两相间的分配系数决定的，即与色谱过程的热力学性质有关；但是两峰间虽有一定距离，如果每个峰都很宽，以致彼此重叠，还是不能分开。这些峰的宽或窄是由组分在色谱柱中传质和扩散行为决定的，即与色谱过程的动力学性质有关。因此，R 是从热力学和动力学两方面来全面反映相邻两峰分离程度的重要参数。

(3) 影响分离效果的因素

从色谱分离方程式中也可以看出，分离效果（R 值）的主要影响因素有以下三个方面：

1）色谱柱效 n

具有一定相对保留值 α 的物质对，分离度直接和有效塔板数有关，说明有效塔板数能正确地代表柱效能，而分离方程式表明分离度与理论塔板数的关系还受热力学性质的影响。当固定相确定，被分离物质对的 α 确定后，分离度将取决于 n。这时，对于一定理论板高的柱子，分离度的平方与柱长成正比，如式（2-32）：

$$\left(\frac{R_1}{R_2}\right)^2 = \frac{n_1}{n_2} = \frac{L_1}{L_2} \tag{2-32}$$

随着 n 增大，$\sqrt{n_{\text{eff}}}$ 增大，R 也随着增大。增加 n 的方法：

① 降低板高 H，制备性能优良的柱子，在最优化的条件下操作；

② 增加柱长 L：a. 若系统压力不变，则必须降低流速，延长分析时间，色谱峰扩展；b. 若分析时间不变，则必须增大柱压，对设备要求提高。

2）分配比 k

分配比 k 又称为容量因子，是组分在固、液两相中质量分配的比值，取决于组分及固定相的热力学性质，随柱温、柱压的变化而变化，还与流动相及固定相的体积有关。两个组分的 k 值相等，则色谱峰必将重合，说明分不开。k 值相差越大，则分离得越好。因此两组分具有不同的分配系数是色谱分离的先决条件。

研究证明：当 k 很小时，$\left(\frac{k}{k+1}\right)$ 随 k 增大，R 迅速增大；当 $k>5$ 以后，k 增大，R 的增加缓慢；当 $k>10$ 后，增大 k 对 R 的增大微乎其微，反而使分析时间显著增加。因此，k 的最佳变化范围是 $1 \leqslant k \leqslant 10$。

改变的方法：a）改变固定相；b）改变柱温（GC）或流动相（LC）；c）改变相比 β（改变固定相量 V_S 及柱死体积 V_m）。

3）色谱柱选择性 α

相对保留因子 α（或 $r_{2,1}$）又称选择因子，是色谱柱选择性的量度，α 越大，柱选择性越好，分离效果越好。当 $\alpha=1$ 时，$R=0$，此时无论怎样提高柱效也无法使两组分分离。

研究发现：当 α 值在 $1 \sim 2$ 范围，α 的微小变化，就能引起分离度的显著变化。一般通过改变固定相和流动相的性质和组成或改变柱温，可有效增大 α 值。

综上所述，分离度、柱效、柱选择性的关系如式（2-33）：

$$L = 16R^2 \times H_{\text{eff}} \left(\frac{\alpha}{\alpha-1}\right)^2 = n_{\text{eff}} \times H_{\text{eff}} \tag{2-33}$$

α、n、k 对 R 值的影响可用如图 2-41 所示：

① 改变 k 对分离产生很大的影响，若原始 $k=0.5 \sim 2$，k 减小，t_R 减小，R 减小；k 增大，R 增大，峰高降低，峰宽增大。

② 若柱长不变下增加 n，t_R 不变，峰高增高，峰宽减小，R 增大。当 n 增加到原来的 3 倍，R 增加到原来的 1.7 倍。

③ 增加 α，两峰发生相对位移，R 增大。

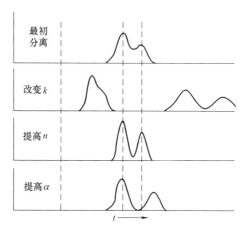

图 2-41　影响分离度的因素

当 α 从 1.01 增加到 1.1，增加约 9%，则 R 增加到原来的 9 倍。所以，选择合适的固定相以增加 α 是改善气相色谱分离度最有效的方法。

2.6.2 气相色谱仪的基本知识

气相色谱仪在火灾调查、石油、化工、生物化学、医药卫生、食品工业、环保等方面应用很广。它除用于定量和定性分析外，还能测定样品在固定相上的分配系数、活度系数、分子量和瑞盛比表面积等物理化学常数。是一种对混合气体中各组成成分进行分析检测的仪器。

1. 气相色谱仪的基本构造

气相色谱仪是一种以气体为流动相，采用冲洗法的柱色谱技术对多组分混合物进行分离、分析的多用途高性能仪器。气相色谱仪由五大系统组成：气路系统、进样系统、分离系统、温控系统、检测记录系统，如图 2-42 所示。

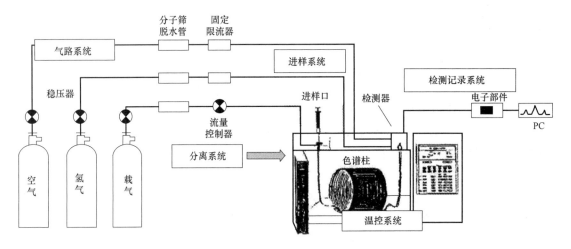

图 2-42　气相色谱仪构造示意图

载气（流动相）由高压钢瓶中流出，经减压阀降压到所需压力后，通过净化干燥管使载气净化，再经稳压阀和转子流量计后，以稳定的压力、恒定的速度流经气化室与气化的样品混合。载气将样品气体带入色谱柱（固定相）中进行分离，分离后的各组分随着载气先后流入检测器，然后载气放空。检测器将不同浓度的各组分物质转变为强弱不同的电信号，信号经放大后送至数据处理工作站，得到色谱图。根据色谱峰的保留时间进行定性分析，根据峰面积或峰高进行定量分析，具体流程见图 2-43 所示。

（1）气路系统

气路系统是指载气及其他气体（燃烧气、助燃气）流动的管路和控制、测量元件，包括气源、气体净化器、气路控制系统。所用的气体从气源（高压气瓶或气体发生器）逸出后，通过减压和气体净化干燥管，用稳压阀、流量计控制到所需的流量。

气路系统的气源包括载气和辅助气两个方面，载气是气相色谱过程的流动相，原则上说只要没有腐蚀性，且不干扰样品分析的气体都可以作载气。但通常会选择惰性气体或性质较稳定的气体作为载气，如 N_2、Ar、H_2、He 等。辅助气是对检测器正常工作而提供的一种辅助性气体，如氢火焰离子化检测器（FID）的辅助气为氢气和空气，气源可以使

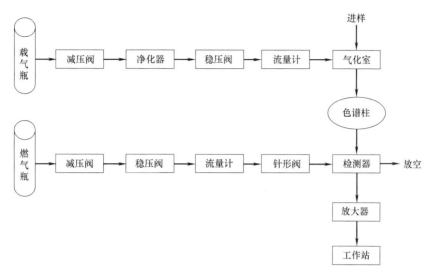

图 2-43　气相色谱仪流程示意图

用氢气和空气钢瓶，也可以使用氢气发生器。

　　载气的净化装置通常为装有活性炭、分子筛或硅胶的净化器，以除去载气中的水、氧、有机物等杂质。气体流速控制和测量装置包括压力表、减压阀、流量计、针形稳压阀等，用以控制载气流速恒定。载气的纯度、流速以及气路的气密性等对色谱柱的分离效能、检测器的灵敏度均有很大影响，气路系统的作用就是将载气及辅助气进行稳压、稳流及净化，以满足气相色谱分析的要求。

　　对于载气种类的选择，在实际应用中主要是根据检测器的特性来决定，如 FID 检测器用 N_2，TCD 检测器用 H_2、He 比较好，灵敏度较高。惰性气体化学稳定性好，但价格高。对于气体的纯度，建议在满足分析要求的前提下，尽可能选用纯度较高的气体。这样不但会提高仪器的高灵敏度，而且会延长色谱柱和仪器原件（如气路控制部件、气体过滤器等）的使用寿命。

　　(2) 进样系统

　　进样系统包括进样装置和汽化室，它的功能是引入试样，并使试样瞬间汽化。气体样品的进样装置为六通阀，分推拉式和旋转式两种。试样首先充满定量管，切入后，载气携带定量管中的试样气体进入分离柱（图 2-44a），进样量的重复性可达 0.5%。气体样品也可以先使用吸附管采样（如室内空气中的 TVOC 和苯），然后使用热解吸装置与六通阀连接进行进样。

　　液体样品的进样装置一般采用专用的微量注射器（图 2-44b），重复性比较差，在使用时，注意进样量与所选用的注射器相匹配，最好是在注射器最大容量下使用（手动进样）。新型的气相色谱仪都带有全自动液体进样器，清洗、润冲、取样、进样、换样等过程自动完成，一次可放置数十个试样，重复性很好（自动进样）。

　　汽化室是进样系统中的重要部件，其作用是把液体样品瞬间加热变成蒸汽，然后快速定量地由载气送入色谱柱分离系统中。汽化室进样一般可分为分流模式和不分流模式两种（SSI），当进样量较小时，为确保检测器上有足够强的信号，一般采用不分流模式，即关闭汽化室旁边的分流阀（图 2-45）。但大多数情况下都采用分流模式进样，因为在毛细管

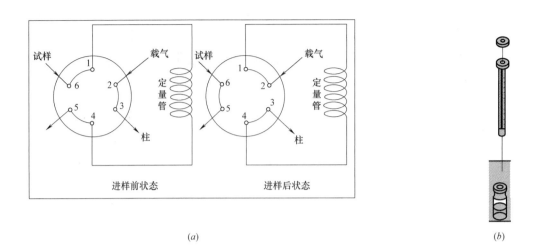

(a) (b)

图 2-44　气相色谱仪进样装置

（a）气体进样器；（b）液体进样器

柱气相色谱中，毛细管柱固定相的样品容量很小，进样量较大时，汽化后的样品只有一小部分被载气带入色谱柱，大部分从分流阀放空。

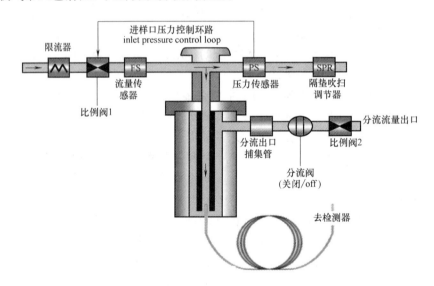

图 2-45　气相色谱仪汽化室

若采用分流模式进样，需要考虑一个参数-分流比，表达式如式（2-34）：

$$分流比 = \frac{分流出口流量 + 柱流量}{柱流量} \tag{2-34}$$

分流比是进样系统中一个重要的参数，因为进样的多少、进样时间的长短、试样的气化速度等都会影响色谱的分离效果和分析结果的准确性和重现性。

（3）分离系统

分离系统主要由色谱柱组成，是气相色谱仪的心脏，它的功能是使混合样品中各组分在柱内运行的同时得到分离。人们通常根据色谱柱中固定相的不同将气相色谱分为气-固色谱和气-液色谱，由于气-固色谱的固定相选择余地较小使其使用范围受到限制，目前使用更广泛的是气-液色谱的色谱柱。色谱柱的基本类型也有两种：填充柱和毛细管柱，由于毛细管柱的分离效率比填充柱要高得多，所以目前人们大多选择毛细管色谱柱。

对于毛细管气-液色谱柱，目前使用最多的类型为壁涂毛细管柱，即在内径为0.1～0.3mm的中空石英毛细管的内壁上直接涂渍固定液，所以通常描述毛细管柱的参数有：柱长、柱内径、固定液和液膜厚度。

对于柱长的考虑：由于分离度正比于柱长的平方根，所以增加柱长对分离是有利的，但增加柱长会使各组分的保留时间增加，延长分析时间。因此，在满足一定分离度的条件下，应尽可能使用较短的柱子。若即使选择最长规格的色谱柱依然无法满足分离度的要求，需考虑更换固定相或膜厚。通常使用的标准柱长为25～30m，可满足大部分应用需求。对于特别复杂的样品分析，可考虑50m以上的长色谱柱。

对于柱内径的考虑：较小的内径可以获得更好的分离度，或者在更短的时间内获得同样的分离度。增加色谱柱的内径，可以增加分离的样品量，但由于纵向扩散路径的增加，使柱效降低。内径0.10mm的毛细柱适用于快速气相色谱分析，内径0.25mm的毛细柱具有较高的柱效，用于标准的GC-MS分析和分流/不分流进样，内径0.32mm的毛细柱中等柱效，多用于不分流进样。

对于固定液和液膜厚度的考虑：固定液的选择一般遵循"相似相溶"的原则，根据组分极性来选择适合的固定相，从而来选择适当的色谱柱，常见有机物的极性变化如图2-46所示。

极性								非极性
水	甲醇	异丙醇	乙腈	THF	乙酸乙酯	CH_2Cl_2	$CHCl_3$	己烷
NH_3X/ArOH/RCOOH		CNH₂	ROH	RCN	醛/酮	$N(R)_2$	NO_2	卤代烷烃 烷烃

图2-46　常见有机物的极性变化图

液膜厚度的改变将直接影响分离度和化合物的流出温度。膜越厚，保留越强，分离度越好，流出温度相应也越高。标准膜厚在0.25～0.50μm，应用最为广泛，对于流出达到300℃的大多数样品分析效果良好。气相色谱仪常用的毛细管柱见表2-5。

常用的毛细管柱　　　　　　　　　　　　　　　　　　表2-5

	化学成分	极性	应用范围	对于产品
SE-30	100%甲基聚硅氧烷	非极性	碳氢化合物农药、酚、胺	DB-1 BP-1 OV-1 HP-1 AT-1
OV-101	100%甲基聚硅氧烷	非极性	碳氢化合物、氨基酸	HP-100 SP-2100
SE-52 SE-54	5%苯基甲基聚硅氧烷， 1%乙烯基，5%苯基 甲基聚硅氧烷	非极性	多核芳烃，酚、脂、 碳氢化合物、药物胺	HP-5 DB-5
OV-1701	77%氰丙基，7%苯基 甲基聚硅氧烷	中极性	芳烃、药物、醇、 脂、硝基苯类	DB-1701 BP-1701 HP-1701 AT-1701
OV-17	50%苯基，50%二甲 基聚硅氧烷	中极性	药物、多环芳烃、 甾族化合物	DB-17 HP-17 AT-50
OV-225	25%氰丙基，25%苯基 甲基聚硅氧烷	强极性	脂肪酸甲脂、酚类、卤代烃	DB-225 BP-225 HP-225 AT-225
PEG-20M	聚乙二醇－20M	强极性	脂肪酸甲脂、香料、溶剂、 醇及醚、白酒	DB-Wax HP-20 BP-20MAT-Wax

(4) 温控系统

温度是气相色谱分离条件的重要选择参数。汽化室、分离室、检测器三部分在色谱仪操作时均需控制温度，所以气相色谱仪的温控系统包括这三部分的温度控制器件。汽化室的温度需保证液体样品瞬间汽化而又不发生分解，准确控制分离室的温度以确保色谱柱分离的需要，检测器的温度需保证被分离后的组分通过时不在此处冷凝。

气相色谱仪中的色谱柱放置于温度由电子电路精确控制的恒温箱内，通常所说的"柱温"实际上指的就是恒温箱的温度。柱温的选择对气相色谱的分析速度和分离效果都至关重要，样品通过色谱柱的速率与温度正相关。降低柱温可使色谱柱的选择性增大，但升高柱温可以缩短分析时间。柱温越高，样品越快通过色谱柱。但是，样品越快通过色谱柱，它与固定相之间的相互作用就越少，分离效果就越差。所以，柱温的选择是综合考虑分离时间与分离度的结果。

通常来说，对于组分简单的样品，可采用恒温方法分离，即柱温在整个分析过程中保持恒定的方法。但大多数情况下，对样品复杂时均需采用程序升温的方法进行分离，即分离室温度需要按一定控温程序变化，柱温随着分析过程的进行逐渐上升，各组分在最佳温度下得到分离。初温及持续时间、升温速率（温度"斜率"）、末温及持续时间统称为控温程序。程序升温使得较早被洗脱的被分析物能够得到充分的分离，同时又缩短了较晚被洗脱的被分析物通过色谱柱的时间，获得较理想的分离效果，如图 2-47 所示。

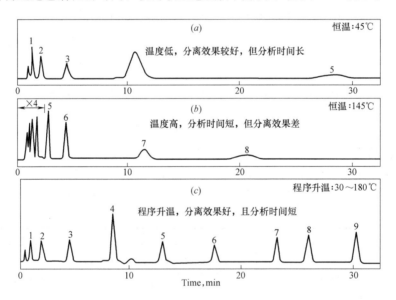

图 2-47 气相色谱仪柱温的选择

(5) 检测记录系统

检测记录系统是指从色谱柱流出的各个组分，经过检测器把浓度（或质量）信号转换成电信号，并经放大器放大后由记录仪显示出最终获得分析结果的装置，它包括检测器、放大器和记录仪。其中检测器是检测记录系统的主要装置，也是气相色谱仪的核心部件，被称为气相色谱仪的"眼睛"。

检测器的种类有很多，根据检测原理可分为浓度型和质量型两类，根据应用范围可分为通用型（对所有物质均有响应）和专属型（对特定物质有高灵敏响应）两类，根据工作过程可分为破坏型和非破坏型两类。常见的检测器有氢火焰离子化检测器（FID）、热导池检测器（TCD）、电子捕获检测器（ECD）、火焰光度检测器（FPD）、氮磷检测器（NPD）、质谱检测器（MSD）等，详见表 2-6。

常见的检测器　　　　　　　　　　　　　　　　表 2-6

符号	TCD	FID	ECD	FPD	NPD	MSD
检测方法	物理常数法	气相电离法	气相电离法	光度法	气相电离法	质谱法
工作原理	热导率差异	火焰电离	火焰电离	分子发射	热表面电离	电离与质量色散结合
类型	浓度型 实用型 非破坏性	质量型 准通用型 破坏型	质量型 选择型 非破坏型	浓度型 选择型 非破坏性	质量型 选择型 破坏型	质量选择型
灵敏度	$\geqslant 2500 mv. ml/mg$	$\leqslant 10^{-11} g/s$	$\leqslant 10^{-13} g/s$	硫$\leqslant 10^{-10} g/s$ 磷$\leqslant 10^{-11} g/s$	氮$\leqslant 5 * 10^{-11} g/s$ 磷$\leqslant 2 * 10^{-12} g/s$	
线性范围	$\geqslant 10^4$	$\geqslant 10^6$	$\geqslant 10^2 - 10^4$	硫$\geqslant 10^2$ 磷$\geqslant 10^3 - 10^4$	10^5	10^5
应用范围	所有化合物	所有化合物	电负性化合物	硫、磷化合物	氮、磷化合物、农药残留	所有化合物（结构决定）

氢火焰离子化检测器，简称氢焰检测器，又称火焰离子化检测器（FID：flame ionization detector），是目前有机物分析中应用最广泛的一种质量型检测器。它主要部件是离子室，H_2（燃气）与载气在进入喷嘴前混合，空气（助燃气）由一侧引入，在火焰上方筒状收集电极（作正极）和下方的圆环状极化电极（作负极）间施加恒定电压（图 2-48）。

FID 检测器的工作原理：当待测有机物由载气携带从色谱柱流出，进入火焰后，在火焰高温（2000℃左右）作用下发生离子化反应，生成的许多正离子和电子，在外电场作用下，向两极定向移动，形成了微电流（微电流的大小与待测有机物含量成正比），微电流经放大后，由记录仪记录下来。

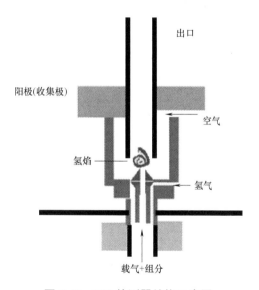

图 2-48　FID 检测器结构示意图

FID 检测器的优点是：结构简单，稳定性好，响应迅速，体积小，线性范围宽，对大多数有机化合物具有很高的灵敏度（比 TCD 检测器高 100～1000 倍），适合于痕量有机物的分析。其缺点是：FID 检测器属于破坏型选择性检测器（只对碳氢化合物产生信号），样品被破坏，无法进行收集，对无机气体、水、四氯化碳等含氢少或不含氢的物质灵敏度低或不响应，不能检测永久性气体及 H_2O、H_2S 等。

使用 FID 检测器的注意事项：①载气、氢气和空气须过滤净化，一般常用分子筛、活性炭和硅胶作为干燥净化剂，定期更换干燥净化剂；②选择 FID 的操作条件时应注意所用气体流量和工作电压，一般 N_2 和 H_2 流速的最佳比为 1：1～1.5：1（此时灵敏度高、稳定性好），氢气和空气的比例为 1：10，极化电压一般为 100～300V；③当分析样品水分太多或进样量太多时，会使火焰温度下降，影响灵敏度，有时甚至会使火焰熄灭；④离子头、管道和离子室必须清洁，不得有有机物污染，否则引起本底电流增大，噪声增大，灵敏度降低，若不清洁，可用水、酒精和苯依次清洗烘干；⑤应在氢气通气半小时以上再点火，以免火点不着，等火点着了后再通尾吹气。

记录系统除了记录仪，还包括数据处理系统，即色谱工作站。目前大多数气相色谱仪均配备操作软件包的工作站，用计算机控制，既可以对色谱数据进行自动处理，又可对色谱系统的参数进行自动控制。

2. 吸附管活化仪和热解吸仪

对于使用吸附管采样的气体样品（如室内空气中的 TVOC 和苯），吸附管活化仪和热解吸仪是气相色谱法定量分析必不可少的辅助设备，二者可以是集成为一体的装置，也可以是互相独立的两台设备。

（1）吸附管活化仪

吸附管活化仪又叫采样管老化炉，是在热解吸仪的基础上，利用升温脱附的原理，对采样吸附管进行活化处理的设备。所谓吸附管的活化处理，就是在采样前对吸附管进行净化预处理，道理和色谱柱的老化处理一样。对需采样的吸附管加热，并在较高温度下（一般在 300℃以上）保持一段时间，吸附管中通入一定流量的氮气，使吸附管中的吸附剂在高温下将其吸附的水分和有机物杂质被载气带走，起到净化吸附剂的作用，从而降低气体样品的本底值。活化仪主要包括加热和控温装置、通气和流量调节装置以及定时装置等几个部分，目前使用比较普遍的活化仪是 BTH-10 型活化仪（图 2-49）。

1）BTH-10 型活化仪

BTH-10 型活化仪具有独立控温系统，不需外接其他任何控温设备，即可独立完成 1-10 支吸附管的活化过程，自带流量计，显示直观，操作简单。适用于民用建筑工程环境检测、大气环境检测的 Tenax-TA 吸附管、活性炭吸附管以及农业及科研项目中采样管等活化处理。该活化仪主要由截断阀、针阀、流量计、控温单元、支架和壳体等部件组成，其气路流程如图 2-50 所示。

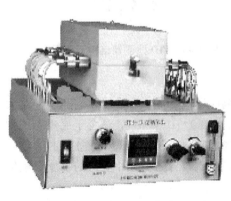

图 2-49 BTH-10 型活化仪

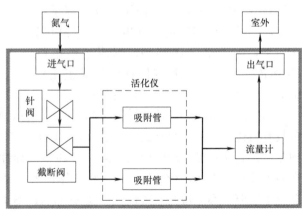

图 2-50 BTH-10 型活化仪的气路图

该活化仪的功能特点：①可同时最多连接处理 10 支采样管；②气体流量 0～1000ml/min 连续可调；③升温速度快，控温范围 50～400℃，控温精度±2℃；④具有定时提醒功能，定时范围 0～99 分钟。

2）使用活化仪的注意事项

① 安装吸附管时需注意气密性，确保无漏气现象。若活化的吸附管数量少于 10 支时，需将多余的接头用加热盒两侧的盲堵密封。

② 氮气流量的设置：一般设定流量为 0.5～1.0L/min。

③ 活化温度的设置：活化温度需根据吸附剂的种类、将要采集的气体样品、热解吸的温度等因素综合考虑。温度太低，不能使吸附剂上高沸点的杂质脱附，吸附管活化不干净；温度太高会使吸附剂的多孔结构坍塌，缩短吸附管的使用寿命。但必须保证活化温度高于热解吸温度，Tenax-TA 吸附管和活性炭吸附管的活化温度一般设在 300～350℃。

④ 活化时间的设置：活化时间可根据氮气流量、活化温度来确定，若氮气流量较大、活化温度较高，活化的时间就可以相应缩短，只要确保吸附管活化干净、气体样品的本底值较低就可以了。Tenax-TA 吸附管和活性炭吸附管的活化时间一般为 30min 以上。

⑤ 活化后的吸附管和加热盒内温度较高，请勿直接用手触摸，以免发生烫伤。

(2) 热解吸仪

利用物理（化学）吸附的方法进行样品的预处理和浓缩，然后进行气相色谱分析的方法叫做吸附浓缩气相色谱法，或者简单地说就是吸附浓缩技术和气相色谱技术的相结合。吸附浓缩气相色谱法包括以下几个主要操作步骤：吸附—解吸—气相色谱分析，室内空气中的总挥发性有机物含量（TVOC）和苯的指标就是按照这个步骤进行测定。分散在液体、固体或气体中的痕量杂质，可以利用优先吸附或吸收的方式从其母体中抽提出来，一般都采用各种吸附剂。而回收被吸附的溶剂（杂质）通常用热解吸或溶剂洗脱两种方法。因此，吸附浓缩气相色谱法不仅能得到更浓的目标分析物，增加痕量组分的浓度，而且还能除去绝大部分的主组分。由于被分析物浓度变高，因此，对载气纯度的要求，对仪器气密性的要求都相对要低一些。正因为如此，热解吸仪（图 2-51）越来越受到人们的重视，尤其在对大气污染、高纯气体、石油化工、食品等分析测试方面成为不可缺少的工具。

热解吸仪又称为热脱附仪，是气相色谱仪对气体样品进行定量与定性检测时的样品前处理设备，其工作原理是：待测的气体样品被吸附在采样管中，对吸附管加热时，吸附在吸附剂上的挥发性有机物会发生脱附，变成有机物蒸汽被收集，然后被一定流量的载气送入气体进样器（六通阀），待测样品随载气按照一定进样量进入色谱柱进行分析。

目前通用的热解吸仪主要包括加热和控温装置、载气和流量调节装置、自动进样装置等几个部分，工作过程包括解吸-进样-反吹三个步骤：

1）解吸过程中，最重要的是选择合适的解吸温度，该温度要求高于色谱柱程序升温的最终温度，确保能流出色谱柱的组分全部被脱附下来。但解吸温度又必须低于吸附管的活化温度，避免将吸附管中高沸点的杂质解吸下来。对于室内空气样品的 Tenax-TA 吸附管和活性炭吸附管，解吸温度一般为 280～300℃。另外，解吸过程中需注意载气流动的方向，应与采样时空气流动的方向相反。

2）热解吸进样，最关键的是使进入色谱柱的样品不发生谱带扩展而保持"塞子"形。在系统接入 GC 的进样器后关闭热解吸系统的载气，待解吸腔升温至终点温度后通入载气，样品随气流以较窄的形式进入色谱系统。解吸后的样品气体通过进样阀以一定量快速进入气相色谱仪中，选择合适的进样时间非常重要，进样时间过短，进样不完全；进样时间太长，色谱峰会变宽，降低分离度，进样时间一般设定为 10S。热解吸进样也可以使用注射器进行手动进样，但重复性较差，目前基本不用。

3）热解吸的反吹过程主要是为了解决样品残留的问题，吸附管上没有完全解吸下来的残留样品在反吹过程中被排掉，其实也是一个吸附管净化的步骤。

图 2-51 中是单只吸附管解吸、手动换样的热解吸仪，目前很多单位也在使用多只吸附管解吸、全自动换样的热解吸仪（图 2-52），重复性较好，自动化程度高，只是价格较为昂贵。

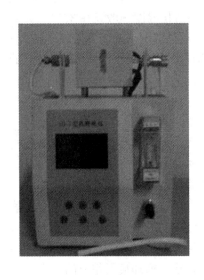

图 2-51　热解吸仪

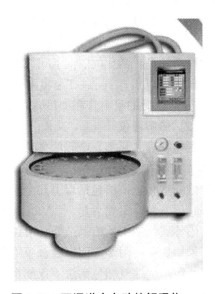

图 2-52　双通道全自动热解吸仪

3. 气相色谱仪的操作规程

以 Agilent 6890N 型气相色谱仪为例，操作过程包括：操作前预备、开机、参数设置、运行样品、数据处理、关机等步骤。

（1）操作前预备

1）色谱柱的检查与安装：首先打开柱温箱门看是否是所需用的色谱柱，若不是，则换上所需色谱柱；

2）检查所有电路是否连接正确；

3）检漏：用检漏液检查柱及管路是否漏气。

（2）开机

1）接通电源，打开电脑，然后开启主机，主机进行自检，自检通过主机屏幕显示 power on successul，双击电脑桌面的"仪器 1 或 2 联机"图标，使仪器和工作连接；

2）打开气源：分别将氮气、氢气、空气三个钢瓶打开，先开总阀，再开减压阀，查看压力表显示是否正常，减压阀的压力一般在 0.3～0.5MPa；

3）打开热解吸仪，设置热解吸的相关参数。

(3) 调用或编辑新方法

1) 若所需的方法工作站内已有保存，则点击"方法→调用方法"，选择所用的方法；

2) 若工作站内没有所需的方法，则点击"方法→编辑完整的方法"，钩选方法信息，仪器参数/数据采集，运行时间顺序表，然后单击"确定"；

3) 泛起"方法注释"窗口，如有需要输入方法信息（方法用途等），单击"确定"；

4) 泛起"选择进样源"窗口，选择"手动或 GC 进样器"，然后选择"前或后"进样口，单击"确定"。

(4) 方法设置

1) "进样器设置"，选择"进样量"和输入"清洗和抽吸"的次数；

2) "进样口"参数设置：输入"进样口温度"，"隔垫吹扫速度"，选择"分流模式或不分流模式或脉冲分流模式或脉冲不分流模式"；假如选择"分流或脉冲分流"模式，输入"分流比"。完成后单击"确定"；

3) "CFT 设置"参数设置：选择"恒流或恒压模式"，并输入"柱流速或压力值"。完成后单击"确定"；

4) "柱温"参数设置。选择"柱箱温度为开"；输入恒温分析或者程序升温设置参数；如有需要，输入"平衡时间"，"后运行时间"。完成后单击"确定"；

5) "检测器"参数设置。钩选"检测器温度"，"氢气流速"，"空气流速"，"尾吹 N_2 速度"，"点火"和"静电计"，并对前四个参数输入分析所要求的量值。完成后单击"确定"；

6) 方法编纂完成。储存方法：单击"方法"菜单，选中"方法另存为"，输入新建方法名称，单击"确定"完成。

(5) 编辑及样品运行

1) 从"序列"菜单中选择"序列参数"选项，输入操纵者名称，在"子目录"输入保留文件夹名称，并选择"自动"或者"前缀/计数器"，完成后单击"确定"；

2) 从"序列"菜单中选择"新建序列"选项，选择"前或后"注射器，输入对应的样品瓶位、样品名称、方法名称、进样次数、样品类型、样品量、稀释倍数、进样量等。然后点击"确定"，从"序列"菜单中选择"序列另存为"选项，输入序列名称，点击"确定"；

3) 待工作站提示"准备就绪"且仪器基线平衡后，从"运行控制"菜单中选择"运行序列"选项，开始进样采集数据。

(6) 数据处理

双击电脑桌面的（仪器 1 或 2 脱机）图标，进入色谱工作站。

1) 查看数据

① 选择数据：单击"文件"-"调用信号"，选择要处理的数据的"文件名称"，单击"确定"；

② 选择方法：单击打开图标，选择需要的方法的"方法名称"，单击"确定"。

2) 积分

① 单击菜单"积分"-"自动积分"。积分结果不理想，再从菜单中选择"积分"-"积分事件"选项，选择合适的"斜率灵敏度"，"峰宽"，"最小峰面积"，"最小峰高"；

② 从"Integration"菜单中选择"Integrate"选项,则按照要求,数据被重新积分;

③ 如积分结果不理想,则重复①和②操作,直到满足为止。

(7) 建立新校正曲线

1) 调出第一个标样谱图:单击菜单"文件"-"调用信号",选择标样的"文件名称",单击"确定";

2) 单击菜单"校正"-"新建校正表":弹出"校正"窗口,选择"自动设置",根据需要输入"校正级",和"含量",或者接受默认选项,单击"确定";

3) 假如(2)中没有输入"含量",则在此时输入,并输入"化合物名称";

4) 增加一级校正:单击菜单"文件"-"调用信号",选择另一标样的"文件名称",单击"确定"。然后单击菜单"校正"-"添加级别",并重复(3)步骤;

5) 若使用多级(点)校正表,重复(4)步骤;

6) 方法储存:单击"方法"菜单,选中"方法另存为",输入新建方法名称,单击"确定"完成。

(8) 关机

1) 仪器在测定完毕后,将检测器熄火,封闭空气、氢气,将炉温降至50℃以下,检测器温度降至100℃(最好50℃)以下,关闭载气。将工作站退出,然后关闭所有气源。

2) 做好使用登记记录,如仪器在使用过程中出现异常情况,需记录在册,并立刻告知仪器负责人。

4. 气相色谱仪的日常维护

(1) 气路系统的日常维护

载气系统主要包括气源(气体钢瓶或发生器)、减压阀、限流器、净化器、载气管路等部分,载气系统最主要的维护工作就是检漏和净化器的维护。

1) 气路气密性检查

气密性检查是一项十分重要的工作,若气路有漏,不仅直接导致仪器工作不稳定或灵敏度下降,而且还有发生爆炸的危险。更换钢瓶时减压阀安装不当就会发生泄漏,或者管路接头的橡胶密封圈由于长时间使用老化也会造成气密性不好。所以检漏工作应定期作,周期视实际情况而定,无异常情况下管路接头一般4～6个月检漏一次,减压阀等部位每次更换气瓶后都需要检漏,当仪器出现异常如无压力或气压不够时,也需要进行检漏。

检漏可采用厂家提供的检漏液或者自行配制肥皂水振摇起泡,涂抹在管路连接或阀等有缝隙的地方,打开气源后查看涂抹的肥皂水是否有气泡产生。可先排查气瓶连接处是否有漏气,用肥皂水逐个接头检漏。查不出原因时,可能是主机内气路有漏,应联系工程师。查漏时需要注意的是,不要将载气管路长时间放空,应使用堵头堵住两端,尽量避免空气进入载气管路。还有不要把检漏液洒在电气线路上,特别是检测器和加热器的导线上。将肥皂液滴落在电路元件上,涂抹在管路上的检漏液应尽快擦干,以除去皂膜。

2) 净化器的维护

气体净化器有很多种选择,主要有氧气净化器、水分净化器、烃类净化器、综合净化器等,根据需要可独立使用,也可以几个净化器同时使用组成气路的净化系统(图2-53)。

净化器在载气系统中作用很大,可以帮助去除气源中污染设备和影响分析结果的水分、烃类、氧气等杂质,还可以吸附由于泄漏而进入管道里的杂质。若气体不纯,不但会

污染样品，出现鬼峰，而且色
谱柱与氧气和水分的持续接触，
特别是在高温下，将会迅速导
致色谱柱的严重损坏。

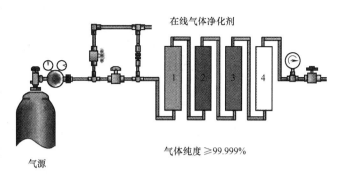

在线气体净化剂

气体纯度≥99.999%

图 2-53 气体净化系统

除了部分水分及烃类净化
管可以再生处理以外，一般均
为一次性使用，寿命示实际情
况而定。可再生类净化管一般
有显色指示，根据指示确定是
否需要再生处理，再生处理步
骤为取出吸附剂，烘箱中加热
烘烤，最后干燥冷却后重新填装连接管路。净化器的更换和处理周期应根据使用频率而
定，一般为 3～5 瓶气体维护一次。

(2) 进样系统的日常维护

进样系统包括进样器、进样垫、衬管和 O 形圈等，每个部件的污染和损坏都会影响
色谱分析结果。在日常分析中，由于进样失败导致峰形变宽、保留时间改变，而使分析结
果不准确或无效是常有的事，根据 GC 故障统计，90％的问题都发生在进样口。室内环境
检测必备的热解吸仪与色谱仪的进样口连接，虽然不是色谱仪的一部分，但平时也需进行
维护。

1）隔垫

隔垫是气相色谱仪最常用的消耗品之一，其作用是将样品流路与外部隔开，进样针插
入时，能保持系统内压，防止泄漏，避免外部空气渗入，污染系统。隔垫一般由耐高温、
惰性好、气密性好的硅橡胶制成。由于进样针的反复穿刺，加上进样口的高温使隔垫老
化，很容易造成隔垫气密性下降。

如果隔垫漏气，保留时间会偏移（载气泄露，实际达不到设定压力），响应值会降低
或峰面积的重复性变差（样品可能从泄漏处跑掉），检测出鬼峰（进样垫的碎屑污染），而
且空气会扩散入进样口造成色谱柱损伤，检测器的信号噪声也会增大。

隔垫的使用寿命由进样频率和隔垫的质量决定，不同厂家不同材质的隔垫寿命不同，
一般隔垫可达到 100 次进样以上寿命，特殊隔垫（如 Agilent BTO）可达 400 次以上寿
命。进样针头上的毛刺、尖锐的边缘、粗糙的表面或针头钝都会降低隔垫使用寿命。如发
现进样口压力下降，可检查是否隔垫磨损严重，密封性变差，必要时进行更换。

更换隔垫时应先将进样口的温度降下来，用镊子操作，避免用手直接接触污染隔垫。
需要注意的是：安装更换隔垫时螺帽不要拧得过紧，否则会导致隔垫过于收缩、变硬，进
样隔垫更容易产生碎屑，寿命大幅下降，一般以不漏气稍紧一些即可。

2）玻璃衬管

玻璃衬管是进样口的中心，主要起到样品汽化室的作用，样品在衬管中汽化并被带入
色谱柱中，衬管有去活和不去活之分，也有分流/不分流之分。由于长期使用，汽化室和
衬管内会聚集大量的高沸点物质，导致峰形变差、溶质歧视、重现性差、样品分解、出现
鬼峰等结果。因此要定期对汽化室和衬管进行清理（图 2-54）。

汽化室的清洗比较简单，即卸掉色谱柱，在加热和通气的情况下，由进样口注入无水乙醇或丙酮，反复几次，最后加热通气干燥。衬管的维护保养主要是清洗、硅烷化和合理使用玻璃棉。

① 清洗：实验室内最好有干净的可替衬管，在衬管污染后可以及时更换。如考虑到经常更换新的玻璃衬管成本比较高，也可以定期对衬管进行清洗。一般清洗主要用纯水、甲醇或无水乙醇等冲洗或超声清洗，污染严重时可把衬管浸入浓铬酸溶液中浸泡 24 小时后，再用蒸馏水清洗干净，甲醇润洗，70℃烘干后干燥冷却密封存放即可。

② 硅烷化：它可以消除载体表面的硅醇基团，减弱生成氢键作用力，使表面惰化，是消除载体表面活性最有效的办法之一。一般的方法是

图 2-54　玻璃衬管的维护

用 5～8％硅烷化试剂的甲苯溶液浸泡或回流 1 个小时以上，然后用无水甲醇洗至中性，烘干备用。常用的硅烷化试剂有二甲基二氯硅烷（DMCS）、三甲基氯硅烷（TMCS）和六甲基二硅氨烷（HMDS）。以 DMCS 的硅烷化效果最好，HMDS 其次，TMCS 较差。

③ 使用玻璃棉：在大部分的实际应用中，通常可以在衬管里面填充一定量的玻璃棉以增加样品的汽化效率，同时还可以起到防止隔垫碎屑堵塞色谱柱的作用，但是如果玻璃棉未经去活或断点较多，会使得活性点增加，起到反作用。以下应用不推荐使用玻璃棉：酚类、有机酸类、农药类、胺类、滥用药物类、反应性极性化合物类、热不稳定化合物等。

3）O 形橡胶圈

O 形橡胶圈是套在玻璃衬管外使用，作用是密封进样口顶部和底座及衬管。长期在高温下使用 O 形圈会固化，不能起到密封作用。因此每次更换衬管或者 O 形圈漏气时都需要更换 O 形圈，若经常在高温下使用进样口，应当用石墨 O 形圈，虽然其使用寿命较长，但最终还会硬化，也应经常检查更换。

4）分流平板和金属垫片（SSI）

分流平板位于玻璃衬管下方，起密封和限流等作用，有纯铜、不锈钢、镀金等材质，以镀金最好。定期或按需检查，有污染情况可卸下用纯水或有机溶剂超声清洗，可用棉签轻柔擦拭表明，不可用硬物划伤上表面。若污染情况过于严重，也可以更换新的分流平板和金属垫片。

金属垫片起密封色谱柱与衬管连接处作用。一般为纯石墨、特氟隆、金属、按比例添加 Vespel 或 100％Vespel 等物质。纯石墨材质一般都是一次性使用，如果密封效果还可以，也可多次使用。其他材质可多次使用，以密封不漏气为准。

(3) 色谱柱的老化

室内环境检测所用的色谱柱为毛细管色谱柱，它是气相色谱分析的核心部件之一。正确使用和维护色谱柱对气相色谱分析结果的准确性和延长色谱柱的使用寿命至关重要，因

此分析人员必须掌握色谱柱的正确维护方法，其中最重要的一项就是色谱柱的老化。

1）毛细管色谱柱的老化

色谱柱使用一段时间以后，或者新的色谱柱使用之前，都需要从室温程序升温到最高温度，并在高温段保持数小时，氮气流中将残余在色谱柱中溶剂和低沸点杂质赶走，这个过程称为色谱柱的老化。

色谱柱的老化不仅可以除去残留在柱中的杂质，起到净化的效果，而且可以使固定液在载体表面分布得更均匀，有更好的柱效。新色谱柱在样品分析之前必须进行老化，旧的色谱柱如果长时间未用，或者使用过程中出现基线不稳、鬼峰和噪声，都应该进行老化。

老化时，应关闭检测器以及空气和氢气，用无孔垫圈和柱螺帽盖上检测器接头，色谱柱的一端连接进样口，另一端放空，不与检测器连接。将氮气流压力调节合适，并在室温下通入柱内约 15～30min，以赶走柱内空气，再将柱箱以 10℃/min 左右的升温速率升温，升至平时使用的最高温度以上 30℃左右（一般约为 280℃左右），保持 1h 左右即可。

毛细管色谱柱老化的时候需要特别注意的是：柱温不能高于固定液允许的最高使用温度，否则会造成固定液大量挥发流失。即使正常的色谱柱老化，也不能过度频繁，毕竟高温时固定液还是会有少量流失，对色谱柱的使用寿命影响较大。

2）色谱柱使用过程中需注意的其他问题

① 在没有载气通过时，柱固定液热分解较迅速，所以在柱箱升温前应该先通上载气，柱箱冷却后才能把载气关上。

② 在大多数情况下，柱的寿命与它的使用温度成反比。所以在达到分离效果以后，使用较低的温度或缩短程序升温到较高温度所维持的时间，可显著提高色谱柱的寿命。

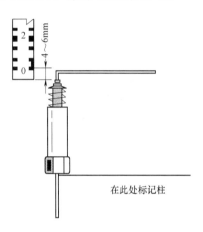

在此处标记柱

图 2-55　色谱柱的安装示意图

③ 色谱柱头的石墨垫起密封的作用，使用一段时间需要更换，石墨垫有较好的变形性，适合各种外径的色谱柱，更换时柱帽不用过分拧紧。

④ 色谱柱出口端与检测器连接，要注意毛细管柱插入的长度。如安装不当，会造成理论塔板数降低、峰形增宽或拖尾、灵敏度降低等后果。插入深度要超过尾吹和 H_2 气的进口，而且应尽可能将柱出口端插到 FID 的喷嘴下面 1mm 处，一般在柱垫圈上端以上留出 4～6mm 的柱长度（图 2-55）。

⑤ 毛细管色谱柱切勿划伤，划伤后的柱子可能由于高温加热而足以使之从划痕处断裂。

⑥ 长时间不使用的色谱柱，保存时应使用专用的堵头堵上柱子两端，以保护柱子中的固定液不被氧气和其他污染物所污染。

(4) 检测器的维护保养

室内环境检测规定使用的气相色谱检测器为氢火焰离子化检测器（FID），它在平时的使用过程中有时受固定液流失及样品中高沸点成分、易分解及腐蚀性物质的作用而被污染，从而影响分析结果的准确性。因此对于检测器的清洗也是日常分析工作中一个重要的环节，正确的维护与保养可延长检测器的使用寿命。

FID 检测器的维护工作大部分围绕清洗喷嘴进行。因为检测器的长期使用会使高沸点物质沉积在喷嘴附近，形成污染物。所以检测器的温度设置不应低于色谱柱实际工作的最高温度，以减缓污染物的沉积速度。一旦检测器被污染或堵塞，轻则灵敏度下降或噪声增大，重则点不着火。具体的解决办法是喷嘴的定期清洗或更换。

1）喷嘴的更换

当喷嘴已经被严重污染时，更换一个新的喷嘴比清洗脏喷嘴要方便得多。重新组装检测器时也要小心，否则会再度污染，装入仪器后，先通载气 30min，再点火升高检测室温度，最好先在 120℃保持几小时，再升至正常工作温度。

2）喷嘴的清洗

当污染不太严重时，可不必卸下来清洗，只需要将色谱柱取下，用一根管子将进样口与检测器连接起来，然后通载气并将检测器炉温升至 120℃以上，从进样口先注入 20μL 左右的蒸馏水，再用少量的丙酮溶剂进行清洗。在此温度下保持 1～2h 以后检查基线是否平稳，若仍不满意，可重复上述操作或拆卸下来清洗。

当污染比较严重时，必须拆卸下来清洗。先卸下收集极、极化极、喷嘴等，收集极、极化极可用无水乙醇浸泡擦洗，底座和喷嘴用有机溶剂反复冲洗，通气管路也要彻底清洗，喷嘴口要平整光滑，如有毛刺可用油石或什锦锉、砂纸打磨光滑，再用乙醇反复冲洗，然后用热冷风交替吹干。清洗完后，所有的配件禁止用手接触，安装时要戴干净手套，所有的工具用前要清洗干燥。

装配时要恢复原状，做到俯视喷嘴、极化极、收极集三者同心，侧视极化极与喷嘴口二者处于同一水平。另外，喷嘴不要拧得太紧，拧得太紧会造成喷嘴和基座永久性的变形和损坏。

3）点火器的更换

FID 检测器使用过程中除了需要定期维护喷嘴，还应注意点火组件。若出现检测器无法正常点火，则很可能是点火器损坏，需及时更换。更换时需关闭所有气体，将检测器冷却至室温，然后关闭仪器电源，断开连接器电缆，用扳手更换点火器。另外，检测器无法正常点火，也可能是检测器内积水或氢气不纯造成。

(5) 仪器内部的吹扫清洁

气相色谱仪在长期使用后，内部组件包括电路板都会附着大量灰尘，应定期进行吹扫清洁。在仪器关机后，切断电源，打开仪器的侧面和后面面板，用压缩空气或氮气对仪器内部灰尘进行吹扫，对积尘较多或不容易吹扫的地方可用软毛刷配合处理。吹扫完成后，对仪器内部存在有机物污染的地方用水或有机溶剂进行擦洗，清洗电路板时应戴绝缘手套操作，防止静电或手上的汗渍等对电路板上的部分元件造成影响。注意，在擦拭仪器过程中不能对仪器表面或其他部件造成腐蚀或二次污染。

2.6.3　气相色谱工作站的定性和定量分析方法

色谱工作站（Chromatographic Station），是一种辅助色谱仪器采样、收集色谱检测器当中的电压信号数据分析处理的工作站辅助软件，具有谱图处理、自动化分析、定性及定量分析、自定义报告输出、数据统计、数据库建立、系统适应性评价等功能，是整个色谱仪器的"指挥部"。需要说明的是：不同的仪器生产厂家，或同一厂家的不同型号的仪器，其工作站的模块、使用方法以及具有的功能都有很大的区别。目前使用比较普遍和功能比较完备的气相色谱工作站主要有岛津气相色谱工作站（日本）GC-Solution、安捷伦气相色谱工作站（美国）Agilent GC ChemStation、戴安/赛默飞世尔色谱工作站（美国）Chromelon 等。

1. 工作站的参数设置

气相色谱法研究的核心就是选择最适合的色谱体系和条件、在最短的时间达到最佳的分离效果。在确定了色谱柱、检测器等基本的器件以后，分离温度、载气流量等参数的选择对最终的分离效果和检测结果也至关重要。对于通常的气相色谱仪，这些基本的参数都可以在色谱工作站中进行设置。

以 Agilent 7820A 型气相色谱仪为例，参数的设置主要包括：自动进样器、进样口、色谱柱、柱箱、检测器等五个模块中相关参数的设定（图 2-56）。

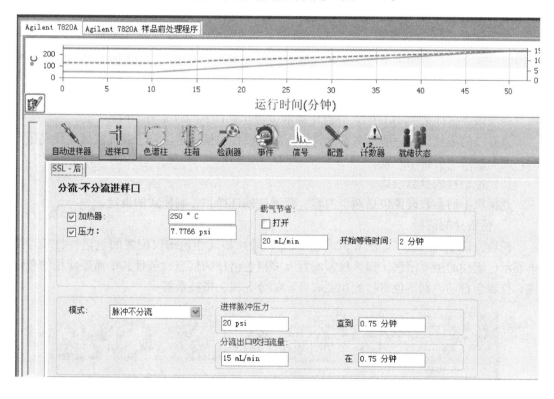

图 2-56　气相色谱工作站中的参数设置

（1）自动进样器的参数设置

此模块的参数设置主要是针对配有自动进样器的气相色谱仪而言，与"序列"模块中的参数设置大体一致，相关参数若已经在序列模块中设定，在此不需重复设置。此模块中主要设置的参数为进样量、清洗和抽吸的次数。

进样量一般设定为 $1\sim2\mu L$，特殊情况下可设为 $5\mu L$。若进样量过大，使色谱柱超载，柱效急剧下降，峰形变宽；进样量过小，检测器的响应信号没有足够的强度，峰高或峰面积与进样量的线性关系被破坏。所以进样量应控制在柱容量允许范围及检测器线性检测范围之内。

清洗和抽吸的次数一般均设定为 3 次，二者也可以设定为不同的次数，根据实际的需要选择，如对于清洗比较困难的试样，清洗次数也可设为 6 次。

对于没有配备自动进样器的气相色谱仪，则需要使用专用的微量注射器进行手动进样或使用热解吸仪辅助进样。手动进样过程中需准确抽取进样体积、迅速推送试液，而且要注意动作的准确和连贯性，总而言之，手动进样的技巧完全靠平时实际操作的积累，没有捷径可走。

(2) 进样口的参数设置

若气相色谱仪配有多个进样口，应先选择需要使用的进样口，选择进入相应模块后再进行参数设定。对于进样口设置，最重要的参数就是进样口的汽化温度。进样口温度过低，将导致样品中高分子量的组分汽化不完全，并且不能有效转移到色谱柱中；进样口温度过高，导致热稳定性差的化合物分解。所以汽化温度一般设为比色谱柱最高温度高20～30℃即可。

对于分流/不分流进样模式 (SSI)，需要考虑进样量、色谱柱的负载能力以及检查方法的要求等各因素来确定选择"分流模式"或"不分流模式"。如检测室内空气中的苯和TVOC，就需要选择"不分流模式"进样。但对于大多数液体样品，一般都要选择"分流模式"，此时就需要设置"分流比"。分流比的大小可根据实际进样需要设定，对于毛细管柱气相色谱，进样量为 $1\mu L$ 时，分流比通常设置在 5：1～50：1 范围内。

进样口的载气压力一般不需设定，因为在色谱柱的模块中设定了载气流量或载气压力后，此参数系统会自动配置。

(3) 色谱柱的参数设置

此模块中的参数设置包括两个内容：色谱柱的选择和控制模式的设定。

1) 色谱柱的选择

模块窗口左侧列表（如图 2-57 中箭头标识处）是气相色谱仪配置的色谱柱目录，简单显示色谱柱的主要信息。如果仪器配置有多根色谱柱的信息，选择其中需要使用的色谱柱，仪器会自动识别该色谱柱的相关属性，如分配比、塔板数等。

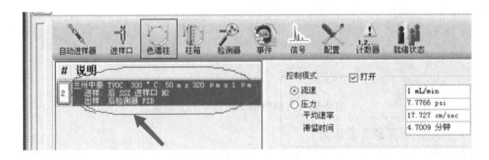

图 2-57　色谱柱的参数设置

如果列表中没有需要的色谱柱，可以点击"配置"模块，在配置窗口的列表中手动输入需要使用的色谱柱的相关信息，如柱长、内径、膜厚、固定相、最高使用温度等。点击"确定"后回到色谱柱模块窗口，会发现需要的色谱柱已经出现在左侧列表中，选择即可。

注意：如果色谱仪中安装的色谱柱不是你选择的色谱柱，需要提前更换色谱柱。更换色谱柱时须参考色谱柱更换的相关注意事项，按照正确的方法操作，否则会降低柱效或损坏色谱柱。

2）控制模式的设定

控制模式主要是指色谱柱内载气流速的控制模式，因为载气流速对分离结果至关重要。载气流速越高，分析速度越快，但是分离度越差；载气流速过低，对分离度有利，但分析速度慢。因此，最佳载气流速的选择与柱温的选择一样，都需要在分析速度与分离度之间取得平衡。

控制模式分为恒流模式和恒压模式，恒流模式是载气在色谱柱内以设定的流量恒定流过，恒压模式同理。通常情况下选择恒流模式，载气流速设为 1～2mL/min。

(4) 柱箱的参数设置

柱箱是气相色谱柱的控温室，所以柱箱的参数主要是用来控制色谱柱的温度变化情况，设置柱箱的参数主要就是设计合理的升温过程，因为色谱柱的分离效果很大程度上取决于色谱柱的升温程序。柱温的选择主要取决于样品的性质，对于组分简单的样品，可用恒温过程分离，柱温一般设为主要组分沸点以上 10～30℃。但大多数情况下均采用程序升温的方式进行分离，特别是对于组分复杂的样品或者宽沸程的混合样品，程序升温能在较短的分析时间内得到更好的分离效果。初始温度、升温速率、终点温度、运行时间等参数的确定，称为升温程序，需在模块窗口中的表格内设定（图 2-58）。

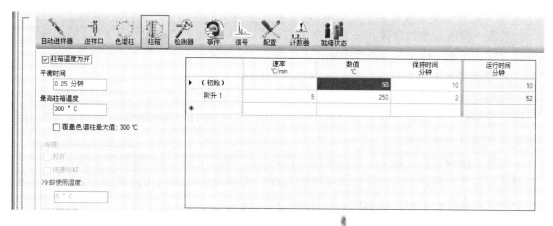

图 2-58　柱箱的参数设置

初始温度一般设为 50℃以上，因为固定液在 50℃以下可能会固化。升温速率一般为 5～20℃/min，终点温度通常在 300℃以下，运行时间需要根据高沸点组分的分离情况确定。需要注意的是：终点温度应低于色谱柱最高使用温度 30～50℃，且在高温段的运行时间应尽量短，以免造成固定液的大量流失。如室内环境检测用的毛细管色谱柱内填充聚二甲基硅氧烷固定液，使用温度上限为 325℃，而国标规定的程序升温最高为 250℃，如按此例设置，可延长色谱柱的使用寿命。

另外，平衡时间一般为 0～3min，最高柱箱温度通常高于程序升温的终点温度，低于色谱柱的最高使用温度。

(5) 检测器的参数设置

与进样口一样，有的气相色谱仪配有多个检测器，应先选择需要使用的检测器，再进行参数设定。检测器的参数设置主要包括两个方面：检测器的温度设定和气体流量的设置。

1）检测器的温度设定

温度对 FID 检测器的灵敏度没有明显的影响，实验证明，从 80~180℃灵敏度几乎没有变化。但在低于 100℃时，灵敏度受冷凝水蒸气的影响显著降低，噪声也增加。所以，检测器的温度通常是进样口、色谱柱以及检测器三者之中温度最高的，为了防止样品在检测室冷凝，通常检测器的温度设置应高于色谱柱实际工作的最高温度 20~50℃，同时不应低于 120℃，以防止检测器积水。但也不宜将检测器的温度设置过高，因为过高温度的长时间运行，可能对仪器的某些元器件的寿命有影响，所以综合考虑，检测器的温度一般设为 120~320℃范围内。

2）气体流量的设置

除了汽化分离后的样品组分，通入 FID 检测器的气体有三种：氮气（载气）、氢气（燃烧气）、空气（助燃气）。氮气与氢气的流量比例对 FID 的灵敏度有直接影响，氮气和氢气预混合以后进入喷嘴，二者比例不同，FID 的响应强度明显不同。而且不同生产厂商的产品结构设计不同，所需 N_2/H_2 的最佳比例也不同，所以对于每一台仪器、每一个检测器，只能通过实测确定。

对于一般的 FID 检测器，较优的流量比例为氮气：氢气：空气＝1：1~1.4：8~15，各自的流量通常为：氮气 20~30mL/min，30~40mL/min，300~400mL/min。

最后，将所有参数设置完成，单击"方法"菜单，选中"方法另存为"，输入新键的方法名称，单击"确定"，完成方法储存。

2. 定性分析方法

气相色谱主要功能不仅是将混合有机物中的各种成分分离开来，而且还要对结果进行定性定量分析。所谓定性分析就是确定分离出的各组分是什么有机物质，而定量分析就是确定分离组分的量有多少。

气相色谱的定性分析主要有保留值定性法、化学试剂定性法和检测器定性法等。气相色谱的保留值有保留时间和保留体积两种，现在大多数情况下均用保留时间作为保留值。由于各种物质在一定的色谱条件下均有确定的保留值，即在同一时间出峰，因此保留值可作为一种定性分析的依据，目前各种色谱定性方法都是以此为基础的。

但必须注意：不同物质在同一色谱条件下，可能具有相似或相同的保留值，即保留值并非专属的，因此仅根据保留值对一个完全未知的样品定性是困难的。如果在了解样品的来源、性质、分析目的的基础上，对样品组成作初步的判断，再结合下列的方法则可确定色谱峰所代表的化合物。

(1) 利用纯物质对照定性

在一定的色谱条件下，一个未知组分只有一个确定的保留时间。因此将已知纯物质在相同的色谱条件下的保留时间与未知组分的保留时间进行比较，就可以定性鉴定未知物。若二者相同，则未知物可能是已知的纯物质；不同，则未知物就不是该纯物质，如图2-59所示。

这一方法是最常用、最可靠的定性分析方法，简便快捷。但此方法只适用于组分性质已有所了解，组成比较简单，且有纯物质的未知物的定性分析。

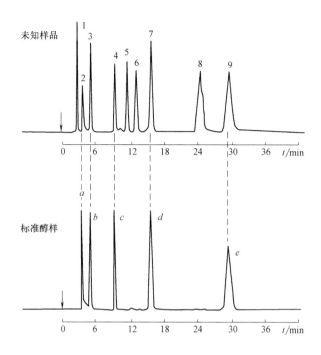

图 2-59　已知纯物质与未知样品对照定性分析示意图

(2) 相对保留值法

相对保留值 α_{is} 是指组分 i 与基准物质 s 调整保留值的比值,如式 (2-35):

$$\alpha_{is} = \frac{t'_{ri}}{t'_{rs}} = \frac{V'_{ri}}{V'_{rs}} \tag{2-35}$$

α_{is} 仅随固定液及柱温变化而变化,与其他操作条件无关。相对保留值分析方法就是在某一固定相及柱温下,分别测出组分 i 和基准物质 s 的调整保留值,再按上式计算即可。用已求出的相对保留值与文献相应值比较即可定性。

通常选容易得到纯品的,而且与被分析组分相近的物质作基准物质,如正丁烷、环己烷、正戊烷、苯、对二甲苯、环己醇、环己酮等。

(3) 加入已知物增加峰高法

当未知样品中组分较多,所得色谱峰过密,用上述方法不易辨认时,或仅作未知样品指定项目分析时均可用此法。

首先作出未知样品的色谱图,然后在未知样品加入某已知物,又得到一个色谱图,峰高增加的组分即可能为这种已知物。

(4) 保留指数法

保留指数 I,又称为柯瓦(Kováts)指数,是一种相对保留值,是把物质的保留行为用两个最靠近它的标准物(一般为两个正构烷烃)来标定,并以两个标准物的调整保留值的对数作为相对的尺度,并假定正构烷烃的保留指数为 $n \times 100$。某被测物的保留指数值可用式 (2-36) 计算:

$$I_i = 100 \times \left(\frac{\lg X_i - \lg X_Z}{\lg X_{Z+1} - \lg X_Z} + Z \right) \tag{2-36}$$

保留指数表示物质在固定液上的保留行为，是目前使用最广泛并被国际上公认的定性指标。它具有重现性好、标准统一及温度系数小等优点。

由于 I 的值与温度之间呈线性关系，所以可方便地用内插法或外推法求出文献测定条件下的 I 值而进行定性分析，无须标准物质。

(5) 与其他方法联用的定性分析法

对于比较复杂的混合物进行定性分析（如天然产物提取成分），需要经色谱柱分离后，再联合质谱、红外光谱或核磁共振等仪器进行定性鉴定。另外，还可以对一些特殊官能团化合物进行化学反应，然后再进行试探性辨别。还可以利用气相色谱检测器的选择性进行定性分析等。

3. 定量分析方法

气相色谱是一种强有力的分离技术，但其定性鉴定分析能力相对较弱，对有机物各组分定量分析才是气相色谱的强项，其准确性远远超越光谱和质谱等仪器对有机物组分的定量分析。所谓定量分析就是要通过气相色谱测试有机混合样品中各种组分的准确含量。

气相色谱的定量分析是指在某些条件限定下，仪器检测系统的响应值（色谱峰面积）与相应组分的量或浓度成正比关系，如式（2-37）：

$$m_i = f_i \times A_i \tag{2-37}$$

式中　m_i 为被测组分 i 的质量；A_i 为被测组分 i 的峰面积；f_i 为被测组分 i 的校正因子，本式是气相色谱定量的依据。

由此可知：气相色谱的定量分析首先要取得很好的分离效果，即有机混合物中的各组分要被完全分离开，没有很好分离的气相色谱结果是不能进行定量分析的。其次要解决色谱峰面积和组分重量的关系问题，这方面涉及色谱峰面积准确测量，定量校正因子和定量计算方法三个根本性问题。因此，气相色谱的定量分析实质上就是如何测定色谱峰面积，并在确定定量校正因子的基础上选择合适的定量计算方法。

(1) 色谱峰面积测量

峰面积是色谱图提供的基本定量数据，峰面积测量的准确与否直接影响定量结果。由于峰面积的大小不易受操作条件如柱温，流动相的流速，进样速度等因素影响，故峰面积更适合作定量分析的参数。测量峰面积的方法分为手工测量和自动测量两大类，对于不同峰形的色谱峰采用不同的测量方法。

1) 对称峰面积的测量

对于完全分开并且对称的标准色谱峰面积，等于峰高 h 乘以半峰高宽 $W_{h/2}$，式（2-38）：

$$A = 1.065 \times W_{h/2} \times h \tag{2-38}$$

2) 不对称峰面积的测量

大多数情况下气相色谱峰并不是理想的，如仍按照对称峰测量，误差就较大，因此采用峰高 h 乘以平均峰宽法，如式（2-39）：

$$A = h \times \frac{(W_{0.15} + W_{0.85})}{2} \tag{2-39}$$

式中 $W_{0.15}$ 和 $W_{0.85}$ 分别为峰高 0.15 倍和 0.85 倍处的峰宽。现在的气相色谱仪都有计算机数据处理系统，使用积分仪，在设定合适的参数后就可以直接给出色谱峰面积数据。

(2) 定量校正因子

定量分析的依据是被测组分的量与响应信号成正比，校正因子是定量计算公式中的比例常数。同一含量的不同物质，由于其物理、化学性质的差别，即使在同一检测器上产生的信号大小也不同，直接用响应信号定量，必然产生较大误差。换言之：两组分的峰面积相同，并不意味着两组分的含量相同。为了使峰面积能真实反映出物质的质量，就要对峰面积进行校正，即在定量计算时引入校正因子。

校正因子分为绝对校正因子和相对校正因子，式 $m_i = f_i \cdot A_i$ 中的校正因子为绝对校正因子，但绝对校正因子在定量分析时难以精确求出，因此经常使用相对校正因子 f_i'。

相对校正因子为被测组分 i 的绝对校正因子与标准物质 s 的绝对校正因子的比值，如式（2-40）：

$$f_i' = \frac{f_i}{f_s} = \frac{m_i/A_i}{m_s/A_s} = \frac{m_i}{m_s} \times \frac{A_s}{A_i} \tag{2-40}$$

相对校正因子 f_i' 值与被测物和标准物以及检测器的类型有关，而与操作条件无关。气相色谱仪的检测器不同，所选用的标准物质不同，常用的标准物质为：对热导检测器（TCD）是苯，对氢火焰离子化检测器（FID）是正庚烷。人们通常将相对校正因子中"相对"二字省略，习惯上仍称校正因子。

f_i' 值可自文献中查出引用，也可以自己测定。相对校正因子的测定方法：准确称取被测组分的纯物质和标准物质，配制成已知浓度的标准样品，在一定的色谱条件下准确进样，得到被测组分和标准物质的峰面积，利用上述公式即可计算出 f_i' 值。测定 f_i' 值最好使用色谱纯试剂。

（3）定量计算方法

在得到气相色谱峰面积和相应的定量校正因子后，就可以选择合适的计算方法对相应的组分进行定量分析了。气相色谱的定量分析一般采用归一化法、内标法和外标法三种方法，在实际工作中采用何种方法，应根据实际的需要加以选择。

1）归一化法

归一化法是将样品中所有出峰组分的含量之和按 100% 计算，以它们相应的色谱峰面积或峰高（响应信号）为定量参数的计算方法，计算式如式（2-41）：

$$x_i = \frac{m_i}{m_总} \times 100\% = \frac{A_i f_i'}{\sum\limits_i^n A_i f_i'} \times 100\% \tag{2-41}$$

若样品中组分是同分异构体或同系物，校正因子近似相等，就可以不用校正因子，直接将面积归一化，此时又称为面积百分比法，即可按式（2-42）计算：

$$x_i = \frac{A_i}{\sum\limits_i^n A_i} \times 100\% \tag{2-42}$$

归一化法的优点是简单、准确，进样量的多少与结果无关，仪器与操作条件对结果影响不大，是一种常用的定量方法。但使用这种方法的条件是样品中所有的组分均能流出色谱柱且有较好分离度的色谱峰。此法的缺点是某些不需要定量的组分也必须测出其峰面积和校正因子，对测量低含量尤其是微量杂质时，误差较大。

2）内标法

内标法是将一定量的纯物质作为内标物加入到准确称量的试样中，然后对含有内标物的样品进行色谱分析，根据试样和内标物的质量以及被测组分和内标物的峰面积可求出被测组分的含量。

由于被测组分与内标物质量之比等于峰面积之比，如式（2-43）：

$$\frac{m_i}{m_s}=\frac{A_i f_i}{A_s f'_s}\qquad(2\text{-}43)$$

可得出式（2-44）：

$$m_i=\frac{m_s A_i f'_i}{A_s f'_s}\qquad(2\text{-}44)$$

式中下标 s 代表内标物，i 代表被测组分。若试样质量为 m，则有式（2-45）：

$$x_i=\frac{m_i}{m}\times 100\%=\frac{m_s}{m}\times\frac{A_i}{A_s}\times\frac{f'_i}{f'_s}\times 100\%\qquad(2\text{-}45)$$

当样品各组分不能全部从色谱柱流出或有些组分在检测器上无信号而不能用归一化法定量时，或只需对样品中某几个出现色谱峰的组分进行定量时，可考虑用内标法定量。

内标法的关键是选择合适的内标物，故对内标物的要求是：①内标物应是试样中原来不存在的纯物质；②内标物的性质应与被测组分接近，色谱峰应在被测组分色谱峰附件并完全分离；③内标物能与试样完全互溶，但不发生化学反应；④内标物的加入量应与被测组分的量接近，以保持色谱峰大小差不多。

内标法是色谱分析中一种比较准确的定量方法，尤其在没有标准物对照时，此方法更显其优越性。其优点是不需要全部组分的色谱峰面积和校正因子，只需被测组分和内标物的色谱峰面积和校正因子就可进行定量分析，进样量和操作条件的变化对结果没有明显影响，适宜于低含量组分的分析，且不受归一法使用上的局限。

但内标法的缺点主要是：内标物选择的合适与否对分析结果影响明显，在实际工作中

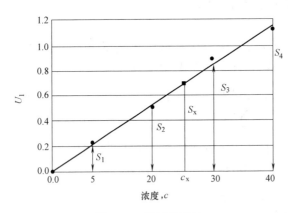

图 2-60　校正曲线法

要寻找一个比较合适的内标物通常比较困难。另外，每次分析都要用分析天平准确称出内标物和样品的质量，这对日常分析使用很不方便。在样品中加入一个内标物，显然对分离度的要求也更高。

3）外标法

外标法又称校正曲线法，首先用被测组分的纯物质配制一系列不同浓度的标准试样，在一定的色谱条件下准确定量进样，绘制峰面积与含量之间的关系曲线，也就是校正曲线（峰面积-纵坐标，含量-横坐标），求出被测组分纯物质含量与色谱峰面积的关系，并给出线性方程式。然后将样品在相同条件下进行色谱分析，由峰面积根据线性方程式计算出所需组分的定量分析结果（图 2-60）。

由上图可以看出，各组分的含量与峰面积成正比，校正曲线的斜率就是绝对校正因子，如式（2-46）：

$$\omega_i = f_i A_i \tag{2-46}$$

此校正曲线理论上应是通过原点的直线，若校正曲线不通过原点，则说明存在系统误差。

外标法是一种比较法，以待测成分的标准物质作为对照品，相对比较以求得试样中的含量，是一种简便、快速的定量方法，也是仪器分析中应用最广泛的方法之一。该方法的优点是操作简单，不用求出校正因子，计算方便，气相色谱工作站可直接绘制出校准曲线和计算出被测组分的定量结果，尤其适合相同样品的大批量测试，这对工业化生产或环境中某种有机物的检测或控制非常有效。

外标法的缺点是仪器和操作条件对分析结果影响很大，不像归一化和内标法定量操作中可以互相抵消，方法的精确度在很大程度上取决于操作条件的控制。因此，使用本方法的前提是保证进样量、色谱仪器及操作等分析条件严格固定不变，并且标准曲线使用一段时间后应当校正。

4）内标法与外标法的比较

内标法要求严格，对于内标物的选择要有一定的原则，适于分析样品量较少的情况；不要求样品里的所有组分都出峰，只要内标物和所关注的组分出峰并分离好就可以了；定量准确，对进样量和操作条件的控制不很严格，但必须准确称量试样和内标物，否则会影响实验结果。

与内标法相比，外标法不是把标准物质加入到被测样品中，而是在与被测样品相同的色谱条件下单独测定，把得到的色谱峰面积与被测组分的色谱峰面积进行比较求得被测组分的含量，如图 2-61 所示。

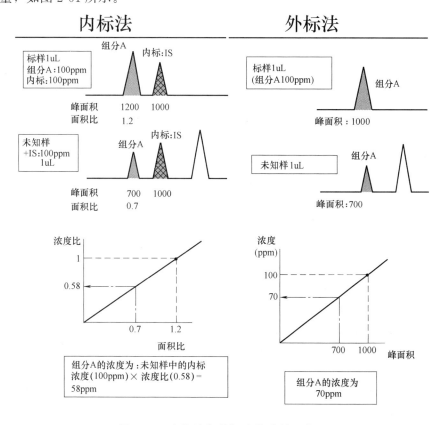

图 2-61　内标法和外标法的比较示意图

外标法要求仪器重复性很严格，适于大量的分析样品，因为仪器随着使用会有所变化，因此需要定期进行曲线校正。此法的特点是操作简单，计算方便，不需测量校正因子，适于自动分析。但仪器的重现性和操作条件的稳定性必须保证，否则，会影响实验结果。

2.7 实验室安全及防护

2.7.1 一般安全

1. 熟悉实验室水、电闸的位置。值日生负责实验室的清理工作，离开实验室时检查水电闸是否关好。

2. 实验前要认真学习实验内容，熟悉每个实验步骤中的安全操作规定和注意事项。

3. 要了解实验中所用的药品、试剂的性能、使用限量，严格按规定操作，未经专业人员许可，不得任意改变规定的操作方法和药品用量。

4. 要注意安全用电，不要用湿手、湿物接触电源，实验结束后应及时切断电源。

5. 凡做有毒和有恶臭气体的实验，应在通风橱内进行。

6. 严禁在实验室内饮食，或把餐具带进实验室，更不能把实验器皿当作餐具。实验结束，应把手洗净再离开实验室。

2.7.2 用电安全

1. 用电基本知识

（1）实验室供电总功率要能满足室内同时用电负载的总功率，并适当留有余地，供电电压要与负载额定电压相符。

（2）对新装用电设备或新装配电盘第一次使用前，一定要认真检查。

（3）大型精密仪器的供电电压要稳定，一般市电供电电压波动为（220±20）V，如供电质量不符合仪器需要时，应配备稳定电源，有的还要求同时具备滤波功能。

（4）大型精密仪器、大功率用电设备，必须采用单独控制开关，不要几台设备只有一个控制开关。

（5）实验室应选用空气开关及合格的不外露接电触片的插座。如为一般的闸刀开关，使用时应使闸刀处于完全合上或完全断开的位置，切忌若即若离；操控时动作要快，以免引起火花；开合时不要面对闸刀，不得用湿手接触电器。

（6）电源或电器的保险丝烧断时，应根据熔断的状况，初步判断原因；检查排除故障后，再更换保险丝，不要随意增大保险丝的额定电流，更不允许用铜丝代替保险丝。

（7）高温电热设备，如高温炉、电炉，一定要放在隔热的水泥台上，绝不可直接放在木质等可燃材质的工作台上；即使在电炉下垫有耐火砖，若长时间连续使用，也会烤热，引燃工作台，酿成火灾事故。

（8）对不符合安全规范要求、已淘汰的用电设施设备要及时更换。严禁使用有严重安全隐患的假冒伪劣电器、"三无"产品或无国家强制性安全标志的电器产品。

（9）员工应严格遵守规章制度和操作规程。严禁违规操作；不准私自拆装电气设施设备；不准乱拉乱接电线；不准私接大功率用电设备。有特殊要求的场所，应按其要求采用用电设备。

（10）发生用电故障，要立即切断电源，及时通知管理部门维修，不得擅自处理。故障原因未查明，不得强行接通电源。用电设施设备检修时，必须悬挂警示牌，防止误操作导致事故发生。发生安全事故时，应立即采取措施，启动应急预案，及时报警，保护现场，配合相关部门进行事故调查。

2. 电击防护

触电是由于人体直接接触电源，受到一定量的电流通过人体致使组织损伤和功能障碍甚至死亡。通过人体的电流越大，伤害越严重，电流的大小取决于电压和人体电阻，防止电击的措施主要有以下几种：

（1）电器设备要完好，绝缘要好；发现设备漏电，要及时修理；不得使用不合格的或绝缘老化、损坏的线路；建立定期检查、维护制度。

（2）接地要良好，要将电器设备上在正常工作时不带电的金属部分于接地体之间用导线很好地连接。

（3）绝不要用湿手接触开关、插销等。

（4）使用漏电保护器。

3. 静电防护

静电能造成大型仪器的高性能元器件的损害，危及仪器的安全，也会因放电时瞬间产生的冲击性电流对人体造成伤害。虽不致因电流危及生命，电子器件放电火化引起易燃气体燃烧或爆炸，因此必须加以防护。防静电的措施主要有以下几种：

（1）防静电区内不要使用塑料、橡胶地板、地毯等绝缘性能好的地面材料，可以铺设导电性地板。

（2）在易燃易爆场所，应穿着用导电纤维及材料制成的防静电工作服，防静电鞋，手套等，不要穿化纤类织物，胶鞋及绝缘底鞋。

（3）高压带电体应有屏蔽措施，以防人体感应产生静电。

（4）进入易产生静电的实验室前，应先徒手触摸一下金属接地板，以消除人体从室外带来的静电；坐着工作的场合，可在手腕上带接地腕带。

（5）凡不停旋转的电器设备，其外壳必须接地良好。

2.7.3　防火防爆安全

1. 防火防爆的基本知识

（1）防止形成燃爆的介质。这可以用通风的办法来降低燃爆物质的浓度，使它不达到爆炸极限。也可以用不燃或难燃防止火灾、爆炸，还可以防止汽油中毒。另外，也可采用限制可燃物的使用量和存放量的措施，使其达不到燃烧、爆炸的危险限度。

（2）防止产生着火源，使火灾、爆炸不具备发生的条件。这方面应严格控制以下 8 种着火源，即冲击摩擦、明火、高温表面、自燃发热、绝热压缩、电火花、静电火花、光热射线等。

（3）安装防火防爆安全装置。例如阻火器、防爆片、防爆窗、阻火闸门以及安全阀等，以防止发生火灾和爆炸。

2. 防火防爆的组织管理

（1）加强对防火防爆工作的领导，开展经常性防火防爆安全教育和安全大检查，提高人们的警惕性，及时发现和整改不安全的隐患。

（2）建立健全防火防爆制度，例如防火防爆责任制度等。

（3）实验室内的一切出入和通往消防设施的通道，不得占用和堵塞。

（4）应建立义务消防组织，并配备有针对性和足够数量的消防器材。

（5）加强值班值宿，严格进行巡回检查。

3. 实验室人员应遵守防火防爆守则

（1）应具有一定的防火防爆知识，并严格贯彻执行防火防爆规章制度，严禁违章作业。

（2）应在指定的安全地点吸烟，严禁在工作现场和实验室内吸烟和乱扔烟头。

（3）使用、运输、贮存易燃易爆气体、液体和粉尘时，一定要严格遵守安全操作规程。

（4）在工作现场禁止随便动用明火。确需使用时，必须报请主管部门批准，并作好安全防范工作。

（5）对于使用的电气设施，如发现绝缘破损、老化不堪、大量超负荷以及不符合防火防爆要求时，应停止使用，并报告领导给以解决。不得带故障运行，防止发生火灾、爆炸事故。

（6）应学会使用一般的灭火工具和器材，对于车间内配备的防火防爆工具、器材等，应该爱护，不得随意挪用。

4. 火灾预防

（1）火灾的一般分类

火灾依据物质燃烧特性，可划分为 A、B、C、D、E 五类。

A 类火灾：指固体物质火灾。这种物质往往具有有机物质性质，一般在燃烧时产生灼热的余烬，如木材、煤、棉、毛、麻、纸张等火灾。

B 类火灾：指液体火灾和可熔化的固体物质火灾，如汽油、煤油、柴油、原油，甲醇、乙醇、沥青、石蜡等火灾。

C 类火灾：指气体火灾，如煤气、天然气、甲烷、乙烷、丙烷、氢气等火灾。

D 类火灾：指金属火灾，如钾、钠、镁、铝镁合金等火灾。

E 类火灾：指带电物体和精密仪器等物质的火灾。

（2）常用灭火方法

常用的灭火剂有：水、沙、二氧化碳灭火器、四氯化碳灭火器、泡沫灭火器和干粉灭火器、"1211"灭火器等，可根据起火的原因选择使用。

使用水灭火时应采用喷雾水流，少用直流水流，以免冲碎化学品瓶子，增加灭火的难度。二氧化碳灭火器，适用于灭油类及高级仪器仪表着火。干粉灭火器适用于灭油类可燃气体、电气设备及精密仪器着火。"1211"灭火器用于扑救电气设备以及贵重精密仪器着火的效果更好。干燥沙土、石棉毯应隔绝空气灭火，用于不能用水灭火的着火物的扑救。

以下几种情况引起火灾的灭火方法：

1）金属钠、钾、镁、铝粉、电石、过氧化钠着火，应用干沙灭火；

2）比水轻的易燃液体，如汽油、笨、丙酮等着火，可用泡沫灭火器；

3）有灼烧的金属或熔融物的地方着火时，应用干沙或干粉灭火器；

4）电器设备或带电系统着火，可用二氧化碳灭火器或四氯化碳灭火器。

2.7.4　气瓶使用安全

1. 气瓶要严格按规定送检，严禁使用超期气瓶。

2. 易燃气体瓶与助燃气瓶不能混合放置。易燃气体及有毒气体气瓶必须安放在规范的安全柜内，各种压力气瓶竖直放置时，应采取用架子和套环固定，并做好区域或标牌标识。

3. 各种压力气瓶应避免曝晒和靠近热源，可燃易燃压力气瓶离明火距离不得小于 10 米；严禁敲打和撞击气瓶；开气时应先开钢瓶阀门后慢慢开启减压器阀门，关气时应先关闭钢瓶阀后关闭减压阀门；专瓶专用，严禁私自改装它用气使用。

4. 压力气瓶使用时要防止气体外泄，瓶内气体不得用尽，必须留有余压；使用完毕及时关闭总阀门。

5. 经常检查易燃易爆气体管道、接头、开关及器具是否有泄漏，随时排除安全隐患，禁止使用明火器具。

6. 开启钢瓶阀门时注意安全，应先检查减压阀门是否松开（关闭减压阀）操作者必须站在气体出口的侧面，减压器的出口不准直对操作者。

7. 搬运、装卸气瓶时，不得使用抛装，流放或流动的装卸，搬运方法。

8. 做到满瓶进、空瓶出，严禁在室内存放气瓶。

9. 保持气瓶间清洁规范放置。

10. 气瓶必须有质量合格证，气瓶的瓶阀应佩戴钢帽，每个气瓶配套两个防震圈。

11. 气瓶的漆色也应保持完好，如有脱漆应及时补漆，漆色不得任意涂改或增添其他图案。一样标识，钢印处应期刷清楚，以防锈蚀。

12. 常用钢瓶外部颜色及标志：

氧气瓶（天蓝色黑字）、氢气瓶（深绿色红字）、氮气瓶（黑色黄色）、压缩空气瓶（黑色白字）、乙炔瓶（白色红字）、二氧化碳气（铝白黑字）、氩气瓶（灰色绿字）、氦气瓶（棕色）。

2.7.5　危险化学品管理

1. 危险化学品的存放与保管

（1）危险品必须存放在防盗防火的药品室中，并用通风防盗阻燃防爆双人双锁的专用橱存放。危险化学品的存放区域应设置醒目的安全标志。

（2）危险品存放柜仅储藏危险品，不得存放其他药品、仪器。

（3）危险化学品应当分类、分项存放，相互之间保持安全距离。化学性质防护和灭火方法相互抵触的危险化学品，不得在同一储存室内存放。

（4）国家严管的剧毒化学品应统一存放，严格落实"五双"制度（双人保管、双人领取、双人使用、双把锁、双本账）为核心的安全管理制度和各项安全措施。

（5）剧毒化学品的储存、使用人应当对剧毒化学品的储存量和用途如实记录，并采取必要的安全措施，防止剧毒化学品被盗、丢失或者错发误用。发现剧毒化学品被盗、丢失或者错发误用时，必须立即上报。

2. 危险品的领用与使用

（1）危险品领用应填写《危险品领用单》，凭单领用药品，并于领用时如实点清危险品的品种与数目，并填写《危险化学品使用登记表》。

（2）危险品使用时必须在化学准备室分装或稀释，随即放回原处。

（3）药品管理员必须严格按领用单上用量发放，实验完毕后，多余药品必须如数归还，全面记载领取、使用、结存情况，做到制度管理、安全第一。

（4）使用危险化学品时，应按量购买或领取，领取量不得超过当日工作的需要量。如有特殊情况需要临时存放的，要选择安全可靠的地方单独存放，并指定专人负责。

（5）实验室的实验项目、使用条件必须符合危险化学品的安全规定，操作人员必须了解危险化学品的性能、熟悉操作规程和条例，并且要认真做好使用记录。

（6）相关危险品的容器、器皿废液必须妥善处理，严禁乱扔乱放。

3. 危险品的申购与报废

（1）危险品的采购由实验工作人员根据需求，向实验室负责人申请采购，报技术负责人批准，部分药品需要向公安机关申请备案。

（2）药品采购一般由单位将计划报财政厅统一采购，特殊情况由单位有关专业人员向正规经销商采购。

（3）应严格控制易分解，易变质，毒害药品的一次采购量。

（4）销毁处理存放过久失效变质的危险品，必须填写《实验室危险品报废申请表》，经药品管理员上报环境保护部门同意后，统一销毁。

（5）使用单位应指定专（兼）职人员负责有毒、有害废液、废旧化学品及废固的回收处置工作。设置相应的回收容器，妥善选择存放地点，分级、分类的收集有毒、有害废液、废固。严格按照国家相关规定进行处置。

（6）严禁任何单位和个人随意抛弃废固、倾倒废液。处置有毒、有害废液、废旧化学品、废固的费用应纳入各单位实验项目预算中。

2.7.6 化学灼伤处理

1. 化学灼伤事故的预防

（1）最重要的是保护好眼睛。在化学实验室里应该一直佩戴护目镜（平光玻璃或有机玻璃眼镜），防止眼睛受刺激性气体熏染，防止任何化学药品特别是强酸、强碱、玻璃屑等异物进入眼内。

（2）禁止用手直接取用任何化学药品，使用时除用药匙、量器外必须佩戴橡皮手套，实验后马上清洗仪器用具，立即用肥皂洗手。

（3）尽量避免吸入任何药品和溶剂蒸气。处理具有刺激性的、恶臭的和有毒的化学药品时，如 H_2S、NO_2、Cl_2、Br_2、CO、SO_2、SO_3、HCl、HF、浓硝酸、发烟硫酸、浓盐酸、乙酰氯等有挥发性试剂，必须在通风橱中进行。通风橱开启后，不要把头伸入橱内，并保持实验室通风良好。

（4）严禁在酸性介质中使用氰化物，因为氰化物遇酸易生成剧毒性的无色气体 HCN，对实验人员的生命安全造成威胁。

（5）禁止口吸吸管移取浓酸、浓碱、有毒液体，应该用洗耳球吸取。禁止冒险品尝药品试剂，不得用鼻子直接嗅气体，而是用手向鼻孔扇入少量气体。

（6）不要用乙醇等有机溶剂擦洗溅在皮肤上的药品，这种做法反而增加皮肤对药品的吸收速度。

（7）实验室里禁止吸烟进食，禁止赤膊穿拖鞋。

2. 化学灼伤事故的处理

几种常见化学灼伤的处理方法：

（1）酸：立即用大量水冲洗，以 $3\%\sim5\%\,NaHCO_3$ 洗，最后用水洗，严重时消毒，擦干后涂烫伤油膏；

（2）碱：立即用水冲洗，以 $1\%\sim2\%$ 硼酸液洗，最后水洗，严重时同酸处理；

（3）溴：立即用水冲洗，再用乙醇擦至无溴，然后涂上甘油或油膏；

（4）钠：可见的小块用镊子移去，其余同碱一样处理。

第3章 数据处理及质量控制

在检测分析工作中，离不开记录检测数据、数据处理和检测结果运算。为了正确表示检测结果，保证检测报告数据规范、结果准确、可靠，数据的记录及处理必须遵循相关规范或标准，并且要从数据的统计分析中找寻影响分析结果的原因，尽量减少和避免在检测过程中带来的分析误差，以提高分析结果的准确度，实现有效的质量控制。为此，我们必须学习误差理论及数据统计知识，落实实验室的质量控制。

3.1 有 效 数 字

分析工作中，不仅要准确地进行测量，还应当正确地进行记录和计算。对室内环境检测来说，首先是现场采样记录、实验室测定数据的记录，然后是检测结果的运算。对此，要熟练掌握有效数字的知识和在室内环境检测中的应用。

3.1.1 有效数字及其位数

有效数字的个数称为该数的有效位数。有效数字是在分析工作中实际测量到的数字，除最后一位是可疑的外，其余的数字都是确定的，它不仅反映数量的大小，同时也反映数据测量的精密程度。

1. 有效数字

有效数字是指分析工作中实际能测得到的数字。通常，它包括全部准确数字和最后一位不确定的可疑数字。除另有说明外，一般可理解为在可疑数字的位数上有± 1个单位的误差。实验室内的试剂质量的称量数据（例如：0.5000g）和滴定管滴定体积的数据（例如：23.51mL），都是有效数字。有效数字的准确程度，直接体现在有效数字的位数多少。

2. 有效位数

有效数字的位数即有效位数。判定有效数字的位数，可依据下述要求确定其有效位数。

（1）非零数字（1~9，共九个数字）是有效数字，每一个数字是一位有效位数。例如：有效数字 23.51mL 有四位有效位数。

（2）位于非零数字之间的每个"0"和非零数字之后的每个"0"，都是一位有效位数。例如：有效数字 20.50mL 有四位有效位数。

（3）位于非零数字之前的每个"0"，只起"定位"作用，不具有有效位数。例如：数字 0.05mL，0.0008g，都只有一位有效位数。可写为：5×10^{-2}；8×10^{-4}。

（4）有效数字位数与量的使用单位无关。如，称得某物的质量是11g，二位有效数字。若以 mg 为单位时，应记为 1.1×10^4 mg，而不应该记为 11000mg。若以 kg 为单位，可记为 0.011kg 或 1.1×10^{-2} kg。

（5）分数或倍数等，属于准确数或自然数，其有效位数是无限的，例如，水的相对分子质量（Mr）=2×1.008+16.00=18.02，在这里"2×1.008"中的"2"，就不能看做是一位有效位数。因为它是非测量所得的数，是自然数，有效数字的位数，可视为无限的。

（6）分析化学中常遇到 pH，pK 等，其有效数字的位数仅取决于小数部分的位数，其整数部分只说明原数值的方次，如 pH=2.49，表示 $[H^-]=3.2×10^{-3}mol·L^{-1}$，是二位有效数字。pH=13.0，表示 $[H^-]=1×10^{-13}mol·L^{-1}$，是一位有效数字。

（7）计算有效数字的位数时，若第 1 位数字等于或大于 8 时，其有效数字应多算一位。例如 9.24mL，表面上是三位有效数字，但其相对误差是：

$$\frac{0.01}{9.24}×100\%=0.1\%$$

故其有效数字可认为是四位。

（8）尾数为"0"的正整数，其有效数字的位数不确定。例如，有效数字"100"，有效位数最多有三位，也可能是两位、一位。

3.1.2　有效数字的修约规则

在多数情况下，测量数据本身并非最后的要求结果，一般常由许多准确度不等（即有效数字位数不同）的原始数据经过多步数学运算后才能获得所需的检测结果。而在其结果中只能有一位是可疑数字。在数据记录、运算及最后的检测结果都不能增加和减少其有效位数。所以应先按照关于有效数字的规定将数字修约或整化。

（1）按照国家标准《数值修约规则与极限数值的表示和判定》GB/T 8170—2008 进行数值修约的方法，通常称为"四舍六入五成双"法则。所编的口诀是："四要舍，六要入；五后有数则进一，五后没数留双数"。

（2）按《数值修约规则》中的"进舍规则"规定，具体的要求是：

1）当拟舍弃数字最左一位数字小于 5（即尾数≤4）时，则舍去，即保留的各位数字不变。例如，将 12.1489 修约到一位小数，得 12.1。将其修约为两位有效位数，得 12。当拟舍弃数字最左一位数字大于 5；或者是 5，而其后跟有并非全部为零的数字时，则进 1，即保留的末位数加 1。例如：将 10.502 修约到个位数（两位有效位数），得 11。

2）当拟舍弃数字最左一位数字为 5，而其右面无数字或者皆为"0"，若保留的末位数字为奇数（1，3，5，7，9）则进 1，为偶数（2，4，6，8，0）则舍去。例如，将 0.0325 修约为两位有效位数，得 0.032。将 32500 修约为两位有效位数，得 $32×10^3$。

3）若被舍弃的数字包括几位数字时，不得对该数进行连续修约，而应根据以上规则仅作一次处理。如 2.154546，只取 3 位有效数字时，应为 2.15，而不得连续修约为 2.16（2.154 546→2.154 55→2.1546→2.155→2.16）。

有人把上述规则具体编成口诀："四要舍，六要入；五后有数则进一，五后无数看前位：前为奇数则进一，前为偶数要舍去。不论舍去多少位，必须一次修约成"。

3.1.3　有效数字的运算

检测结果的计算，往往是对一些准确度不同的数据进行运算，为使结果能真正符合实际测量的准确度，必须按一定规则进行。有效数的运算方法，目前尚未统一。可以先修约，后运算；也可以用计算器先运算，然后修约到应该保留的位数。由于计算机的广泛应用，几乎都采用后一种方法。这两种方法计算结果可能稍有差别，不过也是最后可疑数字上稍有差别，影响不大。

1. 加减法运算

在加减运算时，应以参加运算的各数据中绝对误差最大（即小数点后位数最少）的数据为依据，决定结果（和或差）的有效位数。

$$例：12.35＋0.0056＋7.8903＝?$$

绝对误差最大的数是12.35。应以它为依据，先修约，再计算。

$$12.35＋0.01＋7.89＝20.25$$

为稳妥起见，也可在修约时多保留一位，算完后再修约一次。

$$12.35＋0.006＋7.890＝20.246≈20.25$$

2. 乘除运算

在乘除运算中，应以参加运算的各数据中算式中可多保留一位。遇到有效数字为8或9时，可多算一位有效数字。例：

$$0.0121 × 25.64 ×1.05782＝?$$

$$0.0121 \text{ 数的相对误差(RE)} ＝±1/121×100\%$$

$$25.64 \text{ 数的相对误差(RE)} ＝±1/2564×100\%$$

$$1.05782 \text{ 数的相对误差(RE)} ＝±1/105782×100\%$$

0.0121数的相对误差（RE）最大，有效数字位数最少，应以它为依据先修约，再计算：

$$0.0121×25.6×1.06＝0.328$$

或先多保留一位有效数字，算完后再修约一次：

$$0.0121×25.64×1.058＝0.3282≈0.328$$

上述这种多保留一位有效数字，算完后再修约一次的方法，同用计算器先计算、后修约的方法相比，其结果具有一致性。所以说，用计算器先计算、修约的方法可行。

3.1.4 有效数字的应用

1. 正确的运用有效数字及其运算规则

（1）正确的记录测量数据

记录的数据一定要如实地反映实际测量的准确度。例如：从滴定管读取滴定液的体积恰为24mL，应当记为24.00mL。不能记成24mL或24.0L。

（2）正确确定样品用量和选用恰当的仪器

常量组成的分析测定常用质量分析或容量分析，其分析的准确度一般可达到0.1%。因此，整个测量过程中每一步骤的误差都应小于0.1%。用分析天平称量试样时，试样量一般应大于0.2g，才能使称量误差小于0.1%。若称样量大于3g，则可使用千分之一的天平（即分度值为0.001g），也能满足对称量准确度的要求，其称量误差小于0.1%。同理，为使滴定时读数误差小于0.1%，常量滴定管的刻度精度为0.1mL，能估计读至±0.01mL，滴定剂的用量至少要大于20mL，才能使滴定时读数误差小于0.1%。前后两次读数，其读数误差至少为±0.02mL。

（3）正确报告分析结果

分析结果的准确度要如实地反映各测定步骤的准确度。分析结果的准确度不会高于各测定步骤中误差最大的那一步的准确度。

【例 3-1】　分析空气中含氨量时，采样量 4.8L，甲乙二人各作两次平行测定，报告结果为：

甲　$c(NH_3)\% = 0.42\%$ 　　　　　$c(NH_3)\% = 0.41\%$

乙　$c(NH_3)\% = 0.420\%$ 　　　　　$c(NH_3)\% = 0.411\%$

显然，甲的报告结果是可取的，而乙的报告结果不合理。因为：

采样量相对误差（RE）$= \pm 0.1/4.8 \times 100\% \approx \pm 2\%$

甲的报告相对误差（RE）$= \pm 0.01/0.42 \times 100\% \approx \pm 2\%$

可见甲的报告的相对误差与称量的相对误差相符。

乙的报告相对误差（RE）$= \pm 0.001/0.420 \times 100\% \approx \pm 0.2\%$

乙的报告相对误差比称量的相对误差小了 10 倍，显然是不可能的，是不合理的。

（4）正确掌握对准确度的要求

化验分析中的误差是客观存在的。对准确度的要求要根据需要和客观可能而定。不合理的过高要求，既浪费人力、物力、时间，对结果也是毫无益处的。常量组分的测定常用的重量法与滴定法，其方法误差约为 $\pm 0.1\%$，一般取四位有效数字。对于微量物质的分析，分析结果的相对误差能够在 $\pm 2\% \sim \pm 30\%$，就已经满足实际需要。因此，在配制这些微量物质的标准溶液时，一般要求称量误差小于 1% 就够了。如用分析天平称量，称量 1.00g 以上标准物质时，称准至 0.01g，其称量相对误差就小于 1%，不必称至 0.0001g。

（5）计算器运算结果中有效数字的取舍

电子计算器的使用已很普遍，这给复杂计算带来很大方便。但记录计算结果时，切勿照抄计算器上显示的数字，须按照有效数字修约和计算法则来决定计算器计算结果的数字位数的取舍。

2. 室内环境检测的有效数字及检测数据的要求

（1）采样器流量校准结果，记录 3 位有效数字（L/min）采样现场采样流量，记录 2 位有效数字（L/min）。

（2）采样现场的温度，记录 3 位有效数字（℃）。

（3）采样现场的气压，记录 4 位有效数字（kPa）。

（4）722 型分光光度计测吸光度数据，按"数字显示"记录。721 型分光光度计吸光度的测定（表针读数），在仪器的正常读数范围内，记录 3 位有效数字。

（5）气相色谱仪测得的信号值，按色谱工作站给出的数据打印，需另行记录的，可记录 3~4 位有效数字。

（6）标准曲线"计算因子"的位数可保留 3 位有效数字。

（7）检测报告的检测结果要和所依据的标准值（浓度限值）的有效数字精度相适应。

3.2　误差、准确度及不确定度

人们在分析检验测量时总是希望得到准确的分析结果。但是，即使选择最准确的分析方法、使用最精密的仪器设备，由技术熟练的人员操作，对于同一样品进行多次重复分析，所得的结果既不会完全相同，也不可能得到绝对准确的结果。因此，就必须对所测的数据进行归纳、取舍等一系列分析处理。根据不同的分析任务，对分析结果的准确可靠性作出合理的判断和正确的表述。上述表明，误差是客观存在的、必然的，但又是可以控制的。这种误差存在的必然性和普遍性，称之为误差公理。为此，应当学习掌握这方面的知识要点。

3.2.1 误差

误差，是分析测量结果减去被测量的真值。所谓真值，是指与给定的特定量的定义一致的值。测量误差也叫分析误差，简称误差。误差可分系统误差、随机误差和过失误差。

1. 系统误差

系统误差又称可测误差、恒定误差。在《通用计量术语及定义技术规范》JJF 1001—2011 中，系统误差指在重复性条件下，对同一被测量进行无限多次测量所得结果的平均值与被测量的真实值之差。系统误差是由分析过程中方法缺陷、仪器检定或校准不正确、试剂不纯、分析人员的恒定个人误差等引起的。在一定测量条件下，系统误差会重复出现，即使增加测量次数也不能减小这种误差。

2. 随机误差

随机误差又称偶然误差或不可测误差。在《通用计量术语及定义技术规范》JJF 1001—2011 中，随机误差指测量结果与在重复性条件下，对同一被测量进行无限多次测量所得结果的平均值之差，是由分析过程中环境温度、气压、电压的偶然波动、仪器噪音、分析人员判断能力和操作技术的微小差异等随机因素造成的。相同条件下重复试验得出的随机误差，遵从正态分布，即大小相近的正、负误差出现机会相等，小误差出现的概率大，大误差出现的概率很小，这特定小的概率在统计检验上称为显著性水平，记以 a，与 a 相应的（$1-a$）称为置信度或置信水平，如式（3-1）。

$$f(x)=\frac{1}{\sqrt{2n}\sigma}\mathrm{e}-\frac{(x-u)^2}{2\sigma^2} \qquad (3\text{-}1)$$

式中 x 由此分布中抽出的随机样本值；u—正态分布的总体均值；σ—正态分布的总体标准偏差，其大小反映数据的分散程度。由分布曲线可见，分析结果落在均值"两侧的概率是相同的，总体平均值落在 $u\pm1\sigma$，$u\pm2\sigma$，$u\pm3\sigma$ 范围内的概率分别为 68.27%，95.45% 和 99.70%。

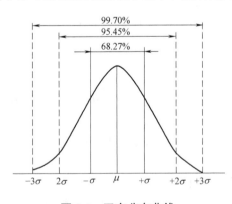

图 3-1　正态分布曲线

3. 过失误差

过失误差亦称粗差，它明显地歪曲分析结果，是由分析过程中器皿不清洁、加错试剂、错用样品、试样损失、仪器出现异常未被发现、读错数据等不应有的错误造成的，过失误差无一定规律可循。一经发现，必须及时改正。

3.2.2 准确度与精密度

1. 准确度

准确度是指测量结果与被测量真值之间的一致程度。准确度由分析的随机误差和系统误差决定，它能反映分析结果的可靠性。要想提高分析结果的准确度，不仅需改善分析的精密度，同时要消除系统误差。准确度用绝对误差或相对误差表示。在特定条件下常以回收率评价分析方法和测量系统的准确度。计算公式分别为式（3-2）、式（3-3）、式（3-4）。

$$绝对误差 = 测定值 - 真实值 \tag{3-2}$$

$$相对误差值 = \frac{测定值 - 真实值}{真实值} \times 100\% \tag{3-3}$$

$$回收率 = \frac{加标试样测定值 - 试样测定值}{加标量} \times 100\% \tag{3-4}$$

对同一样品不同方法获得的相同的测定结果可以作为其真值的最佳评估。在真值不易得到的情况下，用多次测量的均值 $\bar{x}$ 为真值的近似值，某一测定值 x_i 与多次测量均值 $\bar{x}$ 之差称绝对偏差，以 d_i 表示，如式（3-5）。

$$d_i = x_i - \bar{x} \tag{3-5}$$

相对偏差如式（3-6）：

$$相对偏差 = \frac{d_i}{\bar{x}} \times 100\% \tag{3-6}$$

平均偏差如式（3-7）：

$$平均偏差 \bar{d} = \frac{1}{n} \sum_{i=1}^{n} |d_i| \tag{3-7}$$

2. 精密度

精密度是指在一特定分析程序，在受控条件下，重复分析同一样品所得测定值的一致程度，由分析的随机误差决定。精密度常用标准偏差 s（如式 3-8）或相对标准偏差（变异系数）cv（如式 3-9）表示。

$$s = \sqrt{\frac{\sum_{i=1}^{n}(x_i - \bar{x})^2}{n-1}} = \sqrt{\frac{\dfrac{\sum_{i=1}^{n} x_i^2 - (\sum_{i=1}^{n} x_i)^2}{n}}{n-1}} \tag{3-8}$$

式中　$\bar{x}$——多次测定值的平均值；

n——测定次数；

$n-1$——自由度。

$$cv = \frac{s}{\bar{x}} \times 100\% \tag{3-9}$$

实际应用的精密度的表示方法有三个：平行性、重复性、再现性。

（1）平行性

平行性是指同一实验中当分析人员、分析设备和分析时间都相同时，用同一分析方法对同一样品进行双份或多份平行试样测定结果之间的符合程度。

（2）重复性

重复性是指在同一实验室内，当分析人员、分析设备和分析时间至少有一项不相同时用同一分析方法对同一样品进行的两次或两次以上独立测定结果之间的符合程度。

(3) 再现性

再现性是指在不同实验室（分析人员、分析设备甚至分析时间都不相同），用同一分析方法对同一样品进行多次测定结果之间的符合程度。

故所谓室内精密度即为平行性和重复性的总和；而所谓室间精密度即为再现性。通常是用分析标准物质溶液的方法来确定。

3.2.3 灵敏度、检测下限和检测上限

1. 灵敏度

一个方法的灵敏度是指单位浓度或单位量的待测物质的变化所引起的仪器响应值或其他指示量的变化程度。在实际工作中，常以校准曲线的斜率度量灵敏度。一个方法的灵敏度可因实验条件的变化而有所改变，但在一定实验条件下，它具有相对的稳定性。在室内空气质量的甲醛、氨的光度分析检测标准中，都有灵敏度的规定标准曲线斜率的数据。

2. 检测下限

检测下限是指对某一特定的分析方法在给定的可靠程度内可以从样品中检测待测物质的最小浓度或最小量。

对检测下限的几种规定方法：

(1) 在《在全球环境监测系统水监测操作指南》中规定：给定置信水平为 95％时，样品浓度的一次测定值与零浓度样品的一次测定值有显著性差异者即为检测下限 L。

当空白测定次数 n 大于 20 次时，检测下限 L 的计算如式（3-10）：

$$L = 4.6\sigma_{wb} \tag{3-10}$$

式中　σ_{wb}——空白平行测定（批内）标准偏差。

当空白测定次数 n 小于 20 次时，检测下限 L 的计算如式（3-11）：

$$L = 2\sqrt{2}t_f s_{wb} \tag{3-11}$$

式中　s_{wb}——空白平行测定（批内）标准偏差；

　　　f——批内自由度等于 $m(n-1)$，m 为重复测定次数，n 为平行测定次数；

　　　t_f——显著性水平为 0.05（单侧），自度为 f 的 t 值。

(2) 国际理论与应用化学联合会对检测下限 L 作如下规定：

对各种光学分析法，可测量的最小分析信号 x_L 以式（3-12）确定：

$$x_L = \overline{x_b} + Ks_b \quad L = \frac{x_L - \overline{x_b}}{s} = \frac{Ks_b}{s} \tag{3-12}$$

式中　$\overline{x_b}$——空白多次测量的平均值；

　　　s_b——空白多次测量的标准偏差；

　　　K——根据一定置信水平确定的系数，对光谱分析 $K=3$；

　　　s——方法的灵敏度。

(3) 分光光度法的规定：当某些分光光度法中以扣除空白值后的吸光度为 0.01，相对应的浓度值为检测限。

(4) 气相色谱法的规定：气相色谱分析的最小检测量，系指检测器恰能产生与噪声相区别的响应信号时所需进入色谱柱的物质最小量。通常认为恰能辨别的响应信号最小应为

噪声值的两倍。最小检测浓度是指最小检测量与进样量（体积）之比。

（5）离子选择电极法的规定：某些离子选择电极法规定，当某一方法校准曲线直线部分 AB 的延长线 AC 与通过空白电位 E_b 且平行与浓度轴的直线 DC 相交时，其交点 C 所对应的活度 a_i（或浓度值）即为这些离子选择电极法的检测下限。

3. 检测上限

检测上限是指与校准曲线直线部分的弯曲点相应的浓度值。

3.2.4　不确定度

不确定度的含义是指由于测量误差的存在，对被测量值的不能肯定的程度。反过来，也表明该结果的可信赖程度。它是测量结果质量的指标。不确定度愈小，所述结果与被测量的真值越接近，质量越高，水平越高，其使用价值越高；不确定度越大，测量结果的质量越低，水平越低，其使用价值也越低。在报告物理量测量的结果时，必须给出相应的不确定度，一方面便于使用它的人评定其可靠性，另一方面也增强了测量结果之间的可比性。

统计学家与测量学家一直在寻找合适的术语正确表达测量结果的可靠性。譬如以前常用的偶然误差，由于"偶然"二字表达不确切，已被随机误差所代替。近年来，人们感到"误差"二字的词义较为模糊，如讲"误差是 $\pm 1\%$"，使人感到含义不清晰。但是若讲"不确定度是 $\pm 1\%$"，则含义是明确的。因而用随机不确定度和系统不确定度分别取代了随机误差和系统误差。测量不确定度与测量误差是完全不同的概念，它不是误差，也不等于误差。

1. 测量不确定度和标准不确定度

表征合理地赋予被测量之值的分散性，与测量结果相联系的参数，称为测量不确定度。这是《通用计量术语及定义技术规范》JJF 1001—2011 中，对其作出的最新定义。测量不确定度是独立而又密切与测量结果相联系的、表明测量结果分散性的一个参数。在测量的完整的表示中，应该包括测量不确定度。测量不确定度用标准偏差表示时称为标准不确定度，如用说明了置信水准的区间的半宽度的表示方法则称为扩展不确定度。

2. 不确定度的 A 类、B 类评定及合成

由于测量结果的不确定度往往由多种原因引起的，对每个不确定度来源评定的标准偏差，称为标准不确定度分量，用符号 u_i 表示。

（1）不确定度的 A 类评定

用对观测列进行统计分析的方法来评定标准不确定度，称为不确定度 A 类评定；所得到的相应标准不确定度称为 A 类不确定度分量，用符号 u_A 表示。它是用实验标准偏差表征。

（2）不确定度的 B 类评定

用不同于对观测列进行统计分析的方法来评定标准不确定度，称为不确定度 B 类评定，所得到相应标准不确定度称为 B 类不确定度分量，用符号 u_B 表示。它是用实验或其他信息来估计，含有主观鉴别的成分。对于某一项不确定度分量究竟用 A 类方法评定，还是用 B 类方法评定，应由测量人员根据具体情况选择。B 类评定方法应用相当广泛。

（3）合成标准不确定度

当测量结果是由若干个其他量的值求得时，按其他各量的方差和协方差算得的标准不确定度，称为合成标准不确定度。它是测量结果标准偏差的估计值，用符号 u_c 表示。方差是标准偏差的平方，协方差是相关性导致的方差。计入协方差会扩大合成标准不确定度。合成标准不确定度仍然是标准偏差，它表征了测量结果的分散性。所用的合成方法，常称为不确定传播律，而传播系数又被称为灵敏系数，用 c_i 表示。合成标准不确定度的自由度称为有效自由度，用表示 V_{eff}，它表明所评定的 u_c 的可靠程度。

3. 扩展不确定度和包含因子

（1）扩展不确定度

扩展不确定度是确定测量结果区间的量，合理赋予被测量之值分布的大部分可望含于此区间。它有时也被称为范围不确定度。扩展不确定度是由合成标准不确定度的倍数表示的测量不确定度。通常用符号 U 表示：$U=ku_c$ 合成不确定度 u_c 与 k 的乘积，称为总不确定度（符号为 U）。这里 k 值一般为 2，有时为 3。取决于被测量的重要性、效益和风险。扩展不确定度是测量结果的取值区间的半宽度，可期望该区间包含了被测量之值分布的大部分。而测量结果的取值区间在被测量值概率分布中所包含的百分数，被称为该区间的置信概率、置信水准或置信水平，用 p 表示。这时扩展不确定度用符号 U_p 表示，它给出了区间能包含被测量的可能值的大部分（比如 95％ 或 99％）。测量不确定度的分类，简单表示为：

$$\text{测量不确定度} \begin{cases} \text{标准不确定度} \begin{cases} \text{A 类标准不确定度} \\ \text{B 类标准不确定度} \\ \text{合成标准不确定度} \end{cases} \\ \text{扩展不确定度} \begin{cases} U(k=2,3) \\ U_p(p \text{ 为置信概率}) \end{cases} \end{cases}$$

（2）包含因子

包含因子是为求得扩展不确定度，对合成标准不确定度所乘之数字因子，有时也称为覆盖因子。包含因子的取值决定了扩展不确定度的置信水平。当 $k=2$ 时，$p=95％$；当 $k=3$ 时，$p=99％$。

相对不确定度：是指总不确定度除以标准值的百分率。

4. 滴定分析标准溶液的不确定度

在《化学试剂杂质测定用标准溶液的制备》GB/T 602—2002 D 附录 B 明确了滴定分析标准溶液的不确定度的计算方法。即：标准滴定溶液的标定方法大体上有四种方式：

（1）用工作基准试剂标定标准滴定溶液的浓度；

（2）用标准滴定溶液标定标准滴定溶液的浓度；

（3）将工作基准试剂溶解、定容、量取后标定标准滴定溶液的浓度；

（4）用工作基准试剂直接制备的标准滴定溶液。

第一种方式

包括：氢氧化钠、盐酸、硫酸、硫代硫酸钠、碘、高锰酸钾、硫酸铈、乙二胺四乙酸二钠 $[c(\text{EDTA})]=0.1\text{mol/L}$、0.05mol/L 高氯酸、硫氰酸钠、硝酸银、亚硝酸钠、氯化锌、氯化镁、氢氧化钾-乙醇共 15 种标准滴定溶液。计算标准滴定溶液的浓度值

c（mol/L）表示为式（3-13）

$$c = \frac{m\omega \times 1000}{(V_1 - V_2)M}$$ （3-13）

式中　m——工作基准试剂的质量的准确数值，g；

　　　ω——工作基准试剂的质量分数的数值，%；

　　　V_1——被标定溶液的体积的数值，mL；

　　　V_2——空白试验被标定溶液的体积的数值，mL；

　　　M——工作基准试剂的摩尔质量的数值，g/mol。

　　第二种方式

　　包括：碳酸钠、重铬酸钾、溴、溴酸钾、碘酸钾、草酸、硫酸亚铁铵、硝酸铅、氯化钠共 9 种标准滴定溶液。计算标准滴定溶液的浓度值 c(mol/L) 表示为（3-14）

$$c = \frac{(V_1 - V_2)c_1}{V}$$ （3-14）

式中　V_1——标准滴定溶液的体积的数值，mL；

　　　V_2——空白试验标准滴定溶液的体积的数值，mL；

　　　c_1——标准滴定溶液的浓度的准确数值，mol/L；

　　　V——被标定标准滴定溶液的体积的数值，mL。

　　第三种方式

　　包括：乙二胺四乙酸二钠标准滴定溶液 $[c(\text{EDTA})] = 0.02\text{mol/L}$，计算标准滴定溶液的浓度值 c(mol/L) 表示为（3-15）。

$$c = \frac{\left(\dfrac{m}{V_3}\right) \times V_4\omega \times 1000}{(V_1 - V_2)M}$$ （3-15）

式中　m——工作基准试剂的质量的准确数值，g；

　　　ω——工作基准试剂的质量分数的数值，%；

　　　V_1——被标定溶液的体积的数值，mL；

　　　V_2——空白试验被标定溶液的体积的数值，mL；

　　　V_3——工作基准试剂溶液的体积的数值，mL；

　　　V_4——量取工作基准试剂溶液的体积的数值 mL；

　　　M——工作基准试剂的摩尔质量的数值，g/mol。

　　第四种方式

　　包括：重铬酸钾、碘酸钾、氯化钠共 3 种标准滴定溶液。计算标准滴定溶液的浓度值 c(mol/L) 表示为（3-16）。

$$c = \frac{m\omega \times 1000}{VM}$$ （3-16）

式中　m——作基准试剂的质量的准确数值，g；

　　　ω——工作基准试剂的质量分数的数值，%；

　　　V——标定溶液的体积的数值，mL；

　　　M——工作基准试剂的摩尔质量的数值，g/mol。

（1）标准滴定溶液浓度平均值的扩展不确定度 $U(\bar{c})$ 的计算：

$$U(\bar{c})=ku_c(\bar{c}) \tag{3-17}$$

式中　k——包含因子（一般情况下，$k=2$）；

　　$u_c(\bar{c})$——标准滴定溶液浓度平均值的合成标准不确定度，mol/L。

式（3-17）中：

$$u_c(\bar{c})=\sqrt{[u_A(\bar{c})]^2\times[u_{cB}(\bar{c})]^2} \tag{3-18}$$

式中　$u_A(\bar{c})$——标准滴定溶液浓度均值的 A 类标准不确定度分量，mol/L；

　　$u_{cB}(\bar{c})$——标准滴定溶液浓度平均值 B 类合成标准不确定度分量，mol/L。

（2）工作基准试剂标定标准滴定溶液浓度（即第一种方式）平均值不确定度的计算。

由于标准滴定溶液的标定方法有四种方式，因此不确定度的计算也分为四种。

标准滴定溶液浓度平均值的 A 类标准不确定度有两种计算方法。

1）标准滴定溶液浓度平均值的 A 类相对标准不确定度分量的估算 $[u_{Arel}(\bar{c})]$ 的估算，按式（3-19）计算。

$$u_{Arel}(\bar{c})=\frac{\sigma(c)}{\sqrt{8}\times\bar{c}} \tag{3-19}$$

式中　$\sigma(c)$——标准滴定溶液浓度值的总体标准差，mol/L；

　　$\bar{c}$——两人八平行测定的标准滴定溶液浓度平均值，mol/L。

式（3-19）中：

$$\sigma(c)=\frac{[c_r R_{95}(8)]}{f(n)} \tag{3-20}$$

式中　$[c_r R_{95}(8)]$——两人八平行测定的重复性临界极差，mol/L；

　　$f(n)$——临界极差系数（由 GB/T 11792—1989 中表 1 查得）。

2）标准滴定溶液浓度平均值的 A 类相对标准不确定度分量的计算。

用贝塞尔法计算两人八平行测定的实验标准差后，标准滴定溶液浓度平均值的 A 类相对标准不确定度分量【$u_{Arel}(\bar{c})$】，按式（3-21）计算。

$$u_{Arel}(\bar{c})=\frac{s(c)}{\sqrt{8}\times\bar{c}} \tag{3-21}$$

式中　$s(c)$——两人八平行测定结果的实验标准差，mol/L；

　　$\bar{c}$——两人八平行测定的标准滴定溶液浓度平均值，mol/L。

（3）标准滴定溶液浓度平均值的 B 类相对合成标准不确定度分量的计算，以用电子天平称量为例进行不确定度的计算。根据式（3-13），标准滴定溶液浓度平均值的 B 类相对合成标准不确定度分量【$u_{cBrel}(\bar{c})$】。

按式（3-22）计算：

$$u_{cBrel}(\bar{c})=\sqrt{u_{rel}^2(m)+u_{rel}^2(\omega)+u_{rel}^2(V_1-V_2)+u_{rel}^2(M)+u_{rel}^2(r)} \tag{3-22}$$

式中　$u_{rel}(m)$——工作基准试剂质量的数值的相对标准不确定度分量；

　　$u_{rel}(\omega)$——工作基准试剂的质量分数的数值的相对标准不确定度分量；

　　$u_{rel}(V_1-V_2)$——被标定溶液体积的数值的相对标准不确定度分量；

　　$u_{rel}(M)$——工作基准试剂摩尔质量的数值的相对标准不确定度分量；

　　$u_{rel}(r)$——被标定溶液浓度的数值修约的相对标准不确定度分量。

工作基准试剂质量的数值的相对标准不确定度分量 $[u_{rel}(m)]$ 按式（3-23）计算：

$$(m) = \frac{u(m)}{m} \tag{3-23}$$

式中　$u(m)$——工作基准试剂质量的数值的标准不确定度分量，g；

　　　　m——工作基准试剂质量的数值，g。

$$u(m) = \sqrt{2 \times \left(\frac{a}{k}\right)^2} \ （按均匀分布，k = \sqrt{3}） \tag{3-24}$$

式中　a——电子天平的最大允许误差，g。

工作基准试剂的质量分数的数值的相对标准不确定分量 $u_{rel}(\omega)$，按式（3-25）计算：

$$u_{rel}(\omega) = \frac{\sqrt{u^2(\omega) + u^2(\omega r)}}{\omega} \tag{3-25}$$

式中　$u^2(\omega)$——工作基准试剂的质量分数的数值的标准不确定度分量，%；

　　　　$u^2(\omega r)$——工作基准试剂的质量分数的数值范围的标准不确定度分量标准物质不包含此项，%；

　　　　ω——工作基准试剂的质量分数的数值，%。

式（3-25）中：

$$u(\omega) = \frac{U}{k} \tag{3-26}$$

式中　U——工作基准试剂的质量分数的数值的扩展不确定度（总不确定度），%；

　　　　k——包含因子（一般情况下，$k = 2$）。

式中（3-25）中：

$$u(\omega_r) = \frac{a}{k} （按均匀分布，k = \sqrt{3}） \tag{3-27}$$

式中　a——工作基准试剂的质量分数的数值范围的半宽，%。

被标定溶液体积的相对标准不确定度分量 $[u_{rel}(V_1 - V_2)]$，应按式（3-28）计算：

$$u_{rel}(V_1 - V_2) = \frac{\sqrt{u^2(V_1) + u^2(V_2)}}{(V_1 - V_2)} \tag{3-28}$$

式中　$u(V_1)$——被标定溶液体积的数值的标准不确定度分量，ml；

　　　　$u(V_2)$——空白试验被标定溶液体积的数值的标准不确定度分量，mL；

　　　　$V_1 - V_2$——被标定溶液实际消耗的体积的数值，mL。

经必要的省略，被标定溶液体积的数值的相对标准不确定度分量 $[u_{rel}(V_1 - V_2)]$，按式（3-29）计算：

$$u_{rel}(V_1 - V_2) = \frac{\sqrt{u_1^2(V) + u_2^2(V) + u_3^2(V) + u_4^2(V)}}{V_1 - V_2} \tag{3-29}$$

式中　$u_1(V)$——称量水校正滴定管体积时引入的标准不确定度分量，mL；

　　　　$u_2(V)$——由内插法确定被标定溶液体积校正值时引入的标准不确定度分量，mL；

　　　　$u_3(V)$——被标定溶液体积校正值修约误差引入的标准不确定度分量，mL；

　　　　$u_4(V)$——温度补正值的修约误差引入的标准不确定度分量，mL；

　　　　V_1——被标定溶液体积的数值，mL；

V_2——空白试验被标定溶液体积的数值，mL。

称量水校正滴定管体积时引入的标准不确定度分量 $[u_1(V)]$ 按《常用玻璃量器检定规程》JJG 196—2006 规定执行。量器在标准温度 20℃时的实际体积的数值（V_{20}），单位为毫升（mL），按式（3-30）计算：

$$V_{20} = V_0 + \frac{m_0 - m}{\rho w} \tag{3-30}$$

式中　V_0——量器标准体积的数值，mL；

　　　m_0——称得纯水的质量的数值，g；

　　　m——衡量法用表中查得纯水质量的数值，g；

　　　ρw——纯水在 t℃时密度的数值，g/mL。

则被标定溶液体积校正值应为：

$$V = \frac{m_0 - m}{\rho w} \tag{3-31}$$

故称量水校正滴定管体积时引入的相对标准不确定度分量 $u_{1rel}(V)$，按（3-32）计算：

$$u_{1rel}(V) = \sqrt{[u_{rel}(m_0 - m)]^2 + [u_{rel}(\rho w)]^2} \tag{3-32}$$

式中　$u_{rel}(m_0 - m)$——称量纯水的质量的数值与衡量法用表中查得纯水质量的数值的差值的相对标准不确定度分量；

　　　$u_{rel}(\rho w)$——纯水密度值引入的相对标准不确定度分量。

其中：m 是《常用玻璃量器检定规程》JJG 196—2006 中提供的一定容量、温度、空气密度、玻璃体积膨胀系数下纯水的质量，故视其为真值，其标准不确定度分量为零，但存在纯水质量的数值修约引入的标准不确定度分量。

式（3-32）中：

$$u_{rel}(m_0 - m) = \frac{\sqrt{u^2(m_0) + u^2(m)}}{m_0 - m} \tag{3-33}$$

式中　$u(m_0)$——称量纯水质量的数值的标准不确定度分量，g；

　　　$u(m)$——衡量法用表中查得纯水质量的数值的标准不确定度分量，g；

　　　m_0——称量纯水的质量的数值，g；

　　　m——衡量法用表中查得纯水质量的数值，g。

式（3-33）中：

$$u(m_0) = \sqrt{2 \times \left(\frac{a}{k}\right)^2} \text{（按均匀分布，} k = \sqrt{3}） \tag{3-34}$$

式中　a——电子天平的最大允许误差，g。

式（3-33）中：

$$u(m) = \frac{a}{k} \quad k = \sqrt{3} \tag{3-35}$$

式中　a——衡量法用表中查得纯水质量值修约误差区间的半宽，g。

式（3-32）中：

$$u_{rel}(\rho w) = \frac{u(\rho w)}{\rho w} \tag{3-36}$$

式中 $u(\rho w)$——纯水密度值引入的标准不确定度分量，g/mL；

ρw——纯水在时的密度的数值，g/mL。

式（3-36）中：

$$u(\rho w) = \frac{a}{k} \quad (按均匀分布, k = \sqrt{3}) \tag{3-37}$$

式中 a——纯水密度值修约误差区间的半宽，g/mL。

将 $u_{rel}(m_0 - m)$、$u_{rel}(\rho w)$ 代入式（3-32）中，即得 $u_{1rel}(V)$。称量水校正滴定管体积时引入的标准不确定度分量 $u_1(V)$，按式（3-38）计算：

$$u_1(V) = \frac{m_0 - m}{\rho w} \times u_{1rel}(V) \tag{3-38}$$

由内插法确定被标定溶液体积校正值时引入的标准不确定度分量 $[u_2(V)]$，数值以毫升（mL）表示，按式（3-39）计算：

$$u_2(V) = \frac{a}{k} \quad (按均匀分布, k = \sqrt{6}) \tag{3-39}$$

式中 a——大于被标定溶液体积的数值与小于被标定溶液体积的数值两校正点校正值差值的一半，mL。

被标定溶液体积校正值修约误差引入的标准不确定度分量 $[u_3(V)]$，数值以毫升（mL）表示，按式（3- 40）计算：

$$u_3(V) = \frac{a}{k} \quad (按均匀分布, k = \sqrt{3}) \tag{3-40}$$

式中 a——滴定管校正值的修约误差区间的半宽，mL。

温度补正值的修约误差引入的标准不确定度分量 $[u_4(V)]$，数值以毫升（mL）表示，按式（3-41）计算：

$$u_4(V) = \frac{aV_1}{k \times 1000} \quad (按均匀分布, k = \sqrt{3}) \tag{3-41}$$

式中 a——温度补正值的修约误差区间的半宽，mL/L；

V_1——被标定溶液体积的数值，mL。

将上述 $u_1(V)$、$u_2(V)$、$u_3(V)$、$u_4(V)$、代入式（3-29），即得到被标定溶液体积的数值的相对标准不确定度分量。

工作基准试剂摩尔质量的数值的相对标准不确定度分量 $[u_{rel}(M)]$，按式（3-42）计算

$$u_{rel}(M) = \frac{u(M)}{M} \tag{3-42}$$

式中 $u(M)$——工作基准试剂摩尔质量的数值的标准不确定度分量，g/mol；

M——工作基准试剂的摩尔质量的数值，g/mol。

式（3-42）中：

$$u(M) = \sqrt{u^2(M_1) + u^2(M_2)} \tag{3-43}$$

式中 $u(M_1)$——工作基准试剂分子中各元素的相对原子质量的数值的标准不确定度引入

的标准不确定度分量，g/mol；

$u^2(M_2)$——工作基准试剂摩尔质量的数值的修约误差引入的标准不确定度分量，g/mol。

式（3-43）中：

$$u(M_1)=\sqrt{\sum_{i=1}^{n}q_i u^2(A_i)} \tag{3-44}$$

式中 q_i——工作基准试剂分子中某元素 A_i 的个数；

$u(A_i)$——工作基准试剂分子中某元素相对原子质量的数值的标准不确定度，g/mol；

n——工作基准试剂分子中元素的个数。

式（3-43）中：

$$u(M_2)=\frac{a}{k} \quad (按均匀分布,k=\sqrt{3}) \tag{3-45}$$

式中 a——工作基准试剂摩尔质量的数值的修约误差区间的半宽，g/mol。

两人八平行测的标准滴定溶液浓度平均值的修约误差引入的相对标准不确定度分量 $[u_{rel}(r)]$，按式（3-46）计算：

$$u_{rel}(r)=\frac{a/k}{\bar{c}} \quad (按均匀分布,k=\sqrt{3}) \tag{3-46}$$

式中 a——两人八平行测定的标准滴定溶液浓度平均值的修约误差区间的半宽，mol/L；

$\bar{c}$——两人八平行测定的标准滴定溶液浓度平均值，mol/L。

将 $u_{rel}(m)$、$u_{rel}(\omega)$、$u_{rel}(V_1-V_2)$、$u_{rel}(M)$、$u_{rel}(r)$ 代入式（3-22）得到标准滴定溶液浓度平均值的 B 类合成相对标准不确定度分量 $[u_{cBrel}(\bar{c})]$。

将（1）条、（2）条分别求得的标准滴定溶液浓度平均值的 A 类和 B 类相对标准不确定度分量 $u_{Arel}(\bar{c})$ 和 $u_{cBrel}(\bar{c})$ 乘以浓度平均值 $\bar{c}$ 以后，分别得到 A 类和 B 类标准不确定度分量 $u_A(\bar{c})$ 和 $u_{cB}(\bar{c})$ 再代入式（3-18）得到标准滴定溶液浓度平均值的合成标准不确定度 $[u_c(\bar{c})]$，将 $[u_c(\bar{c})]$ 代入式（3-17），即可求得标准滴定溶液浓度平均值的扩展确定度（合成标准不确定度）。

（4）标准滴定溶液浓度平均值的扩展不确定度的表示（依据 JJF 1059—2012）示例：标准滴定溶液浓度平均值的合成标准不确定度 $u_c(\bar{c})=5.6\times10^{-5}$ mol/L 取包含因子 $k=2$，标准滴定溶液浓度平均值（$\bar{c}=0.1$mol/L）的扩展不确定度 $U=2\times5.6\times10^{-5}mol/L=0.000112$mol/L。

以浓度值的形式表示为：

1）$\bar{c}=0.1000$mol/L，$U=0.0002$mol/L；$k=2$。

2）$\bar{c}=(0.1000\pm0.0002)$mol/L；$k=2$。

以浓度值的相对形式表示为：

3）$\bar{c}=0.1000(1\pm2\times10^{-3})$mol/L；$U=2\times10^{-4}$；$k=2$。

4）$\bar{c}=0.1000$mol/L；$U=2\times10^{-4}$ $k=2$。

以上四种表示方法任选其一。

在标准滴定溶液浓度平均值的不确定度的计算中，未包括终点误差引入的相对标准不确定度分量。使用者可按分析化学原理，计算终点误差引入的相对标准不确定度分量。

（5）其他三种方式的不确定度的计算

参考第一种方式的标准滴定溶液浓度平均值不确定度的计算，可进行第二种方式、第三种方式、第四种方式标准滴定溶液浓度平均值的不确定度的计算。

5. 室内空气质量检测中的有关不确定度的要求

（1）标准溶液的标准值与确定度

甲醇中 VOCs 标准溶液：苯、甲苯、…、正十一烷，共 9 种组分的标准值，皆为 $1000\mu g/mL$ 用相对不确定度表示，其值为 1%。

所谓相对（总）不确定度是指 U_r 与 U 与 y 之比（设某量 Y 不再含有应修正系统误差的测量结果为 y，u 为扩展不确定度）。

（2）检测仪器与方法的不确定度

GB 50325—2010（2013 版）：室内空气中甲醛检测，采用现场检测方法，测量结果在 $0\sim0.6mg/m^3$ 测定范围内的不确定度应小于或等于 25%。

GB 50325—2010（2013 版）：室内空气中氡的检测，所选用方法的测量结果不确定度不应大于 25%（置信度 95%）。

GB 6566—2010 中测量不确定度的要求：当样品中镭-266、钍-232、钾-40 放射比活度之和大于 37Bq/kg 时，本标准的试验方法要求测量不确定度（扩展因子 $k=1$）不大于 20%。

3.2.5 提高准确度的方法

要提高分析结果的确定度，必须考虑在分析中可能产生的各种误差，采取有效措施，将这些误差减到最小，提高精密度，校正系统误差，就能提高分析结果的确定度。

1. 对各种试剂、仪器及器皿进行检定或校正

（1）各种计量仪器都应按规定，定期送计量管理部门检定；

（2）对天平砝码、移液管、滴定管和容量瓶等都应进行校正；

（3）各种标准溶液应按规定定期标定。

2. 增加平行测定的次数

增加平行测定的次数，可以减少随机误差。但测定次数过多，耗费过多的人力物力，往往会得不偿失。一般分析测定，平行做 3~7 次即可。

3. 消除测定过程中的系统误差

做对照试验是最有效的检查分析过程中有无系统误差的好方法。可采用下列三种方法。

（1）标准物质样品法，选择其组成与试样组成相近的标准物质来测定，将测定结果与标准值比较，用统计检验方法确定有无系统误差。

（2）比对方法采用标准方法和所选用的方法同时测定某一试样，由测定结果作统计检验。

（3）标准物质加入法，采用加入法做对照试验、即称取等量试样两份，在一份试样中加入已知量的欲测组分，平行进行此两份试样的测定，由加入被测组分含量是否完全回收来判断有无系统误差。

4. 空白实验

"空白"是相对待测物质而言的，扣除空白值应做空白实验，由此消除空白值对结果的影响。分光光度法中的"空白管"的吸光度，为非待测物所产生的，如不扣除此空白值则会对测定结果产生正误差。确定其空白管的吸光度的变化范围，以及空气采样空白值的变化范围的试验，均属于空白试验的一种。

5. 回收试验

在样品中加入标准物质，测定回收率，可检验分析方法的准确程度和样品所引起的（基体）干扰物质。常用在微量分析中准确度的检验。通常，加入标准物质的量应与待测物质浓度水平相接近。加标回收率的数值要求一般应在 95%～105% 的范围内为合格。

6. 正确选取样品

正确选取样品量是定量分析中的一项主要内容，例如：在分光光度法中，待测物浓度与吸光度之间的关系在某一范围内是直线关系，要使其吸光度数值在此范围内，其中一个重要措施是借助增减样品的称取量或分析时样品溶液的移取量，或改变稀释倍数等来解决。

若上述试验说明有系统误差存在，则应设法找出产生系统误差的原因，并加以消除。通常消除系统误差采用如下方法：（1）做空白试验消除试剂、蒸馏水及器皿引入的杂质造成的系统误差。在不加试样的情况下，按照试样分析步骤和实验条件进行分析实验，所得结果称之为空白值，再从试验测定结果中扣除此空白值。（2）校准仪器以消除由于仪器原因所引起的系统误差。如对砝码、光度计波长等进行的校准。（3）引用其他分析方法作校正。

3.3 统计检验及比对试验

3.3.1 统计检验方法简介

统计学是一门关于数据资料在收集、整理、表述和分析的科学。统计学方法是自然科学、社会经济、工程技术等各个研究领域与工作部门必要的基本的数据分析手段，是从大量数据资料中提取主要的有用信息的工具。

运用统计方法检验，就是先作"假设"，这一假设叫做统计假设。对这一假设进行的检验，就称为（统计）假设检验，或称为统计（假设）检验。

统计检验的基本思路是这样的：

（1）为了检验一个"假设"是否成立，先假设它是成立的，然后再看接受这个假设之后是否会导致不合理的结果。倘若结果是合理的，就接受它，倘若结果不合理，则否定原假设。

（2）所谓导致不合理结果，就是看是否在一次观察中它出现了小概率事件。根据实际抽样推断原理，小概率事件在一次抽选中是不大可能出现的。如果一旦出现，就很不合常规。因此，当然要怀疑原假设的正确性，从而否定原假设。

（3）在统计检验中，判别假设是否合理，是根据一定标准来确定的。这个标准是人们事先根据主观选定的概率值，用符号 a 表示。这个 a 值，通常称为显著性水准。

（4）在统计检验中，显著性水准 a 究竟取多大为宜，并没有一个具体规定，通常视研究对象的特点和要求的严格程度由决策者决定的，a 一般是事先给定的，对于社会经济现象，取 0.05 就足够了，对于民意测验的检验有时取 $a=0.10$，而对于质量要求严格的工程技术问题，则取小的 a 值，诸如 0.01 甚至 0.001 等。

（5）对于同一问题，若 a 取值不同，可能会影响到检验的结果。因此，显著性水准一般一经确定，对统计检验就起着决定性的作用。

【例 3-2】　倘若研究者用 0.05 的显著性水准，而试验结果的概率是 0.03，那么，他就断言非随机因素在起作用。

【例 3-3】　对例 3-2 的试验结果，若研究者用 0.01 的显著性水准，他将不再断言非随机因素在起作用了，而是做出未能否定的决策。

（6）研究者做出否定决策所确定的显著性水准 a，由于它在统计检验中起着决策性的作用，故通常称它为检验水平。当 $a=0.05$ 时，检验水平为 0.05；当 $a=0.01$ 时，检验水平为 0.01。

3.3.2　可疑值及其判定方法

在一组平行试验所得的结果数据中，常常会有个别数据和其他数据相差很大。有的数据明显影响实验结果可信度，影响全组数据平均值的准确性，当测定次数不太多时影响尤为显著。这种数据叫做 "离群数据"。如果明确知道是因为实验条件发生明显变化或实验过程中的过失误差而造成的，则应该果断剔除。

可是，多数情况下，很难判断哪些数据是离群数据，因为正常的数据也有一定的离散性。绝不能任意剔除一些误差较大但非离群的数据。在环境检测中，常用下列方法来对可疑数据进行取舍。

可疑值：如果一组检测数据 出现显著差异的数据，在数值排序中为特大或特小而值得怀疑的数值称为可疑值。

可疑值的处理：如果知道其属于操作过失造成的，则应将此值立即舍弃。在复查分析结果时，查找出可疑值的原因，也应将其立即舍弃。如找不出原因，则应按下述方法判断其取、舍。

1. Q 值检验法

Q 值检验法又叫做舍弃商法，是迪克森（W. J. Dixon）在 1951 年专为分析化学中少量观测次数（3～10 次）提出的一种简易判据式。按以下步骤来确定可疑值的取舍：

（1）将各数据按递增顺数排列：X_1、X_2、X_3、$\cdots$、X_{n-1}、X_n；

（2）求出最大值与最小值的差值（极差），即 $X_{max}-X_{min}$；

（3）求出可疑值与其最相邻数据之间的差值的绝对值；

（4）求出 Q 值：Q 值等于③中的差值除以②中的极差，即式（3-47）：

$$Q_{计}=\frac{|x_n-x_{n-1}|}{x_{max}-x_{min}} \tag{3-47}$$

（5）根据测定次数 n 和要求的置信水平 P（通常为 90%）见表 3-1

（6）判断：若 $Q_{计}>Q_{表}$，则舍去可疑值，否则应予保留。

举例：用 Na_2CO_3 作基准试剂对 HCl 溶液的浓度进行标定，共做 6 次，其结果分别为

不同置信度下可疑值的 Q 值   表 3-1

测定次数 n	3	4	5	6	7	8	9	10
$Q(90\%)$	0.94	0.76	0.64	0.56	0.51	0.47	0.44	0.41
$Q(95\%)$	0.97	0.84	0.73	0.64	0.59	0.54	0.51	0.49

0.5050、0.5042、0.5086、0.5063、0.5051、0.5064mol/L，考虑 0.5086mol/L 是否应舍去？方法如下：

6 次测定结果的顺序为 0.5042、0.5050、0.5051、0.5063、0.5064、0.5086mol/L，计算 $Q_{计} = (0.5086 - 0.5064)/(0.5086 - 0.5042) = 0.50$，再查表 $Q_{0.90,6} = 0.56$，判断 $Q_{计} < Q_{表}$，所以 0.5086mol/L 应该保留。

该方法的优点：Q 值检验法符合数理统计原理，算法比较严格，而且具有直观性，计算方法简单。其缺点是：分母是 $x_n - x_1$，数据离散性越大，可疑数据越不能舍去，故 Q 值检验法准确度相对差一些。如果 $Q_{计} = Q_{表}$ 时，最好再补测 1~2 次，或用中位值作为测定结果。

2. 格鲁布斯法

格鲁布斯法（Grubbs）具体的检验步骤与 Q 值检验法相似，只是具体的计算方法不同，具体步骤如下：

（1）将各数据按递增顺数排列：X_1、X_2、X_3、$\cdots$、X_{n-1}、X_n；

（2）求出这一组数据的平均值（$\bar{x}$）和标准偏差（s）；

（3）求出 G 值，计算公式为式（3-48）：

$$G = \frac{|x_{疑} - \bar{x}|}{s} \tag{3-48}$$

（4）根据测定次数 n 和要求的显著性水平 α（置信水平 $P = 1 - \alpha$）查表 3-2 得到 $T_{\alpha,n}$ 值；

不同测定次数 n 下可疑值的 T 值   表 3-2

测量次数 n	显著性水准 α		
	0.05	0.025	0.01
3	1.15	1.15	1.15
4	1.46	1.48	1.49
5	1.67	1.71	1.75
6	1.82	1.89	1.94
7	1.94	2.02	2.10
8	2.03	2.13	2.22
9	2.11	2.21	2.32
10	2.18	2.29	2.41
11	2.23	2.36	2.48
12	2.29	2.41	2.55
13	2.33	2.46	2.61
14	2.37	2.51	2.63
15	2.41	2.55	2.71
20	2.56	2.71	2.88

（5）判断：若 $G > T_{\alpha,n}$，则舍去可疑值，否则应予保留。

与其他判断方法相比，Grubbs 法最合理、最准确，而且 n 值无限制。因为它采用了数据处理中两个重要参数 $\bar{x}$ 和 s，能充分利用所有数据，即考虑到了准确度又考虑了精密度。

3. 平值的置信区间

在实际工作中，通常总是把测定数据的平均值作为分析结果报出。测得的少量数据的平均值总是带有一定的不确定性，它不能明确地说明测定的可靠性。在要求准确度较高的分析工作中，报出分析报告时，应同时指出测定结果包含真实值所在的区间范围，这一范围就称为置信区间（the confidence interval），区间包含真实值的概率，称为置信度或置信水平（confidence level），常用 P 表示。

对于有限次数的测定，真实值 μ 与 x 平均值之间有如式（3-49）的关系：

$$\mu = \bar{x} \pm t \frac{s}{\sqrt{n}} \tag{3-49}$$

式中 s 为标准偏差，n 为测定次数，t 为在选定的某一置信度下的概率系数，可根据测定次数从表 3-3 中查得。

不同测定次数及不同置信度下的 t 值表　　　　表 3-3

测量次数 n	置信度 P				
	50%	90%	95%	99%	99.5%
2	1.00	6.31	12.71	1.00	127.32
3	0.82	2.92	4.30	0.82	14.089
4	0.77	2.35	3.18	0.77	7.453
5	0.74	2.13	2.78	0.74	5.598
6	0.73	2.02	2.57	0.73	4.773
7	0.72	1.94	2.45	0.72	4.317
8	0.71	1.90	2.37	0.71	4.029
9	0.71	1.86	2.31	0.71	3.832
10	0.69	1.73	2.09	0.69	3.690
11	0.67	1.64	1.96	0.67	3.581
21	0.687	1.725	2.086	2.845	3.153
∞	0.674	1.645	1.960	2.576	2.807

在一定置信度下，以测定的平均值 x 为中心，包括总体平均值 μ 的范围就是平均值的置信区间，为式（3-50）：

$$\left(\bar{x} - t \frac{s}{\sqrt{n}}, \quad \bar{x} + t \frac{s}{\sqrt{n}} \right) \tag{3-50}$$

在同一置信度下，置信区间愈小，表示平均值的可靠性愈高，或者说平均值愈准确。

从 t 值表中还可以看出，当测量次数 n 增大时，t 值减小；当测定次数为 20 次以上到测定次数为 ∞ 时，t 值相差不多，这表明当 $n > 20$ 时，再增加测定次数对提高测定结果的准确度已经没有什么意义，因此只有在一定的测定次数范围内，分析数据的可靠性才随平行测定次数的增多而增加。

3.3.3　显著性检验

在实际工作中，往往会遇到对标准试样或纯物质进行测定时，所得到的平均值与标准值不完全一致；或者采用两种不同分析方法或不同分析人员对同一试样进行分析时，两组分析结果的平均值有一定的差异；这种差异是由随机误差引起的，还是系统误差引起的？这类问题在统计学中属于"假设检验"。如果分析结果之间存在"显著性差异"，就认为它们之间有明显的系统误差；否则就认为没有系统误差，纯属随机误差引起的，认为是正常的。下面先介绍常用的显著性检验方法之一："t 检验法"对检测结果的统计检验。

1. 检验结果的统计检验

（1）平均值与标准值的比较

为了检查分析数据是否存在较大的系统误差，可对标准试样进行若干次分析，再利用 t 检验法比较分析结果的平均值与标准试样的标准值之间是否存在显著性差异。

t 检验法，又称标准物质（样品）法。将包含有被测组分和试样的基本相似的标准物质（样品），用测定试样所选用的 分析方法进行 n 次分析测定，计算出标准物质（样品中所含有被测组分的算术平均值 $\bar{x}$ 及标准偏差 s，然后将此平均值与标准物质所给出的该组分的含量的标准值 u 比较。若平均值与 u 无显著性差异，说明所选用的方法可靠，可采用之。反之，则不可直接使用。

进行 t 检验时，首先按下式计算出 t 值：

$$t_{计算} = \frac{|\bar{x} - u|}{s} \cdot \sqrt{n} \tag{3-51}$$

式中　$\bar{x}$——多次测定的算术平均值；

　　　u——标准物质中该组分的含量（标准值）；

　　　s——多次测定的标准偏差；

　　　n——测定次数。

然后查表：依据自由度 $f = n-1$，置信水平 p，由表 3-4 中查出 t 值，以 $t_{表}$ 表示。比较 $t_{表}$ 和 $t_{计算}$ 值，若 $t_{表} > t_{计算}$，即 $\bar{x}$ 与 u 无显著性差异；若 $t_{表} < t_{计算}$，即 $\bar{x}$ 与 u 有显著性差异该法不宜直接采用。

t 分布　　　　　　　　　　　　　　　　　　　　表 3-4

自由度 $f=n-1$	置信水平 p			自由度 $f=n-1$	置信水平 p		
	90%时 t 值	95%时 t 值	99%时 t 值		90%时 t 值	95%时 t 值	99%时 t 值
1	6.31	12.71	63.66	13	1.77	2.16	3.01
2	2.92	4.30	9.92	14	1.76	2.14	2.98
3	2.35	3.18	5.81	15	1.75	2.13	2.95
4	2.13	2.78	4.60	16	1.74	2.12	2.92
5	2.01	2.57	4.03	17	1.74	2.11	2.90
6	1.94	2.45	3.71	18	1.73	2.01	2.86
7	1.90	2.36	3.50	19	1.72	2.09	2.86
8	1.86	2.31	3.35	20	1.72	2.09	2.84
9	1.83	2.26	3.25	30	1.70	2.04	2.75
10	1.81	2.23	3.17	40	1.69	2.02	2.70
11	1.79	2.20	3.11	60	1.67	2.00	2.66
12	1.78	2.17	3.06	120	1.66	1.98	2.62

【例 3-4】　室内空气检验机构采用 GB/T 18204.2—2014 公共场所卫生检验方法　第

2 部分：化学污染物的检测方法，以甲醛的标准控制样品浓度标准值为 1.05mg/L 为试样进行 6 次检测，数据为：1.09，1.05，1.08，1.06，1.07，1.09，计算检测结果的平均值为 1.07，标准偏差为 0.016。计算平均值与标准试样的标准值之间是否存在显著性差异？

解：
$$t_{计算} = \frac{|\bar{x} - u|}{s} \cdot \sqrt{n} = \frac{|1.07 - 1.05|}{0.016} \cdot \sqrt{6} = 2.82$$

查表 3-3（T 值表）有 $t_{0.956} = 2.57$，比较有 $t_{表} < t_{计算}$，则平均值与标准试样的标准值之间存在显著性差异。据此结果检查仪器条件、显色条件、人员操作水平等方面所存在的问题。

（2）两组平均值的比较

不同分析人员或同一分析人员采用不同方法分析同一试样，所得到的平均值，经常是不完全相等的。要判断这两个平均值之间是否有显著性差异，亦可采用 t 检验法。

设两组分析数据为：

$$n_1 \qquad s_1 \qquad \bar{x_1}$$
$$n_2 \qquad s_2 \qquad \bar{x_2}$$

s_1 和 s_2 分别表示第一组和第二组分析数据的标准偏差，可用下式求得合并标准偏差 s；

$$s = \sqrt{\frac{(n_1 - 1)s_1^2 + (n_1 - 1)s_2^2}{n_1 + n_2 - 2}} \tag{3-52}$$

当 $n_1 = n_2$ 时，上式可简化为：

$$s = \sqrt{\frac{(n-1) \times (s_1^2 + s_2^2)}{n_1 + n_2 - 2}} \tag{3-53}$$

然后计算出 $t_{计算}$ 值：

$$t_{计算} = \frac{|\bar{x_1} - \bar{x_2}|}{s} \sqrt{\frac{n_1 \cdot n_2}{n_1 + n_2}} \tag{3-54}$$

在一定置信水平时，查表得到 $t_{表}$（总自由度 $f = n_1 + n_2 - 2$），若 $t_{表} > t_{计算}$ 时，两组平均值不存在显著性差异；若 $t_{表} < t_{计算}$ 时，两组平均值存在显著性差异。

【例 3-5】 采用不同温度计在同一地点检测空气的温度，比较检测结果，其数据如表 3-5 所示。

比较检测结果表　　　　　　　　　　　　　　　　　　表 3-5

测温仪器	温度/℃	平均值/℃	标准偏差
温度计 A 型	25.6，25.6，25.6，25.6，25.6，25.6，25.6，25.6，25.6，25.7，25.7，25.7，25.7，25.7，25.7，25.7，25.7，25.7，25.7，25.7	25.6	0.05
温度计 B 型	26.2，26.1，26.1，26.2，26.1，26.2，26.2，26.2，26.2，26.2，26.2，26.2，26.2，26.2，26.2，26.2，26.2，26.2，26.2，26.2	25.8	0.04

经按上述公式计算合并标准偏差为 0.066，$t_{计算} = 3.03$，查表 3-3（t 值表）有 $t_{0.95,18} = 2.10$，则有 $t_{表} < t_{计算}$，故两组平均值存在显著性差异。

2. 相关系数的显著性检验

（1）直线回归方程及回归线的求法

环境分析与监测中，有的物质的含量和仪器的信号值的变量之间的关系，常可用直线回归方程来表示：

$$Y = a + bX \tag{3-55}$$

当 X 值为 X_1，X_2，$\cdots$，X_n时，相应的有：

$$Y_1 = a + bX_1 \tag{3-56}$$

$$Y_2 = a + bX_2 \tag{3-57}$$

$$Y_3 = a + bX_3 \tag{3-58}$$

由于在实验过程中存在测定误差，因此，相应于 X_1，X_2，$\cdots$，X_n 的实验值 Y_1，Y_2，$\cdots$，Y_n 与按回归方程计算的值 Y_1，Y_2，$\cdots$，Y_n 并不相等。任一实验点偏离真实直线的距离称为离差。要使 n 个实验点与回归直线的密合程度最好，可以利用最小二乘法原理，各个实验点的离差平方和最小。根据数学推导可有：

$$a = y - bX \tag{3-59}$$

$$b = \frac{\sum\limits_{i=1}^{n}(X_i - X)(Y_i - Y)}{\sum\limits_{i=1}^{n}(X_i - X)^2} \tag{3-60}$$

按上述公式求得 a、b 值后，即可确定反映实验点真实分布状况的回归直线。

(2) 相关系数的显著性检验

对任何两个变量 X 和 Y 的一组实验数据 $(X，Y)$，都可以用最小二乘法求得回归方程，配成一直线。实际上，只有当 Y 与 X 之间存在某种线性关系时，配成的直线才有意义。要检验回归直线有无意义（变量 X 与 Y 是否相关）在数学上引入一个相关系数，用 r 表示，它可用下式计算：

$$r = \frac{\sum\limits_{i=1}^{n}(X_i - X)(Y_i - Y)}{\sqrt{\sum\limits_{i=1}^{n}(X_i - X) \times \sum\limits_{i=1}^{n}(Y_i - Y)}} \tag{3-61}$$

r 的取值范围为 -1 到 $+1$ 之间。

$r = 0$ 表示 X 与 Y 无关；

$r = 1$ 表示 X 与 Y 正相关；

$r = -1$ 表示 X 与 Y 负相关；

$r > 0$ 正相关；

$r < 0$ 负相关。

只有当相关系数的绝对值大到某个起码数值以上时，X 与 Y 两组数据之间才存在线性相关关系、求得的回归关系才有意义。

相关系数的显著性检验的具体步骤是：首先计算出相关系数，其次是查"相关系数临界表"，依据显著性水准 a 自由度 $(n-1)$ 查出临界值，然后比较这两个 r 值，再判断相关性。

3.3.4 室内、室间的比对试验

环境监测的分析质量控制中，进行室间、室内的比对试验是环境检测全过程中全面质量管理的一个重要环节。其目的就是要把检测分析的误差控制在允许的限度内，保证测定结果有一定的精密度和准确度，使分析数据合理、可靠。环境监测的分析质量控制分为实

验室内部分析质量控制和实验室之间分析质量控制，而其中实验室内部分析质量控制的比对是保证实验室提供可靠分析结果的关键，也是保证实验室外部质量控制顺利进行的基础。

1. 实验室内部评定

（1）用重复测定试样的方法来评价测试方法的精密度；

（2）用测量标准物质或内部参考标准中组分的方法来评价测试方法的系统误差；

（3）利用标准物质，采用交换操作者、交换仪器设备的方法来评价测试方法的系统误差，可以评价这系统误差是来自操作者还是来自仪器设备；

（4）利用标准测量方法或权威测量方法和现用的测量方法得到的结果相比较，可用来评价方法的系统误差。

空气中氨含量的室内比对检验 表 3-6

	氨含量/（μg/mL）	结果平均值/（μg/mL）	标准偏差
检验数据一	2.61, 2.53, 2.55, 2.58, 2.60, 2.68, 2.63, 2.60, 2.68, 2.72	2.62	0.060
检验数据二	2.68, 2.62, 2.72, 2.65, 2.70, 2.66, 2.71, 2.61, 2.58, 2.58	2.65	0.052

实验室内对控制样的两组检测数据的统计分析（t 检验）：

（1）对控制样检测结果（$n=10$）的平均值：$\bar{x}=2.65\mu$g/mL，标准偏差为：$s=0.052$；

（2）两组平均值的合并标准偏差 $\bar{s}=0.056$；

（3）合并样本的计算统计量 $t=1.20$；

（4）查 t 值表 $t_{0.05,18}=2.10$；

（5）$t<t_{0.05,18}$。

结论：实验室内比对结果无显著性差异。

2. 实验室外部评定

测试分析质量的外边评定是很重要的，它可以避免实验室内部的主观因素，评价测量系统的系统误差 的大小；它是实验室水平的鉴定认可的重要手段。测试分析质量的外部评定可采用实验室之间共同分析的一个试样、实验室间交换试样以及分析从其他实验室得到的标准物质或质量控制样品等方法。

标准物质为比较测量系统和比较各实验室在不同条件下取得的数据提供了可比性的依据，它已被广泛认可为评价测量系统的最好的考核样品。

由主管部门或中心实验室每年一次或两次把为数不多的考核样品（常是标准 物质）发放到各实验室，用指定的方式对考核样品进行分析测试，可依据标准物质的给定值及其误差范围来判断和验证各实验室测验的能力和水平。

用标准物质或质量控制样品作为考核样品，对包括人员、仪器、方法等在内的整个测量体系进行质量评定，最常用的方法是采用"盲样"分析。盲样分析有单盲和双盲两种。所谓的单盲分析是指考核这件事是通知被考核的实验室或操作人员的，但考核样品真实组分含量是保密的。所谓双盲分析是指被考核的实验室或操作人员根本不知道考核这件事，当然更不知道考核样品组分的真实含量。双盲考核要求比单盲分析考核要高。

如果没有合适的标准物质作为考核样品时，可由管理部门或中心实验室配制质量控制

137

样品，发到各实验室。由于质量控制样品的稳定性（均匀性）都没有经过严格的鉴定，又没有准确的鉴定值，在评价各实验室数据时，管理部门或中心实验室可以利用自己的质量控制图。其控制图中的控制限一般要大于内部控制图的控制限。因为各实验室使用了不同的仪器、试剂、器皿等，实验室之间的差异总是大于一个实验范围内的差异。如果从各实验室能得到足够多的数据时，则可以根置信区间来评价各实验室的分析测试质量水平，也可以建立起来各实验室之间控制图来进行分析评价。

空气中甲醛含量的室间比对检验 表 3-7

	甲醛含量/(μg/mL)	结果平均值/(μg/mL)	标准偏差
检验数据一	2.45, 2.40, 2.50, 2.55, 2.39, 2.38, 2.42, 2.48, 2.48, 2.56	2.46	0.065
检验数据二	2.36, 2.50, 2.46, 2.48, 2.44, 2.48, 2.38, 2.46, 2.44, 2.38	2.44	0.048

实验室间对控制样的两组检测数据的统计分析（t 检验）。

（1）比对检验资质单位对控制样检测结果（$n=10$）的平均值：$\bar{x}=2.44\mu g/mL$ 标准偏差为：$s=0.048$；

（2）两组平均值的合并标准偏差 $\bar{s}=0.057$；

（3）合并样本的计算统计量 $t=0.79$；

（4）查 t 值表 $t_{0.05,18}=2.09$；

（5）$t<t_{0.05,18}$。

结论：实验室间比对结果无显著性差异。

3.4 原始记录及检测报告

3.4.1 原始记录

为了确保检测结果的准确性、可靠性、科学性，检测样品的原始记录是最重要的基础资料，也是编制检测报告的重要依据。要真实地记录检测时的各种数据，信息的完整性，以便识别不确定度的影响因素，保证该检测在尽可能接近原条件情况下能够复现，保证测量溯源性。

1. 基本信息

原始记录最重要的一点就是信息完整性，通常情况下原始记录不完整主要就是一些基本信息的忽略和缺失，造成实验结果不能溯源或无法分析误差产生的原因。一般的化学分析原始记录基本信息主要包括：

标题：检测机构及检测类别原始记录；

样品名称：产品性质样品指商品名，非产品性质样品指被检测场所采集的气体、水、餐饮、疑似中毒样品等具体名称；

样品编号：写全样品编号的全部编码，是该样品的唯一标识；

检测项目：检测某项目的具体名称；

检测依据：指检测方法所用的标准。

仪器名称及使用条件：指检测某一项目所具体使用的仪器型号、名称、编号，以及该仪器使用时的条件要求（如高温电炉使用温度、分光光度计波长等）；

检测起止日期：特别是检测周期较长的项目，是对结果有效性至关重要的日期；

环境条件：标明与检测结果有直接影响的环境条件（如温度、湿度）；

标准物质（或标准溶液）：是指一种已经确定了具有一个或多个足够均匀的特性值的物质或材料，作为分析测量行业中的"量具"，在校准测量仪器和装置、评价测量分析方法、测量物质或材料特性值和考核分析人员的操作技术水平，以及在生产过程中产品的质量控制等领域起着不可或缺的作用。

计算公式：各项目分析方法的最终计算公式，包括使用的工作曲线；

检测者：检测数据全部记录完毕后，检测该项目的人员签名。该人员必须是专业人员或经过专业培训的长期签约人员；

校核者：对检测的数据和数据处理的整个过程；

页数：检测项目原始记录的页码和总页数（格式：共 x 页第 x 页），以确保能够识别该页是原始记录的一部分，保证原始记录的完整性。

2. 检测数据

检测数据是原始记录中最重要的核心的信息，严禁伪造和编造数据，遵循原始性、真实性原则，应注意以下三个方面：

（1）相关数据的记录：包括所用的实际样品用量、稀释倍数、空气采样体积及换算系数、仪器的主要部件（例：色谱柱、检测器等）及试剂（流动相、载气等）与各种实验的条件；

（2）平行空白实验：为了扣除试剂或仪器等因素对结果的干扰，一般需要做平行空白实验。因空白值的大小直接影响测定结果的准确性和重现性，尤其对低浓度测定影响更大；

（3）对实验数据的处理：包括可疑值的取舍、有效数字的修约和对分析结果准度的评价，数据单位应根据相关的标准要求统一。

3. 原始记录的注意事项

（1）应准确、完整、真实、客观地记录所有实验细节和实验结果，应及时记录，不能作回忆性记录；

（2）实验记录应用字规范，字迹工整，须用蓝色或黑色字迹的签字笔书写，不得使用铅笔或其他易褪色的书写工具书写；

（3）原始记录不许随意更改，当记录中出现错误必须改正时，应杠改不能涂改，即在错误的内容上画"—"以示清除，将正确的内容写在右上角，并在右下角处附上改动人员的签名。

3.4.2　检测报告

检测报告是实验室技术能力和管理体系有效运行程度的体现，也是履行对客户服务承诺出具的能够承担法律责任的技术文件，是质检机构检验工作的最终产品。检测结果的准确性和可靠性直接关系到客户的切身利益。为给客户提供准确、清晰、客观、公正的服务，检测报告应注意以下几个方面的内容：

1. 检测报告的基本要求

（1）检测报告的编制应符合国家有关法律法规及检测机构所建立的质量体系文件的规定；

（2）报告中所使用的术语、定义应与现行有效的国家标准、技术规范一致；

（3）检测数据的处理与表达方式应与现行有效的国家标准、技术规范一致；

（4）使用法定计量单位；

（5）必须加盖相关的印章（检测专用章和 CMA 计量认证章）和相关人员的签章；

（6）若有分包项目应注明，必要时可详细说明。

2. 检测报告的内容

检测报告的内容应包括以下信息：（1）标题；（2）检测机构名称、地址及联系电话；（3）检测报告唯一性标识（报告编号或二维码），报告总页数及页码；（4）客户的相关信息；（5）检测样品的描述说明和明确标识，包括样品的特性及状态；（6）检测方法技术依据及说明，包括检测仪器设备和环境条件；（7）检测的结果及结论；（8）报告的有效性声明和使用范围；（9）特定方法、客户要求附加的信息等。

3. 检测报告的审核

为了保证检测报告的准确性和科学性，检测报告的签发实行严格的四级审核制度，层层把关，各负其责。

一级审核由同一检测科室的校核人员完成，主要审核原始记录的准确性和检测报告的规范性、一致性，如核实检测过程是否符合标准、作业指导书进行、原始数据的来源、计算过程是否准确无误以及检测报告与原始记录、委托检测协议书的相关信息内容完全一致。审核完毕，要在检测报告相关栏目签字确认。

二级审核由科室负责人完成，主要审核原始记录与检测报告内容的完整性、规范性、合理性，检查数字修约和数值单位是否规范、有无缺漏项，有无操作错误及逻辑错误及依据标准、方法是否现行有效等并签字确认。

三级审核由质量管理办公室负责完成，主要审核检测报告、原始记录、委托检测协议书的一致性、规范性和完整性，如检测是否按照委托检测协议书中检测项目和样品有效期内进行，检测、校核、审核人员是否签名、检测结果的计量单位是否与相应的评价依据一致、检测使用仪器设备是否在检定有效期内等内容进行审核。

四级审核由授权签字人对报告书进行全面审核后签发，主要审查检测报告有无逻辑错误、使用方法和仪器设备是否合适、结果表述是否规范严谨、检测或评价引用的标准是否准确充分、评价结论是否科学合理、现场检测测量点分布是否满足检测需求等。

4. 检测报告的修改

检测报告原则上不允许修改，若已批准签发送达客户后，因出现下列原因之一的，可对检测报告进行必要的更正或补充：

（1）发现检测报告对应的检测设备出现问题，且已影响到该检测报告所涉及的检测结果；

（2）发现由于采用了不正确或不完善的检测方法，导致检测结果有误；

（3）发现出具的检测报告有其他错误；

（4）为满足客户的合理要求。

对于确实需要进行修改的检测报告，可采用两种方式操作：一是签发一个新的检测报告，以替代原检测报告，新报告应有新的编号，并标明替代的旧报告号，而且应将原检测报告收回；二是以"报告的更改或补充的通知"的形式通知客户。

第4章 室内空气检测的采样

4.1 空 气 采 样

室内空气质量检测技术的首要一环是室内空气的采样技术。采样的最基本原则是具有代表性和真实性：

① 代表性：样品能够反映全部被测室内环境的组分、质量和污染状况；

② 真实性：样品的组分和污染物质与实际的检测环境一致，样品能够反映被测环境的真实情况。

本节将从上述两个方面介绍现场采样的采样方法、采样时间和采样效率。

4.1.1 采样方法

空气采样方法可以分为直接采样法和浓缩（富集）采样法。

1. 直接采样法

当采样点的被测组分浓度较高或检测方法灵敏度较好时采用直接采样法。这种采样法，用较短的时间，采集较少的空气样品即可满足检测分析要求。常用的采样容器有注射器采样、塑料袋采样、采气管采样、真空瓶（管）采样。

在现场进行仪器直读的空气采样中，一氧化碳、二氧化碳的红外光谱检测法就属于现场直接采样法。甲醛分析仪检测室内空气甲醛采用直接采样法。

2. 浓缩采样法

在空气中低含量待测组分的采样中，用直接法往往满足不了检测的要求，就必须将其富集（浓缩），适当加长采样时间，才可以提高采样的代表性和检测的准确度。常用的方法有"溶液吸收法"、"固体阻留法"和"滤料阻留法"。

(1) 溶液吸收法

采样时用带抽气泵的采样器，将一定体积的空气吸入装有一定体积吸收液的吸收管里。则待测样品从大体积的空气中（比如10L）"转移"采集到小体积（比如5mL）的吸收液中，其浓缩倍数为2000倍。在不同待测样品采样时所用的吸收液，在检测样品的依据方法标准中有规定。吸收液可分为溶解法吸收液包括水、有机溶剂、化学反应法吸收液。吸收液的选择原则是：

1）与被采集的物质发生化学反应快或对其溶解度大；

2）被吸收的待测物质，有足够的稳定时间；

3）被吸收的待测物质，应有利于下一步测定；

4）吸收液毒性少、价格低、易于购买且尽可能回收利用。

检测室内空气中的甲醛、氨、二氧化硫、二氧化碳、臭氧等的采样，就是采用溶液吸收法。

(2) 固体阻留法

又称填充柱阻留法，是在玻璃柱和不锈钢柱或塑料柱中均匀装入颗粒状的填充剂制成。其内径约为 3～5mm，长 5～15mm。采样时，使空气样品以一定流速通过填充柱采样管，则待测组分因与填充剂的吸附、溶解或化学反应等作用，被阻留在填充柱采样管的填充剂中，达到浓缩采样的目的。采样后通过溶解浸提（洗脱或解吸），使被测组分从填充剂中释放出来，再进行测定。

依据填充柱阻留作用的原理，可分为吸附型、分配型和反应型 3 种填充柱阻留法。

用活性炭作为填充剂制备的活性炭采样管可以用于采集空气中的苯、甲苯和二甲苯，属于吸附型的填充柱采样法。吸附的样品，可以用二硫化碳溶解洗脱，也可以热解吸后测定。用 Tenax-TA 作为填充剂制备的采样管，可以用于采集空气中的总挥发性有机化合物，属于分配型的填充柱采样法。采集的样品可以用热解吸方法将其从填充剂中解吸出来后测定。

用惰性多孔颗粒物与被测组分发生化学反应的试剂制成填充剂，如用装有涂渍硫酸的石英砂填充柱，可采集空气中的氨，采样后用水洗脱测定，属于反应型填充柱法。

(3) 滤料阻留法

该法是将过滤材料（滤纸、滤膜放在"采样夹"上），用抽气装置抽气，则空气中的颗粒物被阻留在过滤材料上，称量过滤材料上富集的颗粒物质量，根据采样体积，即可计算出空气中颗粒物的浓度。

空气中 PM10 的采样方法就是一种滤料阻留法采样。

如果按有没有采样"动力"，则空气的采样法可分为有动力式采样法和无动力式采样法。有动力式采样法必须有负压源，即必须有抽气泵作为"动力"。而无动力式采样法主要以"扩散"的方式进行采样。室内空气中测甲醛的酚试剂法（GB/T 18204.26）、测氨的靛酚蓝法（GB/T 18204.25）、测苯的气相色谱法 GB 11737）等的采样方法是有动力式采样法。室内空气中氡的检测，部分仪器是采用无动力式采样方法检测的。

在《室内空气质量标准》的附录 A 中，所列举的采样方法：筛选法和累积法，则是根据采样时间的长短确定的。

4.1.2　采样点设置

由于污染物在空气中存在着时间和空间的差别，在不同时间和空间采样得到的检测结果将会有很大差异。在一定条件下采样得到的检测结果，只代表此条件下的待测物质的浓度。为了使获得的室内空气检测达到有代表性的检测结果，在设计采样方案时要考虑以下几方面因素。

1. 采样点的数量

一个采样器吸入空气涉及的空间范围是有限的，这个范围受采样速度、环境风速影响很大，很难用一个简单的数字描述。一般采样点之间的平面距离以 3m 左右被人们接受。因此根据房间的面积和形状，可以按照 50m² 以下设 1～3 个采样点，50～100m² 设 3～5 个采样点，100m² 以上至少设 5 个采样点。采样点要均匀分布。

2. 采样点高度

考虑污染物对人体的影响，采样点高度一般设在人的呼吸带，即距离地面 0.5～1.5m 为宜。

3. 采样持续时间

在采样开始和终了，采样器内的压力和流量有一个变化和平衡过程，为了补偿此过程对采样体积的影响，保证测量结果的准确性，除了直接采样和直读仪器外，采样持续时间不能少于 10～15min 同一个采样点持续时间不同，测出的浓度差别很大，这是由于空气中污染物浓度在时间上并不稳定所至，根据人体活动接触时间，可以选择 1h、8h、24h 时间加权平均值。8h 平均值常用于职业接触评价，采样持续时间至少 6h；24h 平均值常用于环境接触评价，采样持续时间至少 18h；1h 平均值用于特定条件评价，采样持续时间至少 45min。由于采样容量的限制，一个采样器一次采样时间多数不能超过 0.5h，采样持续时间可以用多个采样器连续或断续采样累积计算时间。

4. 采样点的其他要求

采样点应该避开不能代表空间总体的特殊点，如空调的进风口、门窗缝隙等处，采样点距离墙壁要有 0.5m 的距离。

4.1.3 采样效率

一种采样方法或一种采样器的采样效率是指在规定的采样条件（如采样流量、污染物浓度范围、采样时间等）下所采集到的污染物量占其总量的百分数。由于污染物的存在状态不同，评价方法也不同。

1. 采集气态和蒸气态污染物质效率的评价方法

（1）绝对比较法

精确配制一个已知浓度的 c_0 的标准气体，用所选用的采样方法采集，测定被采集的污染物浓度（c_1），其采样效率（K）为：

$$K = \frac{c_1}{c_2} \times 100\% \tag{4-1}$$

用这种方法评价采样效率虽然比较理想，但因配制已知浓度的标准气有一定困难，往往在实际应用时受到限制。

（2）相对比较法

配制一个恒定的、但不要求知道待测污染物准确浓度的气体样品，用 2～3 个采样管串联起来采集配制的样品。采样结束后，分别测定各采样管中污染物的浓度，其采样效率（K）为：

$$K = \frac{c_1}{c_1 + c_2 + c_3} \times 100\% \tag{4-2}$$

式中 c_1、c_2、c_3——分别为第一、第二和第三个采样管中污染物的实测浓度。

第二、第三管的污染物浓度所占比例越小，采样效率越高。一般要求 K 值在 90% 以上。采样效率过低时，应更换采样管、吸收液或降低抽气速度。

2. 采集颗粒物效率的评价方法

对颗粒物的采集效率有两种表示。一种是用采集颗粒数效率表示，即所采集到的颗粒物粒数占总颗粒物粒数的百分数。另一种是质量采样效率，即所采集到的颗粒物质量占颗粒物的总质量的百分数。只有全部颗粒物的大小相同时，这两种采样效率在数值上才相等。但是，实际上这种情况是不存在的，而粒径几微米以下的小颗粒物的颗粒数总是占大部分，而按质量计算却只占很小部分，故质量采样效率总是大于采集颗粒数效率。在大气监测评价中，评价采集颗粒物方法的采样效率多用质量采样效率表示。

评价采集颗粒物方法的效率与评价采集气态和蒸汽态物质采样效率的方法有很大不同。一则配制已知颗粒物浓度的气体在技术上比配制气态和蒸气态物质标准气体要复杂得多，而且颗粒物粒度范围很大，很难在实验室模拟现场存在的气溶胶各种状态。二则滤料采样就像滤筛一样，能漏过第一张滤料的细小颗粒物，也有可能会漏过第二张或第三张滤料，因此用相对比较法评价颗粒物的采样效率就有困难。

鉴于以上情况，评价滤料采样法效率一般用另一个已知采样效率高的方法同时采样，或串联在它的后面进行比较得出。对颗粒物采样效率的测定，常用一个灵敏度很高的颗粒计数器测量进入滤料前后的空气中的颗粒数来计算。

4.2　室内空气采样仪器及流量校准

样品的采集是保证检测结果准确性的前提和基础，采样人员必须掌握正确的采样方法，熟悉采样理论、采样原则和基本方法、相关的规范要求和国家标准。

4.2.1　采样的仪器

1. 大气采样器

大气采样器是采集大气污染物或受污染空气的仪器或装置。其种类很多，按采集对象可分为气体采样器和颗粒物采样器；按使用场所可分为环境采样器、室内采样器和污染源采样器。此外，还有特殊用途的大气采样器，如同时采集气体和颗粒物质的采样器。根据不同用途、不同型号、不同生产厂家的大气采样器，其仪器构造、工作原理都有所区别，但一般的大气采样器都是由气体收集系统、流量控制系统和抽气动力系统三部分组成，如图 4-1 所示。

随着科学技术的不断进步和国家对环境问题的越来越重视，以大气采样器等环保仪器为生产产品的企业也越来越多，大气采样器也不断推出新品，使得大气采样器向更加便携、更加精确、更加智能化、功能更加齐全的趋势发展，如目前已经面市的有 24 小时自动连续采样器、恒温恒流大气采样器、智能型大气采样器、防爆大气采样器、双气路大气采样器、智能四通道大气采样器等产品，大大丰富了大气采样器的种类。

智能四气路大气采样器是一种对建筑工程室内空气进行采样的专用仪器，符合《民用建筑工程室内环境污染控制规范》GB 50325 标准要求，采用微机系统恒流控制，定时设置，可同时采集一个监测点空气的甲醛、氨、苯、TVOC 四项参数的样品，广泛适用于大气环境监测、卫生防疫、劳动保护、科研等单位使用，也可与有关仪器配套使用，如图4-2 所示。

在使用大气采样器的过程中，需注意以下事项：（1）大气吸收管吸气、出气不能接反，以防止吸收管内的吸收液倒流入流量计内；（2）若 3 个月以上不使用应进行补充电，

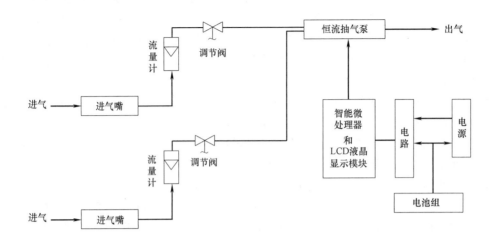

图 4-1　大气采样器工作原理图

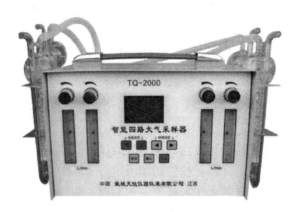

图 4-2　智能四气路大气采样器

以确保高能镉镍电池的使用寿命；（3）若流量测节达不到 0.5L/min 时应考虑电池需要重新充电、橡皮管或泵有漏气等因素；（4）在含尘较多的空气中，应在开机前装好带滤膜的采样头，否则尘粒进入机内影响气路的器件清洁。

2. 大气吸收管

大气吸收管是一种用于气体样品吸收、富集的优质玻璃仪器，主要由外管和内管两部分组成，通过顶端进气口连成一体形成进样、缓冲与吸收一体化的气体捕集装置。常见的大气吸收管有多孔玻板吸收管、冲击式吸收管、大型气泡吸收管、小型气泡吸收管等（图4-3），颜色分为白色和棕色两种。

气泡吸收管又称气泡吸收瓶，有大型和小型两种，目前民用建筑工程室内空气中甲醛和氨的样品采样使用比较普遍的是大型气泡吸收管。气泡吸收管外管下部缩小，使吸收液的液柱增高，以增加空气与吸收液的接触时间。上部膨大，可避免吸收液在采样时溅出，具有清洗、加液、倒液都比较方便的优点，适用于采集气态、蒸气态物质。大型气泡吸收管盛 5～10mL 吸收液，采样速度一般为 0.5L/min，小型气泡吸收管可盛 3mL 吸收液，

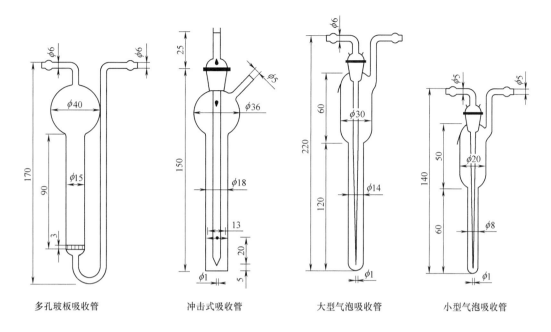

多孔玻板吸收管　　　　冲击式吸收管　　　　大型气泡吸收管　　　　小型气泡吸收管

图4-3　大气吸收管

采样速度一般为 0.3L/min。

大气吸收管与大气采样器配套使用，使用时需在吸收管与采样器之间安装安全瓶，而且须注意吸气、出气的连接顺序，不能接反，以防止吸收管内的吸收液倒吸入采样器中造成仪器损害。

3. TVOC 吸附管

TVOC 吸附管是一种装有固体吸附剂的玻璃管或内壁光滑的不锈钢管，管两端用橡胶帽密封，专门用于室内空气中总挥发性有机物（TVOC）的采集，因内装的吸附剂不同而分为不同的类型，Tenax-TA 吸附管是目前使用最为广泛的一种 TVOC 吸附管。

Tenax-TA 吸附管中的吸附剂化学名：2,6-二苯基呋喃多孔聚合物，粒径为 0.18～0.25mm（60～80 目），比表面积 35m²/g，孔体积 2.4cm³/g，平均孔径 200nm，密度 0.25g/mL。在众多固体吸附剂中，Tenax-TA 吸附剂对有机挥发物和半挥发物有良好的吸附性能，吸附率达 98%（±1%），解吸率 90%～99%，具有较好的耐温性（极低流失），加热解吸至 350℃ 不发生分解，而且对水吸附程度低，十分适合对液态基质中挥发性成分进行分析。

Tenax-TA 吸附管分为不锈钢、玻璃两种类型（图4-4），管内装有 200mg Tenax-TA 吸附剂担体，一般规格为：玻璃型长度 20cm，内径 4mm，外径 6mm；不锈钢型长度 15cm，内径 5mm，外径 6mm，特殊规格可根据需要定做。玻璃管均两端融封，采样前可根据热解吸仪的要求截成需要的长度。Tenax-TA 吸附管具有吸附效果好，重复利用率高的特点。

Tenax-TA 吸附管使用的注意事项：（1）吸附管在采样之前需要在氮气流中活化，氮气流量为 0.5～1.0L/min，活化温度 300～330℃，活化时间不少于 30min，活化至无杂质峰为止；（2）在采样地点打开吸附管两端的密封橡胶帽，采样结束后迅速密封好橡胶帽并做好标记，然后放入可密封的金属或玻璃容器中，应尽量减少吸附管在环境空气中暴露的时间；（3）应注意吸附管上面标识的箭头，采样时吸附管上的箭头方向应与空气流动方向一致，进样时箭头方向应与载气流向相反，若吸附管上面没有标识箭头，使用时需自行确定箭头方向；（4）由于吸附管反复加热和冷却，吸附剂可能会破碎而出现粒度变化，表面积发生改变，使得吹扫气体通过吸附管的速度发生改变，吸附能力也发生变化，造成较大的采样误差，所以需要定期地更换新的吸附管。

4. 苯吸附管

苯吸附管的外形和 TVOC 吸附管基本相同，也有不锈钢和玻璃两种类型，只是管内填充 20～40 目优质椰壳活性炭吸附剂（图 4-5）。椰壳活性炭以优质椰子壳为原料，经高温碳化而成，主要成分除炭以外，还包含少量的氢、氮、氧等，粒度 4～50 目不等，强度 ≥95％，比表面积 950～1250m² /g，密度 0.45～0.55g/mL。椰壳活性炭有着极其丰富的孔隙构造，具有吸附性能好、强度高、易再生、经济耐用、再生容易等优点，对苯的解吸效率＞99.6％，甲苯的解吸效率＞98％，二甲苯的解吸效率＞96％，特别适用于空气中苯及苯系物的吸附和采样。

图 4-4　Tenax-TA 吸附管

图 4-5　苯吸附管

苯吸附管按照解吸方式分为热解吸型和溶剂解吸型两种，一般规格为：热解吸型长度 20cm，内径 4mm，外径 6mm，填充物质量 100mg；溶剂解吸型长度 15cm，内径 4mm，外径 6mm，填充物质量 150mg，特殊规格也可根据需要定做。新的玻璃吸附管两端均融封，采样前可根据热解吸仪的要求截成需要的长度。

苯吸附管在使用过程中的注意事项与 Tenax-TA 吸附管基本相同，采样前须活化、尽量少暴露在空气中、注意箭头方向、定期更换新吸附管等，除此之外，还应注意以下两点：（1）活化温度 300～350℃，活化时间不少于 10min；（2）由于活性炭对水的吸附能力较强，所以当环境湿度较大时（大于 70％），需在吸附管前加装干燥装置或停止采样。

4.2.2　流量校准

采样器在连接上吸收管后，由于吸收管给采样器带来一定的阻力流量值与真实值产生偏差，因此需要用皂膜计对采样器流量进行校准。

采样器的流量校准，通常是采用皂膜计（"强检"仪器）与采样器流量计串联成"进气系统"进行流量校正的，具体步骤如下。

1. 皂膜计装置的准备

（1）皂膜计的润洗：皂膜计就是一根垂直竖立的具有一定容积的玻璃管（例如：300mL）在使用前，必须用洗涤剂清洗干净，使其内壁达到"不挂水珠"的程度，从而保证在皂膜计使用中，形成的"皂膜"上升速度均衡，重复性好。

（2）皂膜液的制备：宜选用表面活性大的皂液或发泡洗涤液制作，其浓度适中。制好后加入皂膜计下面的橡皮球中，加入量不宜过多。

（3）将皂膜计垂直固定在铁架台上，铁架上放置缓冲泡沫塑料板，以防皂膜计"松动"下落而损坏。

（4）皂膜计的下部侧管接头要连接一段塑料软管（或乳胶管）。

（5）将装有适量皂膜液的橡皮球，小心安装在皂膜计的下端接口。

2. 采样器流量计校准系统的安装

（1）按下列顺序用胶管连接好流量计的校准系统：

（2）校准的进气系统流程：当开启采样器后，空气从皂膜计下部的侧管吸入→经皂膜计从上出口管进入滤水井顶部接口管→从侧面出口管进入气泡吸收管（吸收液）→从吸收管的"缓冲部位"出口管路进入滤水井后→最后进入采样器的入口管，并流经流量计进入吸气泵再排空（滤水井起缓冲作用）。

3. 检查校准

（1）启动大气采样器，调节转子流量计的浮子在 0.5L/min 或 1.0L/min 的位置，记录室温和大气压力。

（2）捏一下皂膜计下面的橡皮球，使皂膜计进气口与皂液面接触，形成皂膜。气体推动皂膜缓缓上升，重复多次，使一个皂膜能通过整 个皂膜计管而不破裂即可。

（3）用秒表记录皂膜通过上下刻度线间（一定体积）的时间（皂膜计是指其体积经计量检定的Ⅰ级皂膜计，其适宜的体积为300mL）。

（4）以上操作应重复三次，计时误差小于±0.2s，并将结果记录在"大气采样器流量校准记录表"中。

（5）流量计校准所得流量误差应在 5% 以内。误差过大应对流量计进行检修或更换。

（6）双泵采样器的流量校准时，宜同时开启双泵，并置于相同的流量计的读数条件下校准。

（7）每台采样器应固定吸收管逐个编号并与采样器、采样泵（左或右）相对应校正、记录，并按此对应编号进行现场采样。

（8）校准完成后，应对皂膜计进行清理。

（9）拆开皂膜计与采样器的连接，取下吸收管，并清洗好备用。

（10）用清水冲洗皂膜计，使其内壁洁净（不挂水珠，充分浸润）为合格。

4. 采样器流量校准及采样前后误差的计算

【例4-1】 对一台QC-2型采样器进行校准氨采样管时，校准实验室温度为25℃，大气压力为100.8kPa调节转子流量计的浮子在0.50L/min的位置，测定"皂膜"通过两刻线间的体积为250mL（经计量检定合格）的一级皂膜计，三次所用的时间分别为27.00s，27.00s，27.19s，则此台采样器在标准状态下的流量的校正值是多少？

解： 校准甲醛、氨采样管采样流量时，计算公式中的 P_v 值，可查不同温度下的饱和蒸气压表（表4-1）。

不同温度下的饱和蒸汽压　　　　　　　　　　　表4-1

℃	0.0		0.2		0.4		0.6		0.8	
	kPa	mmHg	kPa	mmHg	kPa	mmHg	kPa	mmHg	kPa	mmHg
1	0.610	4.579	0.613	4.649	0.629	4.715	0.638	4.785	0.647	4.855
2	0.657	4.926	0.666	4.998	0.676	5.070	0.686	5.144	0.696	5.219
3	0.706	5.294	0.716	5.370	0.726	5.447	0.736	5.525	0.747	5.605
4	0.758	5.685	0.769	5.766	0.780	5.848	0.791	5.931	0.802	6.015
5	0.813	6.101	0.825	6.187	0.836	6.274	0.848	6.363	0.860	6.453
6	0.872	6.543	0.884	6.635	0.897	6.728	0.909	6.822	0.922	6.917
7	0.935	7.013	0.948	7.111	0.961	7.209	0.974	7.309	0.988	7.411
8	1.001	7.513	1.015	7.617	1.029	7.722	1.403	7.828	1.058	7.936
9	1.072	8.405	1.087	8.155	1.102	8.267	1.117	8.380	1.132	8.494
10	1.148	8.609	1.163	8.727	1.179	8.845	1.195	8.965	1.121	9.086
11	1.228	9.209	1.244	9.333	1.126	9.458	1.278	9.585	1.295	9.714
12	1.312	9.844	1.330	9.976	1.348	10.109	1.366	10.244	1.384	10.380
13	1.402	10.518	1.421	10.658	1.440	10.799	1.458	10.941	1.478	11.085
14	1.497	11.231	1.517	11.397	1.537	11.528	1.557	11.680	1.577	11.833
15	1.598	11.987	1.619	12.144	1.640	12.302	1.661	12.462	1.863	12.624
16	1.705	12.788	1.727	12.953	1.749	13.121	1.772	13.290	1.794	13.461
17	1.817	13.634	1.841	13.809	1.864	13.987	1.888	14.166	1.912	14.347
18	1.937	14.530	1.962	14.715	1.987	14.903	2.012	15.092	2.037	15.284
19	2.063	15.477	2.089	15.673	2.116	15.871	2.142	16.071	2.169	16.272
20	2.196	16.477	2.224	16.685	2.252	16.894	2.280	17.105	2.309	17.319
21	2.337	17.535	2.366	17.753	2.396	17.974	2.426	18.197	2.456	18.422
22	2.486	18.650	2.517	18.880	2.548	19.113	2.579	18.197	2.611	19.587
23	2.643	19.827	2.675	20.070	2.708	20.316	2.741	20.565	2.775	20.815
24	2.808	21.068	2.842	21.324	2.877	21.583	2.912	21.845	2.947	22.110

℃	0.0		0.2		0.4		0.6		0.8	
	kPa	mmHg	kPa	mmHg	kPa	mmHg	kPa	mmHg	kPa	mmHg
25	2.983	22.377	3.019	22.648	3.056	22.922	3.092	23.168	3.129	23.476
26	3.167	23.756	3.204	24.093	3.243	24.326	3.281	24.617	3.321	24.912
27	3.360	25.209	3.400	25.509	3.441	25.812	3.481	26.117	3.532	26.426
28	3.564	26.739	3.606	27.055	3.649	27.374	3.692	27.696	3.735	28.021
29	3.779	28.349	3.823	28.680	3.868	29.015	3.913	29.354	3.959	29.697
30	4.005	30.043	4.051	30.392	4.098	30.754	4.146	31.102	4.194	31.461
31	4.242	31.824	4.291	32.191	4.340	32.561	4.390	32.934	4.440	33.312
32	4.492	33.695	4.543	34.082	4.595	34.471	4.647	34.864	4.700	37.308
33	4.754	35.663	4.808	36.068	4.862	36.477	4.918	36.891	4.973	39.457
34	5.029	37.729	5.086	38.155	5.143	38.584	5.012	39.018	5.260	39.457
35	5.318	39.898	5.378	40.344	5.438	40.344	5.438	40.796	5.499	41.251
36	5.622	42.175	5.684	42.644	5.747	43.117	5.811	43.595	5.876	44.078
37	5.940	44.563	6.006	45.054	6.072	45.549	6.318	46.050	6.206	46.506
38	6.274	47.067	6.343	47.582	6.412	48.102	6.482	48.627	6.553	49.157
39	6.624	49.692	6.696	50.231	6.768	50.744	6.481	51.323	6.915	51.897
40	6.991	52.442	7.066	53.009	7.142	53.580	7.219	54.156	7.296	54.737
41	7.375	55.324	7.453	55.910	7.533	56.510	7.613	57.110	7.694	57.720
42	7.777	58.340	7.859	58.960	7.942	59.580	8.027	60.220	8.113	60.860
43	8.198	61.500	8.283	62.140	8.371	62.800	8.027	63.460	8.547	64.120
44	8.638	64.800	8.728	65.480	8.811	66.100	8.459	66.860	9.006	67.560
45	9.099	68.260	9.914	68.970	9.290	69.690	8.912	70.410	9.483	71.140

（1）将 250mL 换算为标准状态的皂膜流量计体积：

$$V_s = V_m \{ T_0/(T_0+t) \times [(p-p_v)/p_0] \}$$
$$= V_m \cdot 2.695(p-p_v)/(273+t)$$
$$= 250 \times 2.695 \times (100.8-3.129)/273+25 = 220.8 \text{mL}$$

式中　V_s——标准状况下的皂膜计体积，mL；

$\quad\quad V_m$——皂膜计两刻度线间的体积，mL；

$\quad\quad p$——校准时大气压力，kPa；

$\quad\quad p_0$——标准状况大气压力，101.3kPa；

$\quad\quad T_0$——标准状况热力学温度，273K；

$\quad\quad t$——校准时的温度，℃；

$\quad\quad p_v$——皂膜内水蒸气压力，kPa。

（2）采样器校准流量的计算：

$$Q_s = V_s/t_{平均} \times 60/1000$$
$$= 220.8/[(27.00+27.00+27.19)/3] \times 60/1000 = 0.490 \text{L/min}$$

式中 Q_s——标准状况下的采样器流量，L/min；

$\quad$ V_s——标准状态下的皂膜计体积，mL；

$\quad$ $t_{平均}$——3 次测定的时间平均值，s。

可见，此时采样器所示刻度的流量值为 0.5L/min，其真实流量值为 0.490L/min；

【例 4-2】 若一台 QC-2 型采样器在采样前、后校准的流量分别为 0.490L/min、0.505L/min，计算采样前和采样后校准流量误差。

解： $[(Q_{s后}-Q_{s前})/Q_{s前}]\times100\%$

$\qquad$ $=(0.505-0.490)/0.490\times100\%=3.1\%$

由采样前后采样器流量误差 3.1%，可判定采样器流量误差，符合要求。

4.2.3 采样体积换算

室内空气检测，在计算浓度时应用式（4-3）将采样体积换算成标准状态下的体积：

$$V_0=V\frac{T_0}{T}\cdot\frac{p}{p_0} \tag{4-3}$$

式中 V_0——换算成标准状态下的采样的体积，L；

$\quad$ V——采样体积，L；

$\quad$ T_0——标准状况热力学温度，273K；

$\quad$ T——采样时采样点现场的温度（t）与标准状态的热力学温度之和，$(t+273)$K；

$\quad$ p_0——标准状况大气压力，101.3 kPa；

$\quad$ p——采样时采样点的大气压力，kPa。

【例 4-3】 假设采样现场温度 26.0℃，大气压力 100.1kPa，样器校准流量 0.490 L/min，采样时间 20.0min，则标准状态下的采样体积为：

$$V_0=0.490\times20.0\times\frac{273}{26+273}\times\frac{100.1}{101.3}=8.8L$$

4.3 室内空气采样技术

4.3.1 采样前准备

在现场正式采样工作开展之前，需要进行一系列的准备工作，确定相应的采样方案，具体的流程如图 4-6 所示。

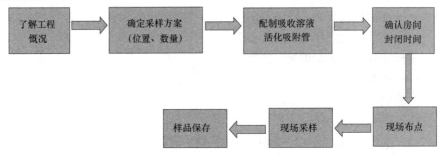

图 4-6 采样流程示意图

1. 确定采样方案

根据《民用建筑工程室内环境污染控制规范》GB 50325 的要求，室内空气采样及布点应符合以下要求：

(1) 抽检时间

民用建筑工程及室内装修工程的室内环境质量检测，应在工程完工至少 7d 以后、工程交付使用前进行。

(2) 抽检数量

民用建筑工程验收时，应抽检每个建筑单体有代表性的房间室内环境污染物浓度，抽检数量不得少于 5%，并不得少于 3 间；房间总数少于 3 间时，应全数检测。凡进行了样板间室内环境污染物浓度检测且检测结果合格的，抽检量减半，并不得少于 3 间。每种类型的房间抽检数应与该类房间总数对应成比例。

(3) 布点要求

1) 布点应该考虑现场的平面布局和立体布局，高层建筑物的立体布点应有上、中、下三个监测平面，并分别在三个平面上布点。考虑到土壤氡对建筑物低层室内产生的影响较大，因此室内空气中氡浓度检测布点时，建筑物的低层应增加抽检数量，向上可以减少。

2) 对于不同室内面积的房间，环境污染物浓度检测点数应按表 4-2 进行设置。

室内环境污染物浓度检测点数设置　　　　　　　　　　　　　　　　表 4-2

房间使用面积(m²)	检测点数(个)
<50	1
≥50，<100	2
≥100，<500	不少于 3
≥500，<1000	不少于 5
≥1000，<3000	不少于 6
≥3000	每 1000m² 不少于 3

3) 当房间里只布一个点，尽量在房间中心位置；2-3 个点布在最长对角线上；4 个点则以正三边形加中心点；五个点以梅花状均衡布点（图 4-7）；当面积较大时，以 50m² 分割小块布点；取各点检测结果的平均值作为该房间的检测值。

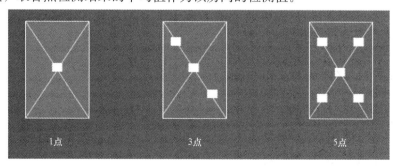

图 4-7　房间布点示意图

4）环境污染物浓度现场检测点应距内墙面不小于 0.5m，距离楼地面高度 0.8～1.5m，检测点应均匀分布；

5）避开通风道和通风口，检测点周围 50 米范围内不应有污染源。

(4) 了解工程概况

接到室内空气检测任务以后，需要对民用建筑工程的概况进行全面了解，主要包括以下几方面的内容：

1）检测任务的性质，是工程验收还是居民个人家庭室内环境检测；

2）对于工程验收，室内环境检测工作应在工程完工（包括门窗玻璃安装完成，能够形成独立的空间）至少 7d 以后、工程交付使用前进行；

3）对于居民个人家庭，需了解近期所检测房间是否进行过装修，若进行过装修工程，室内环境检测工作建议在房间空置一段时间后进行；

4）对于竣工验收的工程，需了解工程的用途，以便确定室内环境污染物控制类别（Ⅰ类或Ⅱ类）。

(5) 确定采样方案

若工程满足室内环境检测要求（指完工程度和完工时间），可根据工程施工方提供的《工程施工平面图》确定工程的立体结构、平面布局、房间类型、房间总数等信息，绘制如表 4-3 所示的采样布点表，布点表应包括：抽检房间类型、抽检房间数、检测点数、检测点位置、检测点编号等信息。

采样布点表　　　　　　　　　　　　　　表 4-3

房间面积（m²)	房间数（间）	规范要求抽检数（间）	实际抽检数（间）	检测布点数（个）
＜50	23		2	2
≥50,＜100	58		3	6
≥500,＜1000	6	5	1	5
≥1000,＜3000	5		1	6
合计	92		7	19

采样位置	房间面积(m²)	采样点号	采样位置	房间面积(m²)	采样点号
负一层超市	≥1000,＜3000	1、2、3、4、5、6	一层 103 餐饮	≥50,＜100	7、8
一层 109 商铺	＜50	9	三层 305 商铺	≥50,＜100	10、11
五层 507 商铺	≥50,＜100	12、13	五层 501 办公室	＜50	14
七层影视厅 A	≥500,＜1000	15、16、17、18、19	—	—	—

2. 准备试剂溶液和吸附管

由于室内环境采样的材料（吸收液、吸附管等）均须在临采样之前准备，不能长时间放置以免失效，所以在制定好采样方案以后，再根据确定的检测点数计算所需的采样材料如下：

(1) 甲醛吸收溶液的配制

吸收液原液：称量 0.10g 酚试剂（MBTH），加水溶解，倾于 100mL 具塞量筒中，加水到刻度。放冰箱中保存，可稳定三天。

吸收液（0.05mg/mL)：量取吸收原液 5mL，加 95mL 水，即为吸收液。采样时，临用现配。

(2) 氨吸收溶液的配制

氨吸收液（0.005mol/L 硫酸溶液）：量取 2.8mL 浓硫酸加入水中，并用水稀释至 1L。临用时，再用水稀释 10 倍。

(3) TVOC、苯吸附管的活化

在氮气流中活化 Tenax-TA 吸附管和活性炭吸附管，氮气流量为 0.5～1.0L/min，Tenax-TA 吸附管活化温度 300～330℃，活化时间不少于 30min，活性炭吸附管活化温度 300～350℃，活化时间不少于 10min，均活化至无杂质峰为止。

在气泡采样管的准备过程中应注意：清洗过程中应动作轻缓，避免玻璃器皿破碎；清洗时应注意采样管的配套性，各套采样管应配套使用，避免混淆，否则影响采样管的气密性。

3. 准备仪器物品

采样人员在采样前应将现场采样时必用的物品准备齐全，包括：

(1) 大气采样器（需提前充好电，检查打印设备，更换干燥装置中的干燥剂等）、三脚架、采样管、采样箱、缓冲瓶、管路连接软管；

(2) 测氡仪、空盒气压表、温湿度计；

(3) 现场采样单、记录笔、鞋套、检测机构资质材料、室内环境检测人员上岗证、工作服等。

4.3.2　现场采样

1. 确认抽检房间状态

在现场采样开始之前，需确认房间的封闭时间，根据《民用建筑工程室内环境污染控制规范》GB 50325 的要求，对于采用自然通风的房间，甲醛、氨、苯、TVOC 采样应在门窗关闭 1h 后进行，氡浓度检测应在门窗关闭 24h 以后进行。

2. 布点

房间的封闭时间达到要求以后，按照预先制定的采样方案和布点要求进行现场布点，并对检测点进行编号。若实际的建筑工程与施工图纸不一致（一般情况不允许），现场布点应以实际的建筑工程情况为准。

3. 安装设备

(1) 三脚架的安装

三脚架是伸缩式的，采样前将三脚架每条腿上的"扳扣"向外搬开，拉出三条架腿，再将"扳扣"扣回固定住，观察三脚架上的水平表，将三脚架"放平"。将采样器底的插孔落入与三脚架上的锥形插头扣合，即可把采样器安装在三脚架上。安装过程中应注意三脚架是否水平，安装三脚架时应轻拉轻放，"扳扣"在安装时一定要"扣紧"，不得松动。

(2) 设备的连接

1) 将气泡采样管放在采样器上，将侧面的支架挂在采样器的两侧。将采样管缓冲端的接口与缓冲瓶上端用硅橡胶连接，缓冲瓶的缓冲端的接口与采样器进气口一端用硅橡胶管连接好。检查气路连接的气密性。

注意：千万不要接错连接吸收管的方向，以免吸收液倒吸进入采样器的流量计，损坏采样器。特别是硫酸吸收液，一定避免吸收液倒吸。

2）将填充式采样管进气口垂直向下，另一端与采样器进气口端用硅橡胶管连接。检查气路连接的气密性。

4. 采样操作

（1）将采样器电源方式放在直流端，打开采样器电源开关，调试采样设备。

（2）设备调试正常以后，在采样地点打开吸附管、加入吸收液，具体参数如下：

甲醛：吸收液 5.0mL，空气流量 0.5L/min，采样时间 20min，采气体积 10L；

氨：吸收液 10.0mL，空气流量 0.5L/min，采样时间 10min，采气体积 5L；

TVOC：Tenax-TA 吸附管，空气流量 0.5L/min，采样时间 20min，采气体积 10L；

苯：活性炭吸附管，空气流量 0.5L/min，采样时间 20min，采气体积 10L。

（3）详细记录采样现场的环境情况，记录好每一个检测点的位置、采样时间、大气压强、温度、湿度等信息。

（4）同步采集室外空气做空白样品，地点宜选择在室外上风向处。

5. 采样管标签及填写现场采样记录表

将每个样品的唯一标签写在标签纸上，将其贴在相对应的采样管上。现场采样记录表见表 4-4，要逐项认真填写。

室内空气采样记录表   表 4-4

委托人采样（单位）					采样地址				
标准依据					检测条件		封闭时间： 布点方式：			
采样点大气压	kPa		风力						
样品（管）编号	采样点气温（℃）	相对湿度（%）	采样点名称	采样器编号	采样计时（时、分）		采样器流量（L/min）		换算为标准状况采样体积 V_0(L)
					开始	结束	读数 Q_t	校准流量 Q_s	

采样点现场情况及各种污染源（详细记录室内维护结构情况、是否装修及时间、装修材料用量估算、测氨需记录是否冬季施工等污染源状况，以及室外污染源、同步采样的室外空气采样点设定位置）：

备注	本记录单：适用甲醛、氨、二氧化硫、二氧化碳、臭氧、苯、甲苯和二甲苯、TVOC 等项目采样用
	计算公式 $V_0=Q_s \cdot t(2.695P/T)$ $Q_s=V_s \times 0.06/t_{均}$
	V_s：标准状况下皂膜计体积(ml) $t_{均}$：皂膜计计时(秒)的均值

采样人签字：_____ 样品接受人签字：_____ 采样时间____年____月____日

6. 样品保存

（1）采样完成以后，吸附管应迅速密封好橡胶帽并贴上标签，然后放入可密封的金属或玻璃容器中；吸收液应迅速转移至洁净的比色管中，塞上玻璃塞并贴上标签，应尽量减少样品在环境空气中暴露的时间。

（2）密封好的样品均在室温下保存。

（3）甲醛和氨的样品最长保存时间为 24h，苯的样品最长保存时间为 5 天，TVOC 的样品最长保存时间为 14 天。

4.3.3　采样的注意事项

室内空气采样过程中的一些关键细节容易被忽略，造成难以弥补的错误或关键参数的缺失，致使检测结果的准确性受到影响，所以有必要提醒注意以下几点：

1. 采样器流量需校准

采样系统流量要保持恒定，大气采样器需定期用一级皂膜流量计（皂膜计应经计量部门检定合格，误差不超过 5%）对采样流量计进行校准，当流量 0.5L/min 时，应能克服 5～10kPa 的阻力，相对偏差应不大于±5%。

2. 科学制定抽样方案

制定采样方案时，一般住宅建筑的有门卧室、有门厨房、有门卫生间及厅等均应看成为独立空间的"自然间"作为基数参与抽检比例计算，"抽检有代表性的房间"指不同的楼层和不同的房间类型（如住宅中的卧室、厅、厨房、卫生间等）。

3. 活化吸附管

吸附管在采样前必须清洗及活化，活化的温度必须高于样品解吸的温度，使其"空白"值越低越好。

4. 检查设备气密性

采样前，首先检查采样系统的连接管外观上是否有断裂的现象，其次应分段检查采样系统连接的气密性。采样系统不得漏气。连接的胶管易"老化"，要定期更换。采样器内的连接胶管，也要定期检查，必要时也要更换。

5. 采集室外上风向空气样品

采集室内空气样品时，应同步采集室外上风向处空气样品作为空白，室内空气样品检测结果应扣除室外空气空白值来排除室外空气污染的干扰，可以真实反映出室内建筑材料和装修材料所产生的污染。

6. 注意抽样房间通风和家具使用状况

由于房间的封闭状态对空气样品的质量影响较大，故在现场采样过程中，对于采用集中空调的房间，应在空调正常运转的条件下进行。对于采用自然通风的房间，应封闭要求的时间，需注意的是：这里的封闭是指门窗自然的关闭状态，不需刻意采取严格的密封措施，装修工程中完成的固定式家具（如固定壁柜、台、床等），应保持正常使用状态（如家具门、抽屉正常关闭等），相关情况应在现场采样记录中详细注明。

7. 避免吸收液倒吸

现场采样时，应注意吸附管上标示的箭头方向，采样时箭头方向应与空气流动方向一致，解吸进样时箭头方向应与载气流向相反；还应注意吸收管连接的顺序，以免造成吸收液倒吸。

8. 详细记录

采样过程中，应详细记录每一个检测点的温度、大气压强、湿度等微小气候环境参数，还应记录各点位置、采样时间、采样流量等信息。

9. 注意周边环境

室内空气采样和检测现场，不能堆放残余的涂料、油漆、板材等材料，不能使用气清新剂、香水等化工产品，也不要进行吸烟和用燃气灶等影响测试结果的活动。

10. 注意人为因素影响

现场采样过程中，每个房间的门应相互关闭，检测人员和其他人员共计人数最好不得超过 3 人，人员进入现场以后应迅速关门，尽量避免人员在采样现场频繁活动。

11. 样品管密封保存

采样前后应将采样管密封存放。气泡采样管可用带堵头的胶管将采样管两端密封或用一根胶管将采样管连接成个回路，从而起到密封的作用；填充式采样管在采样前后及时用胶帽封好即可。

12. 同批做空白试验

在一批现场采样中，应留有两个采样管不采样，并按其他样品管一样对待，作为采样过程中的空白检验，若空白检验超过控制范围，则这批样品作废。否则空白值过高，影响检测结果。

4.3.4 采样可能造成的误差

采样误差在很大程度上是检测结果的主要误差来源，甚至是错误的来源。要想获得准确的检测结果，必须了解和掌握空气采样过程中产生误差甚至错误的因素。采样过程中的各个环节都可能出现误差，包括：

1. 采样流量失真造成的误差

采样器上的流量计正确与否，之间关系到采集空气体积的准确性，采样流量失真使得采集样品的空气体积不准确，是造成采样误差的主要原因之一。由于采样器在出厂时，大多数只做空载校正，未做负载校正。在实际工作时，采样器加上采样装置（如装有吸收液的吸收管或装有滤吸附剂的吸附管）的负载时，可引起计量的误差。有研究者对 43 家检测机构的大气采样器进行统计，在 0.5L/min 流量刻度时，采样器分别加载活性炭管、Tenax-TA 管后，采样系统流量失真情况见表 4-5。

大气采样器加载吸附管后流量失真情况统计表   表 4-5

系统误差，%	加载活性炭管		加载 Tenax-TA 管	
	数量，个	占总样本的量，%	数量，个	占总样本的量，%
<5	23	53	15	35
5～10	8	19	11	26
10～20	6	14	7	16
>20	6	14	10	23

引起采样系统产生系统流量失真的原因有很多，具体分析如下：

1）大气采样器电力不足：气体采样仪需要充电后使用，在现场长时间采样后，由于电力不足或电压不稳而引起采样泵动力不足。

2）仪器本身原因：由于仪器本身构造的原因，普通大气采样器的耐压能力弱，当系统荷载过大时，系统出现真空，流量刻度已不能真实反映实际流量。还有抽气泵本身的质量问题、弹性片和通气片的老化等问题。

3）流量计的原因：流量计转子（浮子）因老化（塑料制品）、氧化（金属制品）以及吸附了污染物质使其重量改变或流量计管壁因沉积污染物，使流量计管的环隙值改变。另外，在空气湿度较大、温度较高的条件下采样时，因流量计转子和管壁沾附了水分，也会使其重量增加和环隙值改变或者流量计转子上下波动较大都会使流量计显示值与真实值不一致。

4）吸附管的原因：活性炭管、Tenax-TA 管中吸附剂的颗粒目数都有一定的要求，一方面由于目前的商品管这方面的要求不严，另一方面，各单位为降低成本，反复、过度使用同一支吸附管，导致吸附剂过细，这自然会增加采样系统阻力，阻力大到超过气体采样仪的克服极限时，系统流量出现失真。

要解决上述的问题，防止采样流量失真造成的误差，主要措施有以下几个方面：①尽量使用恒流大气采样器，由于它配有智能的集成模块，会在遇到阻力的时候自动补偿动力，使采样系统流量稳定在所要求的流量值；②对于非恒流采样器，由于每支吸附管的阻力都不相同，在现场采样时，应使用皂膜流量计测量每一个采样系统实际流量值；③定期对采样器进行校准、检修，使其保证有良好的性能，仔细擦洗流量计管壁及转子上的污物，对因老化等损坏的配件及时进行更换；④在空气湿度较大、温度较高的条件下采样时，应在转子流量计前加装干燥管。

2. 超过样品收集装置的吸收容量造成的误差

样品的收集装置（吸收液和吸附管）均有一定的吸收容量，一般情况下样品的采集量远远小于收集装置的吸收容量，但当室内环境中污染物浓度特别高的时候，收集装置的吸收容量达到饱和以后，超过的样品部分就会逸失，造成检测的结果比实际的污染物浓度偏低。所以当环境空气中污染物浓度特别高的时候，可根据情况适当减少空气的采样体积来避免这类误差的产生。

3. 采样操作造成的误差

现场采样的操作不当，也会给样品结果造成较大误差，主要包括：采样装置漏气导致采样体积测量不准确，采样操作中的污染，采样过程中吸收液的损失，采样后没有用吸收管内的吸收液洗涤进气管内壁 3～4 次，使用错误的采样流量，采样时若在收集器前面连接塑料管或橡皮管等，往往会给采样带来误差等。

4. 其他方面的误差

其他方面的误差包括：收集器选择不合适，采样时机选择错误，采样点选择不当，采样高度选择不当，采样时间不合要求，共存物的干扰，气象因素（气温、气压、湿度、风向、风速）造成的误差等。

第 5 章　室内空气主要污染物的检测

据《民用建筑工程室内污染控制规范》GB 50325 主要起草人王喜元教授介绍，室内环境污染已经检测到的有毒有害物质达数百种，常见的也有 10 种以上，其中绝大部分为有机分子，另还有氨、氡气等。在拟订本规范过程中，编制组人员参考国内外大量研究成果，组织了多项专题验证性调查和研究，这些调查研究可以反映出我国目前所使用的建筑装修材料的性能状况，具有良好的代表性。测试结果表明，将甲醛、氨、苯、总挥发性有机化合物（TVOC）、氡这五种物质首先列为本规范控制的污染物是合理的，理由是：（1）这五种污染物普遍存在，属常见污染物；（2）这五种污染物挥发性强，空气中挥发量大，对身体危害较大，社会上各方面的反响大。本章将详细介绍室内空气中这五种主要污染物的各种检测方法。

5.1　空气中甲醛的检测

5.1.1　甲醛的性质

1. 甲醛的物理性质

甲醛，又称为蚁醛，是一种无色、有强烈刺激性气味的气体。常温下呈气态，相对密度为 1.06，略重于空气，易溶于水、醇和醚，通常以水溶液形式出现，其 30%～40% 的水溶液统称为"福尔马林"，此溶液沸点为 19℃。甲醛在空气中嗅阈值为 0.06～1.2mg/m³，眼睛的激阈值为 0.01～1.9mg/m³。

2. 甲醛的化学性质

甲醛的化学式为 HCHO，因分子中含有一个碳氧双键的醛基，是最简单的醛类，所以比其他醛活泼。

（1）甲醛的水溶性：甲醛溶于水，在水溶液中和它的水合物处于平衡状态，如式（5-1）：

$$
\begin{matrix}
H \\
\diagdown \\
C{=}O + HO{-}H \rightleftharpoons \\
\diagup \\
H
\end{matrix}
\qquad
\begin{matrix}
H \quad OH \\
\diagdown\diagup \\
C \\
\diagup\diagdown \\
H \quad OH
\end{matrix}
\qquad\qquad (5\text{-}1)
$$

在人造板的甲醛释放量的检测中，是在干燥器的空间内，人造板释放出的甲醛气体，溶解于干燥器底部放置盛有蒸馏水的结晶皿中，测其"水溶液"中的甲醛含量，即可求得人造板中的甲醛释放量。

（2）水合甲醛的聚合性：市售甲醛水溶液（36%～40%），时间长可见其浑浊，是因为形成了多聚甲醛，如式（5-2）：

$$
HOCH_2{-}OH + nHOCH_2{-}OH + HOCH_2OH \longrightarrow
$$
$$
HOCH_2(OCH_2)nOCH_2OH + (n{+}1)H_2O \qquad\qquad (5\text{-}2)
$$

当蒸发甲醛水溶液时，这些水合分子间因缩合失水而形成多聚甲醛。多聚甲醛加热到 $180\sim200℃$ 时，又重新分解出甲醛。因此多聚甲醛是气态甲醛的方便来源。

（3）甲醛的可氧化性：甲醛和氧化剂可发生氧化还原反应，例如，可用碘作为氧化剂，将甲醛氧化为甲酸。此反应用于测定甲醛水溶液中甲醛的含量，即可用碘量法标定甲醛标准储备液的浓度。甲醛在空气中可缓慢氧化，因此甲醛在空气中有一定的半衰期。甲醛可以被强氧化剂氧化，变成二氧化碳和水。例如用臭氧处理室内空气，是先将甲醛氧化成甲酸，再进一步氧化成二氧化碳和水，是治理室内空气甲醛污染的基本依据。

（4）甲醛的加成反应：甲醛与二氧化硫反应，生成稳定的羟甲基磺酸加成化合物。依据此反应，用甲醛缓冲液作为大气中二氧化硫采样的吸收液，可测定大气中的二氧化硫含量。

（5）甲醛与 NH_4^+ 的加成反应：甲醛与铵盐反应，生成六次甲基四铵盐，如式（5-3）：

$$4NH_4^+ + 6HCHO \Longleftrightarrow (CH_2)_6N_4H^+ + 3H^+ + 6H_2O \qquad (5\text{-}3)$$

本反应可测定铵盐中氮含量甲醛法也作为室内空气中甲醛消除的一种方法依据。

（6）甲醛与酚试剂缩合反应：甲醛与酚试剂发生缩合反应，生成嗪，用于空气中甲醛的吸收，也作为显色剂，经氧化后，建立"酚试剂分光光度法"，广泛用于测定空气中的甲醛含量。

（7）甲醛与 AHMT 的缩合反应：空气中的甲醛被吸收液吸收，在碱性液中与 AHMT（中文名称：4-氨基-3-肼基-5-巯基-1，2，4-三氮唑）发生缩合反应。经氧化后，建立"AHMT 分光光度法"，测定空气中的甲醛含量。

（8）甲醛与乙酰丙酮及氨的缩合反应：空气中的甲醛被乙酰丙酮的铵盐溶液吸收，发生缩合反应。由此建立"乙酰丙酮分光光度法"测定空气中甲醛的含量。

此外，甲醛还有与变色酸、盐酸副玫瑰苯胺发生缩合反应，分别建立了分光光度法测定甲醛含量的方法。

工业上甲醛也是合成树脂的原料，可以合成脲醛树脂，酚醛树脂等。

甲醛的工业制法，主要是以甲醇为原料氧化生成甲醛。具体工艺是将甲醇的蒸气与空气混合后，通过银或铜等催化剂，在较高的温度下氧化，制得甲醛。近年来，以天然气的甲烷为原料，在高温和催化剂存在下，采用控制氧化的方法，制得甲醛。

3. 甲醛的来源及危害

甲醛是制备脲醛树脂、三聚氰胺甲醛树脂、酚醛树脂等聚合物的主要原料，这些树脂主要用作粘合剂和涂料中的基料。室内装饰装修材料及家具中的胶合板、大芯板、中纤板、刨花板（碎料板）中的粘合剂和涂料在遇热、潮解时就会释放出甲醛，成为室内环境甲醛污染的主要来源。另外 UF 泡沫作为房屋防热、御寒的绝缘材料，在光和热的作用下泡沫老化，会释放甲醛。室内吸烟也会产生甲醛，每支香烟气中含甲醛 $20\sim88\mu g$，并有致癌协同作用。还有用甲醛作防腐剂的涂料、化纤地毯、化妆品等产品。

甲醛已经被世界卫生组织确定为致癌和致畸形物质，是公认的变态反应源，也是潜在的强致突变物之一。长期接触低剂量的甲醛会引起慢性呼吸道疾病、女性月经紊乱、妊娠综合征，引起新生儿体质降低、染色体异常、甚至鼻咽癌。高浓度的甲醛则对神经系统、免疫系统、肝脏等都有毒害。甲醛还有致畸、致癌作用，能凝固蛋白质，可引起鼻腔、口腔、鼻咽、皮肤和消化道的癌症。

5.1.2 酚试剂分光光度法

1. 方法概况

本检测方法主要依据《公共场所卫生检验方法第 2 部分：化学污染物》GB/T 18204.2—2014 中 7.2（P₁₂~₁₄）进行，本方法是《民用建筑工程室内环境污染控制规范》GB 50325—2010 中规定的民用建筑室内空气中甲醛检测的仲裁方法。

（1）基本概念

酚试剂：中文名称 3-甲基-2-苯并噻唑啉酮腙盐酸盐水合物，英文名称 3-Methyl-2 - benzothiazolinone hydrazone Hydrochlide Hydrate，简称 MBTH。化学式 $C_6H_4SN(CH_3)C$：$NNH_2 \cdot HCl$，分子量 233.72，类白色至淡黄色粉末，可溶于水，是光度法测定甲醛的专用试剂。

（2）本方法的适用范围

本检测方法主要适用于民用建筑工程室内环境空气中甲醛浓度的检测，也可以作为室内装饰装修材料中甲醛含量测定的参考方法。

本方法的测量范围：5mL 样品溶液中含 $0.1\sim1.5\mu g$ 甲醛，即当标准采样体积为 10L 时，可测浓度范围为 $0.01\sim0.15mg/m^3$。

（3）本方法的测定原理

空气中的甲醛被酚试剂的稀溶液吸收，甲醛与酚试剂反应生成嗪。再向吸收液中加入显色剂硫酸铁铵溶液，嗪在酸性溶液中被高价铁离子氧化形成蓝绿色化合物，根据溶液的颜色深浅，采用分光光度法比色定量，最后根据标准曲线法计算出空气中的甲醛浓度。

（4）本方法的主要步骤

1）采样：应用酚试剂溶液做吸收液，采集一定体积的空气样品，具体的采样方法和注意事项已在本书 4.2 中详述，在此不再重复讲述；

2）显色：向吸收溶液中加入一定量的显色剂硫酸铁铵溶液，室温放置显色；

3）检测：用分光光度计对显色溶液进行比色，获得溶液的吸光度；

4）计算：根据标准曲线计算出甲醛的浓度。

2. 主要的仪器设备和材料试剂

（1）恒流采样器：流量范围 0~1L/min，流量稳定可调，恒流误差小于 2%，采样前和采样后应用皂沫流量计校准采样系列的流量，误差小于 5%。

（2）大型气泡吸收管：10mL，出气口内径为有 1nm，出气口至管底距离等于或小于 5mm。

（3）分光光度计：可在 630nm 测定吸光度，检定合格。

（4）具塞比色管：10mL，若干支。

（5）移液管：1.0mL、2.0mL、10mL、25mL 等，或自动数字式移液管，检定合格。

（6）滴定管：酸式、碱式，25mL，检定合格。

（7）容量瓶：100mL、1000mL 若干支，检定合格。

（8）吸收原液（1.0g/L）：称量 0.10g 酚试剂，加水溶解，于 100mL 容量瓶中定容，放冰箱中保存，可稳定三天。

（9）吸收液（0.005%）：量取吸收原液 5mL，加 95mL 水，即为吸收液，采样时，临用现配。

（10）硫酸铁氨溶液（1%）：称量 1.0g 硫酸铁氨［$NH_4Fe(SO_4)_2 \cdot 12H_2O$］，用 0.1mol/L 盐酸溶解，并稀释至 100mL。

（11）碘溶液［$c(1/2\ I_2)=0.1000mol/L$］：称量 40g 碘化钾，溶于 25mL 水中，加入 12.7g 碘。待碘完全溶解后，用水定容至 1000mL。移入棕色瓶中，暗处贮存。

（12）氢氧化钠溶液（1mol/L）：称量 40g 氢氧化钠，溶于水中，并稀释至 1000mL。

（13）硫酸溶液［$c(1/2\ H_2SO_4)=0.5mol/L$］：取 28mL 浓硫酸缓慢加入水中，冷却后，并稀释至 1000mL。

（14）硫代硫酸钠标准溶液［$c(Na_2S_2O_3)=0.1000mol/L$］：可以直接从试剂商店购买当量的标准试剂，也可按 5.1.2 中 3.（1）方法进行制备和标定。

（15）淀粉溶液（5g/L）：将 0.5g 可溶性淀粉，用少量水调成糊状后，再加入 100mL 沸水，并煮沸 2～3min 至溶液透明，冷却后，加入 0.1g 水杨酸或 0.4g 氯化锌保存。

（16）甲醛标准贮备溶液：取 2.8mL 含量为 36%～38% 甲醛原液于 1000mL 容量瓶中，加水定容，此溶液 1mL 约含 1mg 甲醛，其准确浓度按 5.1.2 中 3.（2）方法进行标定。也可以直接从试剂商店购买 1.0mg/mL 的甲醛标准溶液（有证）。

（17）甲醛标准溶液（$1.0\mu g/mL$）：临用时，先将标定过的甲醛标准贮备溶液用水稀释成 $10\mu g/mL$ 的甲醛溶液，再取此溶液 10.00mL，加入 100mL 容量瓶中，加入 5mL 吸收原液，用水定容，此液 1.00mL 含 $1.00\mu g$ 甲醛。放置 30min 后，用于配制标准色列管。此标准溶液可稳定 24h。

3. 检测过程

(1) 硫代硫酸钠标准溶液的制备和标定

1）制备：称量 25g 硫代硫酸钠（$Na_2S_2O_3 \cdot 5H_2O$），溶于 1000mL 新煮沸并已放冷的水中，加入 0.2g 无水碳酸钠，贮存于棕色瓶内，放置一周后，再标定其准确浓度。

注意：$Na_2S_2O_3$ 不是基准物质，不能用直接称量的方法来配制标准溶液。新配制好的 $Na_2S_2O_3$ 溶液不稳定，容易分解，这是由于细菌、溶解在水中的 CO_2 的作用和空气的氧化作用，反应式如式（5-4）、式（5-5）、式（5-6）：

$$Na_2S_2O_3 \xrightarrow{\text{细菌的作用}} Na_2SO_3 + S \qquad (5\text{-}4)$$

$$S_2O_3^{2-} + CO_2 + H_2O =\!=\!= HSO_3^- + HCO_3^- + S \qquad (5\text{-}5)$$

$$S_2O_3^{2-} + \frac{1}{2}O_2 =\!=\!= SO_4^{2-} + S \qquad (5\text{-}6)$$

所以，配制 $Na_2S_2O_3$ 溶液时，需要用新煮沸（为了去除 CO_2 和杀死细菌）并冷却了的蒸馏水，再加入少量 Na_2CO_3 使溶液呈弱碱性，以抑制细菌再生长。这样配制的 $Na_2S_2O_3$ 溶液也不宜长期保存，使用一段时间后需要重新标定。如果发现溶液变浑或析出硫，就应该过滤后再标定，或者另配溶液。

2）标定：

标定原理：放置一周后的 $Na_2S_2O_3$ 溶液，常用 $K_2Cr_2O_7$ 或 KIO_3 等基准物质来标定其准确浓度。量取一定量基准物质的标准溶液，在酸性溶液中与过量 KI 作用，析出的 I_2 以淀粉为指示剂，用 $Na_2S_2O_3$ 溶液滴定，有关反应式如式（5-7）、式（5-8）、式（5-9）：

$$Cr_2O_7^{2-} + 6I^- + 14H^+ =\!=\!= 2Cr^{3+} + 3I_2 \downarrow + 7H_2O \qquad (5\text{-}7)$$

或 $$IO_3^- + 5I^- + 6H^+ = 3I_2 + 3H_2O \qquad (5\text{-}8)$$

然后： $$I_2 + 2S_2O_3^{2-} = 2I^- + S_4O_6^{2-} \qquad (5\text{-}9)$$

标定过程：先准确称量 3.5667g 经 105℃烘干 2h 的碘酸钾（优级纯），溶解于水，移入 1000mL 容量瓶中，用水定容，得 $c(1/6\ KIO_3) = 0.1000mol/L$ 的碘酸钾标准溶液。再精确量取 25.00mL 碘酸钾标准溶液于 250mL 碘量瓶中，加入 75mL 新煮沸后冷却的水，加入 3g 碘化钾及 10mL 1mol/L 盐酸溶液，摇匀后放入暗处静置 3min。

用硫代硫酸钠标准溶液滴定析出的碘，至淡黄色，加入 1mL0.5% 淀粉溶液呈兰色。再继续滴定至兰色刚刚褪去，即为终点，记录所用硫代硫酸钠溶液体积 V。

结果计算：硫代硫酸钠标准溶液的准确浓度 c 可用式（5-10）计算，

$$c = \frac{0.1000 \times 25.00}{V} \qquad (5\text{-}10)$$

平行滴定两次，所用硫代硫酸钠溶液体积相差不能超过 0.05mL，否则应重新做平行测定。两次平行标定结果的平均值作为硫代硫酸钠标准溶液的准确浓度值（mol/L）。

注意：$S_2O_3^{2-}$ 与 I_2 之间的反应很迅速、完全，但必须在中性或弱酸性溶液中发进行。因为在碱性溶液或强酸性溶液中，$S_2O_3^{2-}$ 会发生歧化、分解等副反应，将引入误差，所以，要控制溶液的酸度。

另外，还应防止 I_2 的挥发和空气中的 O_2 氧化 I^-。I^- 被空气氧化的反应，随光照及酸度增高而加快。因此，在反应时，应置于暗处，滴定前调节好酸度，析出 I_2 后，立即进行滴定，滴定时，不要剧烈摇动碘瓶，以减少 I_2 的挥发。

(2) 甲醛标准贮备溶液的标定（碘量法）

1）标定原理：甲醛溶液中加入过量的碘，甲醛在碱性介质中被碘氧化成甲酸盐，剩余的碘在酸性条件下再用 $Na_2S_2O_3$ 标准溶液滴定，从而计算甲醛的量。反应式如式（5-11）、式（5-12）：

$$HCHO + I_2 + 3NaOH = HCOONa + 2NaI + 2H_2O \qquad (5\text{-}11)$$

$$I_2 + 2Na_2S_2O_3 = 2NaI + Na_2S_4O_6 \qquad (5\text{-}12)$$

2）标定过程：精确量取 20.00mL 待标定的甲醛标准贮备溶液，置于 250mL 碘量瓶中。加入 20.00mL $c(1/2\ I_2) = 0.1000mol/L$ 的碘溶液和 15mL 1mol/L 氢氧化钠溶液，放置 15min。再加入 20mL 0.5mol/L 硫酸溶液，放置 15min。

用精确标定好的浓度为 c 的硫代硫酸标准溶液滴定，至溶液呈淡黄色时，加入 1mL 0.5% 淀粉溶液，溶液变成深蓝色。继续滴定至蓝色恰好褪去为止，记录所用硫代硫酸钠溶液体积为 V_2，同时用水作试剂空白滴定，记录空白滴定所用硫代硫酸钠标准溶液体积为 V_1。

3）结果计算：甲醛标准贮备溶液的浓度可用式（5-13）计算

$$甲醛贮备溶液浓度(mg/mL) = \frac{(V_1 - V_2) \times c \times 15}{20} \qquad (5\text{-}13)$$

式中 V_1——试剂空白所消耗 $Na_2S_2O_3$ 标准溶液的体积，mL；

V_2——甲醛标准贮备溶液所消耗 $Na_2S_2O_3$ 标准溶液的体积，mL；

c——$Na_2S_2O_3$ 标准溶液的准确浓度，mol/L；

15——甲醛的当量，g/mol；

20——所取甲醛标准贮备溶液的体积，mL。

二次平行滴定，误差应小于 $0.05mL$，否则重新标定。二次平行标定结果的平均值作为甲醛标准贮备溶液的浓度值。

4）碘量法滴定操作中的注意事项：

① 用碘量瓶操作，随手加盖（防止碘挥发）；

② 开始滴定时不能剧烈摇动（防止碘挥发）；

③ 临近终点时再加指示剂淀粉（淀粉对碘有吸附作用）；

④ 加入指示剂后要剧烈摇动（防止淀粉对碘的吸附作用）；

⑤ 硫代硫酸钠滴碘时应在中性或弱酸性条件下进行，要严格按规定加酸、碱（碱性环境会发生副反应，造成误差，强酸环境硫代硫酸钠易分解）；

⑥ 滴定温度不能过高（会造成碘挥发）。

（3）标准曲线的绘制

取 $10ml$ 具塞比色管，用甲醛标准溶液按表 5-1 制备标准系列。

甲醛标准系列　　　　　　　　　　　　　　　　　　　表 5-1

管号	0	1	2	3	4	5	6	7	8
标准溶液 mL	0	0.10	0.2	0.4	0.60	0.80	1.00	1.50	2.00
吸收液 mL	5.0	4.9	4.8	4.6	4.4	4.2	4.0	3.5	3.0
甲醛含量 μg	0	0.1	0.2	0.4	0.6	0.8	1.0	1.5	2.0

各管加入 $0.4mL1\%$ 硫酸铁铵溶液，摇匀，室温下放置 $15min$，用 $1cm$ 比色皿，在波长 $630nm$ 下，以水作参比，测定各管溶液的吸光度，以甲醛含量为横坐标（μg），吸光度为纵坐标，绘制标准曲线，并计算回归线的斜率，以斜率的倒数作为样品测定计算因子 B_g（μg /吸光度）。

（4）样品测定

采样后，将样品溶液全部转入比色管中，用少量吸收液洗吸收管，合并使用总体积为 $5mL$。按绘制标准曲线相同的操作步骤和检测条件，加入显色剂，显色，测定吸光度（A）。在每批样品测定的同时，用 $5mL$ 未采样的吸收液作试剂空白，测定试剂空白的吸光度为（A_0）。

4. 结果计算

（1）先将采样体积按式（5-14）换算成标准状态下采样的体积：

$$V_0 = V_t \cdot \frac{T_0}{273+t} \cdot \frac{P}{P_0} \tag{5-14}$$

式中　V_0——标准状态下的采样体积，L；

V_t——采样体积，为采样流量与采样时间乘积，一般为 $10L$；

t——采样点的气温，℃；

T_0——标准状态下的绝对温度，273K；

P——采样点的大气压强，kPa

P_0——标准状态下的大气压，101.3kPa。

（2）所采空气样品中甲醛的浓度应按式（5-15）进行计算：

$$c = \frac{(A-A_0) \times B_g}{V_0} \tag{5-15}$$

式中　c——空气中甲醛浓度，mg/m^3；

A——样品溶液的吸光度；

A_0——空白溶液的吸光度；

B_g——由标准曲线所得到的计算因子，μg/吸光度；

V_0——换算成标准状态下的采样体积，L。

5. 测定结果的影响因素

根据朗伯-比尔定量 $A = Kbc$，其中吸光系数 K 受物质本身性质、入射波波长、显色温度、显色时间等因素的影响，从而影响甲醛浓度的测定结果。

（1）样品保存的影响

空气中的甲醛被酚试剂的水溶液吸收，形成样品溶液，其保存方式和保存时间对样品的稳定性影响明显，对测定结果也就有重要影响。

甲醛如直接吸收在纯水中，则很不稳定，放置 3～4h 降低约 10％；放置 24h 将降低约 68％。当在 0.005％酚试剂溶液作吸收液中，则放置 24h 都是稳定的，具体数据如表5-2所示。

甲醛样品溶液随时间的变化情况　　　　　　　　　　　　表 5-2

甲醛溶液介质	吸 光 度		
	立即显色	放置 3～4h 后显色	24h 后显色
在水中	0.68	0.61	0.22
在 0.005％酚试剂溶液中	0.71	0.70	0.70

因此，用酚试剂的水溶液吸收空气中甲醛，样品溶液的稳定性较好，而且样品应于室温下 24h 内分析。同时，甲醛标准稀溶液宜用含 0.005％酚试剂的吸收液配制，放置时间最好不超过 2h。

（2）显色剂的影响

本检测方法选用硫酸铁铵作为显色剂，但硫酸铁铵水溶液易水解而形成 $Fe(OH)_3$ 乳浊现象，影响比色，故用酸性溶剂配制。但酸度也不宜过大，否则原色太深，经试验选用 0.1mol/L 盐酸作溶剂为宜。甲醛与酚试剂缩合生成嗪的显色反应较适宜的 pH 值范围是 3～7，以 pH＝4～5 最为理想。

同时，显色剂硫酸铁铵加入的量也不宜过多，否则空白管吸光度值高，影响比色。用 1％三氯化铁与 1.6％氨基磺酸的混合液作显色剂，可防止氮氧化物的干扰，但因试剂原色太深影响比色。故综合考虑各因素，以加入 1％的硫酸铁铵溶液 0.4mL 为最好。

（3）显色时间的影响

取预先配制标定好的甲醛-酚试剂吸收溶液 3 组，按上述试验条件，在不同显色时间内测定每组溶液的吸光度（显色温度为 22℃），检测结果如图 5-1 所示。

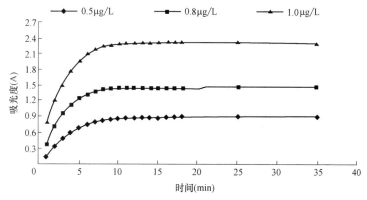

图 5-1　溶液吸光度随显色时间的变化曲线

由上图中可以看出，基本在 13min 后，溶液吸光度变化很小，说明显色反应基本达到平衡，本方法中将显色时间定为 15min 比较合理。

超过 15min 以后溶液吸光度基本不变，若由于特殊原因没能在规定时间内及时进行比色，错过比色时间（15min）的仍可进行检测，分析结果依旧有效。

（4）显色温度的影响

分别取 5mL 不同浓度的甲醛-酚试剂吸收溶液，各加入 1％的硫酸铁铵溶液 0.4mL，摇匀，在不同的温度下放置 15min 进行显色反应，以 5mL 未加甲醛的酚试剂吸收液作试剂空白，测定吸光度，检测结果如表 5-3 所示。

不同显色温度下甲醛-酚试剂溶液的吸光度　　表 5-3

T（℃）	吸光度（A）				
	0	0.5μg/mL	0.8μg/mL	1.0μg/mL	1.2μg/mL
5	0.001	0.764	1.244	1.377	1.491
10	0.002	0.764	1.369	1.498	1.736
20	0.001	0.769	1.481	1.856	2.217
26	0.002	0.772	1.658	2.052	2.489
30	0.002	0.779	1.726	2.169	2.601
40	0.002	0.783	1.921	2.398	2.788

实验过程中，在 40℃恒温水浴的溶液中，加入显色剂后马上出现蓝色，反应快速；在 5℃恒温的溶液中，出现颜色相对缓慢，可见该显色反应随着温度的升高，反应速度加快。在温度低于 20℃时，反应不太完全，光吸收较弱，与较高反应温度相比，吸光度相差较大。若检测当时环境温度比较低时，可以在 20℃以上的恒温水浴中保温操作，确保反应进行较为完全。

另外，从表中可见，随着反应温度的升高，吸光度增大，而且温度对不同浓度的吸光度影响不同，甲醛浓度越高，受温度影响越大。由此可见，试验温度对检测结果有较明显的影响。在做具体检测的时候，实验人员应注明当时的检测温度。

6. 注意事项

（1）本检测方法的检测下限（MDL）为 0.1μg/5mL 甲醛，即当采样体积为 10L 时，最低检出浓度为 0.01mg/m³。

（2）本方法灵敏度约为 2.80μg/吸光度，即 5mL 吸收液中含有 1μg 甲醛时，吸光度 A 约为 0.357。

（3）因显色温度对溶液吸光度影响比较明显，故绘制标准曲线时与样品测定时的显色温度差应不超过 2℃。

（4）测定结果的计算因子取决于标准曲线的斜率，而影响甲醛标准曲线斜率的因素有以下几点：

1）标准溶液的配制：稀释倍数越低，斜率越高；

2）制备标准系列：先加吸收液后加甲醛标准溶液，然后立即混匀，以免甲醛逸失；

3）环境条件（温度、湿度与气压）：温度越高、湿度越高、气压越大，斜率越高；

4）移液管移液的操作：要统一（自上而下准确放量或准确量取后放下），且移液前用溶液润洗 3 次；

5）配制溶液的操作：先用容量瓶定容（双眼平视溶液凹液面底部与容量瓶刻度线相切，且内壁上不能挂水珠），再充分摇匀。

（5）检测干扰与排除

20μg 酚、2μg 醛以及二氯化氮对本法无干扰。

二氧化硫共存时，将使测定结果偏低，因此对二氧化硫干扰不可忽视。可将气样先通过硫酸锰滤纸过滤器，予以排除。

硫酸锰滤纸过滤器的制备：取 10mL 浓度为 100mg/mL 的硫酸锰水溶液，滴加到 250cm² 玻璃纤维滤纸上，风干后切成碎片，装入 1.5mm×150mm 的 U 形玻璃管中即可。采样时，将此管接在甲醛吸收管之前。

此法制成的硫酸锰滤纸，吸收二氧化硫的效能受大气湿度的影响很大：当相对湿度大于 88%、采气速度 1L/min、二氧化硫浓度为 1mg/m³ 时，能消除 95% 以上的二氧化硫，此滤纸可维持 50h 有效；当相对湿度为 15%～35% 时，吸收二氧化硫的效能逐渐降低；相对湿度很低时，应换用新制的硫酸锰滤纸。

5.1.3 AHMT 分光光度法

1. 方法概况

本检测方法主要依据《居住区大气中甲醛卫生检验标准方法 分光光度法》GB/T 16129 进行，同时参考 GB 50325—2010 中采样布点的原则。它也是 GB/T 18204.2—2014 和 GB/T 18883—2002 中规定的一种空气中甲醛的测定方法。

（1）基本概念

AHMT：中文名称 4-氨基-3-肼基-5-巯基-1,2,4-三氮唑，别名 4-氨基-3-联氮-5-硫基-1,2,4-三氮杂茂，英文名称 4-Amino-3-hydrazino-1,2,4-triazol-5-thiol，简称 AHMT。化学式 $C_2H_6N_6S$，分子量 146.17，是光度法测定甲醛的专用试剂。

（2）本方法的适用范围

本检测方法是用分光光度法测定居住区中甲醛浓度的方法，也适用于公共场所空气中的甲醛浓度的测定，也可以作为水中甲醛含量测定的参考方法。

本方法的测定范围为 2mL 样品溶液含 0.2～3.2μg 甲醛污染物，即采样流量为

1L/min，采样体积为 20L，则测定浓度范围为 0.01～0.16mg/m³。

（3）本方法的测定原理

空气中的甲醛与 AHMT（Ⅰ）在碱性条件下缩合（Ⅱ），然后经高碘酸钾氧化成 6-巯基-5-三氮杂茂［4，3-b］-S-四氮杂苯（Ⅲ）紫红色化合物，其色泽深浅与甲醛含量成正比，分光光度法比色得出空气中的甲醛浓度。反应式如式（5-16）：

$$\tag{5-16}$$

2. 主要的仪器设备和材料试剂

（1）恒流采样器：流量范围 0～2L/min，流量稳定可调，恒流误差小于 2%，采样前和采样后应用皂沫流量计校准采样系列的流量，误差小于 5%。

（2）大型气泡吸收管：5mL 和 10mL，出气口内径为有 1nm，出气口至管底距离等于或小于 5mm。

（3）分光光度计：具有 550nm 波长，并配有 10mm 光程的比色皿。

（4）具塞比色管：10mL，若干支。

（5）移液管：1.0mL、2.0mL、10mL、25mL 等，或自动数字式移液管，检定合格。

（6）滴定管：酸式、碱式，25mL，检定合格。

（7）容量瓶：100mL、1000mL 若干支，检定合格。

（8）吸收液：称取 1g 三乙醇胺，0.25g 偏重亚硫酸钠和 0.25g 乙二胺四乙酸二钠溶于水中并稀释至 1000mL。

（9）AHMT 溶液（0.5%）：称取 0.25g AHMT 溶于 0.5mol/L 盐酸中，并稀释至 50mL，此试剂置于棕色瓶中，可保存半年。

（10）氢氧化钾溶液（5mol/L）：称取 28.0g 氢氧化钠溶于 100mL 水中。

（11）高碘酸钾溶液（1.5%）：称取 1.5g 高碘酸钾溶于 0.2mol/L 氢氧化钾溶液中，并稀释至 100mL，于水浴上加热溶解，备用。

（12）甲醛标准贮备溶液：取 2.8mL 含量为 36%～38% 甲醛原液于 1000mL 容量瓶中，加水定容，此溶液 1mL 约含 1mg 甲醛，其准确浓度按 5.1.2 中 3.（2）方法进行标定。也可以直接从试剂商店购买 1.0mg/mL 的甲醛标准溶液（有证）。

（13）甲醛标准溶液（2.0μg/mL）：临用时，将标定过的甲醛标准贮备溶液用用吸收液稀释成 1.00mL 含 2.00μg 甲醛。

3. 采样

布点原则和采样注意事项已在本书 4.2 中详述，采样过程：用一个内装 5mL 吸收液的气泡吸收管，以 1.0L/min 流量，采气 20L，并记录采样时的温度和大气压力。

4. 检测过程

（1）标准曲线的绘制

用标准溶液绘制标准曲线：取 7 支 10mL 具塞比色管，按表 5-4 制备标准色列管。

甲醛标准色列管　　　　　　表 5-4

管号	0	1	2	3	4	5	6
标准溶液,mL	0.0	0.1	0.2	0.4	0.8	1.2	1.6
吸收溶液,mL	2.0	1.9	1.8	1.6	1.2	0.8	0.4
甲醛含量,μg	0.0	0.2	0.4	0.8	1.6	2.4	3.3

各管中加入 1.0mL 5mol/L 氢氧化钾溶液，1.0mL 0.5％AHMT 溶液，盖上管塞，轻轻地颠倒混匀三次，放置 20min，加入 0.3mL 1.5％高碘酸钾溶液，充分振荡，放置 5min。用 10mm 比色皿，在波长 550nm 下，以水作参比，测定各管吸光度。以甲醛含量（μg）为横坐标，吸光度为纵坐标，绘制标准曲线，并计算回归线的斜率，以斜率的倒数作为样品测定的计算因子 B_g（μg/吸光度）。

（2）样品测定

采样后，补充吸收液到采样前的体积。准确吸收 2mL 样品溶液于 10mL 比色管中，按制作标准曲线的操作步骤测定吸光度 A。

在每批样品测定的同时，用 2mL 未采样吸收液，按相同步骤测定试剂空白吸光度 A_0。

5. 结果计算

（1）体积换算：按式（5-14）将采样体积换算成标准状态下采样的体积。

（2）所采空气样品中甲醛的浓度应按式（5-17）进行计算：

$$c = \frac{(A - A_0) \times B_g}{V_0} \times \frac{V_1}{V_2} \tag{5-17}$$

式中　　c——空气中甲醛浓度，mg/m³；

　　　　A——样品溶液的吸光度；

　　　　A_0——空白溶液的吸光度；

　　　　B_g——由标准曲线所得到的计算因子，μg/吸光度；

　　　　V_0——换算成标准状态下的采样体积，L；

　　　　V_1——采样时吸收液体积，5mL；

　　　　V_2——分析时取样体积，2mL。

6. 注意事项

（1）本测定方法的检出限：3 个实验室测定本法检出限平均值为 0.13μg。

（2）灵敏度：本方法标准曲线的直线回归后的斜率（b）为 0.175 吸光度。

（3）AHMT 有毒，用完要洗手。

（4）本方法的显色反应是在碱性环境中发生，最佳的显色 pH 值为 pH＝12～13。

（5）干扰：乙醛、丙醛、正丁醛、丙烯醛。丁烯醛、乙二醛、苯（甲）醛、甲醇、乙醇、正丙醇、正丁醇、仲丁醇、异丁醇、异戊醇、乙酸乙酯等对本法无影响。大气中共存的二氧化碳和二氧化硫对测定无干扰。

5.1.4　气相色谱法

1. 方法概况

本检测方法主要依据《公共场所卫生检验方法　第 2 部分：化学污染物》GB/T

18204.2—2014 中 7.3（P$_{14\sim16}$）进行，它也是 GB/T 18883—2002 中规定的一种空气中甲醛的测定方法。

（1）本方法的适用范围

本检测方法主要用于居住环境或公共场所空气中的甲醛浓度的测定，当采气体积为 20 L 时，本法最低检出质量浓度为 0.01mg/m³，测定范围 0.02～1mg/m³。

（2）本方法的测定原理

空气中甲醛在酸性条件下吸附在涂有 2,4-二硝基苯肼（2,4-DNPH）6201 担体上，生成稳定的甲醛腙。用二硫化碳洗脱后，经 0V-色谱柱分离，用氢焰离子化检测器测定，以保留时间定性，峰高定量。

2. 主要的仪器设备和材料试剂

注：本法中所用试剂纯度为分析纯，用水为重蒸馏水。

（1）采样管：内径 5nm，长 100nm 玻璃管，内装 150mg 吸附剂，两端用玻璃棉堵塞，用胶帽密封。

（2）恒流采样器：流量范围 0～1L/min。流量可调，恒流误差小于±5％设定值。

（3）具塞比色管：5mL。

（4）微量注射器：10mL。

（5）气相色谱仪：带氢火焰离子化检测器。

（6）色谱柱：长 2m，内径 3mm 的玻璃柱，内装固定相（0V-1）和色谱担体 Shimatew（180～150μm）。

（7）载气：高纯氮（＞99.999％）。

（8）燃气：纯氢（＞99.6％）

（9）二硫化碳：需重新蒸馏进行纯化。

（10）二硝基苯肼溶液 $[\rho(2,4\text{-DNPH})=2mg/L]$；称取 2,4-二硝基苯肼 0.5mg，置于 250mL 容量瓶中，用二氯甲烷稀释到刻度。

（11）盐酸溶液 $[c(HCl)=2mol/L]$。

（12）吸附剂：称量 6201 担体（180～250μm）10g，用 40mL 2,4-二硝基苯肼溶液分两次涂敷，减压，干燥。

（13）甲醛标准储备溶液 $[\rho(HCHO)=1mg/mL]$。

3. 采样

（1）采样布点见第 4 章采样布点要求。

（2）用一级皂膜流量计对采样流量计进行校准，误差≤5％。

（3）取一支采样管，用前取下胶帽，拿掉一端的玻璃棉，加一滴（约 50μL）盐酸溶液（2mol/L）后，再用玻璃棉堵好。

（4）将盐酸溶液的一端垂直朝下，另一端与采样器进气口相连。

（5）以 0.5L/min 的流量采样，采气体积 50L，采样后用胶帽将采样管套好。

（6）记录采样点的温度及大气压。

4. 检测过程

（1）气相色谱测试条件：应根据气相色谱仪的型号和性能，制定能分析甲醛的最佳测试条件，下面所列举的测试条件是一个实例。

柱温：230℃。

检测室温度：260℃。

汽化室温度：260℃。

载气流量：70mL/min。

氢气流量：40mL/min。

空气流量：450mL/min。

（2）标准曲线的绘制：取 5 支采样管，各管取下一端玻璃棉，直接向吸附剂表面滴加一滴（约 50μL）盐酸溶液（2mol/L）。然后用微量注射器向吸附剂表面再分别准确加入甲醛标准贮备溶液（1mg/mL），制成甲醛含量在 $0\sim20\mu$g 范围内 5 个不同浓度的标准采样管，填上玻璃棉 10min，将各标准采样管内吸附剂分别移入 5 个 5mL 具塞比色管中，各加入 1.0mL 二硫化碳，稍加振摇，浸泡 30min，即为甲醛洗脱溶液标准比色管。然后每个标准比色管各取 5.0μL 洗脱液，进色谱柱，得色谱峰和保留时间。每个浓度点重复做 3 次，测量峰高的平均值。以甲醛的浓度（μg/mL）为横坐标，平均峰高（mm）为纵坐标，绘制标准曲线，并计算回归线的斜率。以斜率的倒数作为样品测定的计算因子 B 溶 $[\mu$g（mL·mm）$]$。

（3）校正因子的测定：在测定范围内，可用单点校正法求校正因子。在样品测定的同时，分别取试剂空白溶液与样品浓度相近的标准管洗脱溶液，按气相色谱最佳测试条件进行测定，重复做三次，得峰高的平均值和保留时间。按式（5-18）计算校正因子：

$$f=\frac{c_0}{h-h_0} \tag{5-18}$$

式中　f——校正因子，单位为微克每毫升毫米 $[\mu$g/(mL·mm)$]$；

　　　c_0——标准溶液浓度，单位为微克每毫升（μg/mL）；

　　　h——标准溶液平均峰高，单位为毫米（mm）；

　　　h_0——试剂空白溶液平均峰高，单位为毫米（mm）。

（4）样品测定：将采样管内吸附剂全部移入 5mL 具塞比色管中，加入 1.0mL 二硫化碳，稍加振摇，浸泡 30min。取 5.0μL 洗脱液，按绘制标准曲线的操作步骤进样测定，每个样重复做 3 次，用保留时间确认甲醛的色谱峰，测量其峰高的平均值（mm）。

（5）每批样品测定的同时，取未采样的采样管，按相同操作步骤作试剂空白的测定。

5. 结果计算

按式（5-19）计算空气中甲醛的浓度。

$$c=\frac{(h-h_0)\times B'}{V_0-E_0}\times V_1 \tag{5-19}$$

式中　c——空气中甲醛浓度，单位为毫克每立方米（mg/m³）；

　　　h——样品溶液峰高的平均值，单位为毫米（mm）；

　　　h_0——试剂空白溶液平均峰高，单位为毫米（mm）；

　　　B'——按照标准曲线法或单点校正法得出的计算因子或校正因子，单位为微克每毫升毫米 $[\mu$g/(mL·mm)$]$；

　　　V_0——标准状况下的采气体积，单位为升（L）；

E_0——由试验确定的平均洗脱速率；

V_1——样品洗脱溶液总体积，单位为毫升（mL）。

6. 测量范围、精密度和标准度

（1）当采气体积为 20mL 时，本法最低检出质量浓度为 $0.01\sim 1mg/m^3$。

（2）甲醛浓度为 $20\mu g/mL$ 和 $40\mu g/mL$ 的标准溶液，进样 $10\mu L$ 时，本法重复测定的相对标准差分别为 8% 和 9%；甲醛浓度 $20\mu g/mL$、$30\mu g/mL$ 和 $40\mu g/mL$ 的标准溶液，本法回收率分别为 105%、112% 和 98%。

7. 干扰

根据本法所列举气相色谱条件，空气中的醛酮类化合物可以分离，二氧化硫及氮氧化物无干扰。

5.1.5　乙酰丙酮分光光度法

1. 方法概况

本检测方法主要依据《人造板及饰面人造板理化性能试验方法》GB/T 17657—2013 中 4.58（$P_{88\sim 96}$）的相关方法进行，同时参考 GB/T 15516—1995 和 GB 1858×系列标准中的相关原理和方法。它也是 GB/T 18883—2002 中规定的一种空气中甲醛的测定方法。

（1）本方法的适用范围

本检测方法主要适用于人造板材、家具、树脂涂料、胶粘剂、壁纸、染料等室内装饰装修材料中的甲醛含量的测定，也可用于测定工业废气和环境空气中甲醛的乙酰丙酮分光光度法。本方法的测量范围在 $0.5\sim 800mg/m^3$。

（2）本方法的测定原理

甲醛气体经水吸收后，在 pH=6 左右的乙酸铵溶液中，与乙酰丙酮作用，在水浴加热条件下，生成稳定的二乙酰基二氢卢剔啶（黄色化合物），在波长 412nm 处测定，由标准曲线法求出甲醛含量。显色反应式如式（5-20）：

$$(5\text{-}20)$$

（3）本方法的主要步骤

1）采样：不同的材料使用不同的采样方法，同一种材料也有不同的采样方法，具体的采样方法和注意事项将在本书第 6 章中详述，在此不做详述；

2）显色：向吸收溶液中加入一定量的显色剂乙酰丙酮溶液和乙酸铵溶液，在 60℃ 的恒温水浴中显色；

3）检测：用分光光度计对显色溶液进行比色，获得溶液的吸光度；

4）计算：根据标准曲线计算出甲醛的浓度。

2. 主要的仪器设备和材料试剂

（1）分光光度计：可在 412nm 测定吸光度，并配有 5mm 光程的比色皿。

（2）具塞比色管：50mL，若干支。

（3）移液管：1.0mL、2.0mL、10mL、25mL 等，或自动数字式移液管，检定合格。

（4）滴定管：酸式、碱式，25mL，检定合格。

（5）容量瓶：100mL、1000mL 若干支，检定合格。

（6）恒温水浴锅：可保持温度（60±1）℃。

（7）吸收液：不含有机物的重蒸馏水（加少量高锰酸钾的碱性溶液于蒸馏水中再行蒸馏即得，在整个蒸馏过程中水应始终保持红色，否则应随时补加高锰酸钾）。

（8）乙酰丙酮溶液（0.4%）：用移液管吸取 4mL 乙酰丙酮于 1000mL 棕色容量瓶中，并加蒸馏水稀释至刻度，摇匀，储存于暗处。

（9）乙酸铵溶液（20%）：在感量为 0.01g 的天平上称取 200g 乙酰铵于 500mL 烧杯中，加入蒸馏水完全溶解后转至 1000mL 棕色容量瓶中，稀释至刻度，摇匀，储存于暗处。

（10）甲醛标准贮备溶液：取 2.8mL 含量为 36%～38% 甲醛原液于 1000mL 容量瓶中，加水定容，此溶液 1mL 约含 1mg 甲醛，其准确浓度按 5.1.2 中 3.（2）方法进行标定。也可以直接从试剂商店购买 1.0mg/mL 的甲醛标准溶液（有证）。

（11）甲醛标准溶液（15.0μg/mL）：将标定过的甲醛标准贮备溶液用蒸馏水定容于 1000mL 容量瓶中，配制成 1.00mL 含 15.0μg 甲醛的标准溶液。用于配制标准色列管，此标准溶液可稳定一周。

3. 检测过程

（1）标准曲线的绘制

把 5mL、10mL、20mL、50mL、和 100mL 的甲醛标准溶液分别移加到 100mL 容量瓶中，并用蒸馏水稀释到刻度，获得甲醛质量浓度为（0～15mg/L）的系列标准溶液。

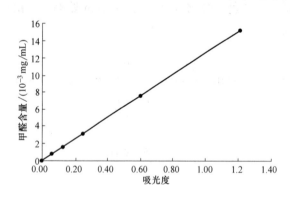

分别准确吸收上述系列的标准溶液各 10.0mL 于 6 支 50mL 的具塞比色管中，再量取 10mL 乙酰丙酮和 10mL 乙酸铵溶液加入每支比色管中，塞上瓶塞，摇匀，再放到（60±1）℃的恒温水浴锅中加热 10min，然后把这种黄绿色的溶液在避光处室温下存放（约 1h）。用 0.5cm 比色皿，在波长 412nm 下，以蒸馏水作为参比溶液，测定各管溶液的吸光度。以吸光度为横坐标，甲醛含量纵坐标为（μg/mL），绘制标准曲线

图 5-2 乙酰丙酮分光光度法的标准曲线

（图 5-2）。使用最小二乘法计算标准曲线的回归方程式，确定斜率，保留 4 位有效数字。

（2）样品测定

准确吸收 10.0mL 的甲醛吸收溶液于 50mL 的具塞比色管中，加入 10mL 乙酰丙酮和 10mL 乙酸铵溶液，按上述绘制标准曲线的实验步骤进行显色、比色，测定样品溶液的吸光度（A_s）。在每批样品测定的同时，用 10mL 蒸馏水作试剂空白，测定试剂空白的吸光

度（A_b）。

4. 结果计算

材料中的甲醛含量按式（5-21）进行计算：

$$E = \frac{(A_s - A_b) \times f \times V}{m}$$

(5-21)

式中　E——每 100g 试件含有甲醛的毫克数，mg/100g；

　　　A_b——空白溶液的吸光度；

　　　f——标准曲线的斜率，mg/mL；

　　　V——吸收溶液的定容体积，mL；

　　　m——用于试验的试件质量，g。

5. 注意事项

（1）对于不同的材料，由于其甲醛含量的表达形式（甲醛含量的单位）不同，所以最后的计算公式有所不同，但检测方法的原理和步骤基本相同。

（2）本方法的检测范围为 $0.5 \sim 800\text{mg/m}^3$，范围跨度较大（四个数量级），不可能用一条工作曲线涵盖整个测量范围，因此在实际检测中，需要具体根据某种材料中甲醛含量的范围，来确定标准系列溶液的浓度范围。

（3）与前两种分光光度法相比，本方法的优点是检测上限大，可测定甲醛浓度较大的材料样品和工业废气，而且不受乙醛的干扰，选择性和重复性较好。

5.1.6　光电光度甲醛分析仪器法

在 GB 50325—2010 中规定：选择空气中甲醛的检测方法时，可以采用"现场检测方法"，即用甲醛分析仪现场测定空气中的甲醛，下面简要介绍这种甲醛检测的"现场检测方法"。

1. 原理

甲醛气体通过检测单元时，检测单元中浸有发色剂的纸因化学反应其颜色由白色变成黄色。变色的程度所引起反射光强度的变化与甲醛浓度呈函数关系。根据反射光量强度变化率测定甲醛的浓度。

2. 仪器

光电光度法甲醛测定仪：

最小分辨率 0.01mL/m^3。

响应时间：$t_{95\%} \leqslant 15\text{min}$。

3. 测量步骤

（1）采样布点见第 4 章采样布点要求。

（2）根据仪器使用说明书操作仪器。

（3）待仪器稳定后读取数值。

（4）间隔 10min 重复 1 次，共重复 3 次。取全部数据的算术平均值。

（5）记录现场温度、大气压和相对湿度。

（6）仪器进气口应离开人体正面呼吸带 1m。

（7）按要求对仪器进行期间核查和使用前校准。

4. 结果计算

浓度换算：对于体积分数的测量值按式（5-22）换算成标准状态下的质量浓度。

$$\rho=\frac{\varphi_p \times T_0}{B \times (273+T)} \times 30 \qquad (5-22)$$

式中 ρ——甲醛质量浓度，单位为毫克每立方米（mg/m³）；

φ_p——体积分数测量值，单位为毫升每立方米（mL/m³）；

T_0——标准状态的绝对温度，273K；

B——标准状态下（0℃，101.3kPa）气体摩尔体积，B=22.4L/mol；

T——现场温度，单位为摄氏度（℃）。

5. 测量范围和精密度

（1）本法测定室内空气中甲醛浓度范围为 0.02~1.25mg/m³。

（2）在甲醛浓度 0.02~1.25mg/m³ 范围内，本法重复测量的相对标准差<7%。

6. 测量不确定性

在 0.01~0.8mg/m³ 的浓度范围内，与酚试剂分光光度法比较其测量总不确定度（ROU）小于 25%。

7. 干扰

在乙醛、CO、CO_2、丙酮和 NH_3 以 1μg/g 浓度与甲醛共存时，对本法测量造成的相对误差<5%。

5.1.7 电化学传感器法

1. 原理

甲醛气体通过传感器，在电解质催化作用下，甲醛分子在电极上发生氧化还原反应而形成电子转移，在外电压作用下形成与甲醛浓度成正比的电流。

2. 仪器

电化学传感器法甲醛测定仪。

最小分辨率 0.01mL/m³。

响应时间：$t_{95\%} \leqslant 3$min。

用甲醛标准气或酚试剂分光光度法对仪器进行比对测试，其相对偏差≤15%。

3. 测量步骤

（1）采样布点见第4章采样布点要求。

（2）根据仪器使用说明书，在现场对仪器进行调整。

（3）待仪器稳定后，每分钟读取 1 个数值，连续读 5 次。

（4）间隔 10min 重复上个步骤 1 次，共重复 3 次。取全部数据的平均值。

（5）记录现场温度、大气压和相对湿度。

（6）仪器进气口应离开人体正面呼吸 1m。

（7）按要求对仪器进行期间核查和使用前校准。

4. 结果计算

浓度换算：对于体积分数的测量值按式（5-22）换算成质量浓度。

5. 测量范围及精密度

（1）本法测定室内空气中甲醛浓度范围为 $0.2\sim5mg/m^3$。

（2）在甲醛浓度 $0.2\sim5mg/m^3$ 范围内，本法重复测量的相对标准差 $<5\%$。

6. 干扰与排除

H_2S、SO_2、乙醇、氮和甲醇气体对本法由干扰，当空气中甲醛与上述气体共存时，应根据干扰物浓度与本法仪器之间的响应关系对测量值予以校正。环境相对湿度对本法亦存在干扰，应在 $25\%\sim75\%$ 的环境中适用本法，乙醛、NO_2、苯酚和丙酮对本法无干扰。

5.2　空气中氨的检测

5.2.1　氨的性质

1. 氨的理化性质

氨，化学式 NH_3，相对分子质量 17.03，是一种无色而具有强烈刺激性臭味的气体，比空气轻（对空气的比重为 0.5），熔点 $-77.7℃$，沸点 $-33.5℃$，易被液化成无色液体，液态氨的比重（0℃时）为 0.638，也易被固化成雪状的固体。氨极易溶于水、乙醇和乙醚，当 0℃时每升水中能溶解 1176L，即 907g 氨。

氨的水溶液称为"氨水"，可离解出 OH^-，所以氨的水溶液呈碱性，如式（5-23）：

$$NH_3+H_2O \Longleftrightarrow NH_3 \cdot H_2O \Longleftrightarrow NH_4^+ +OH^- \tag{5-23}$$

氨被吸入体内发生上述反应，形成碱性物质，对人的感官系统、呼吸系统和皮肤组织有刺激作用，可感觉最低浓度为 5.3ppm。

氨还可以和显色剂反应，生成有色物质，分别建立了靛酚蓝分光光度法、纳氏试剂分光光度法等测定氨的分光光度法。

2. 氨的来源及危害

大气中氨主要来源于自然界或人为的分解过程，氨是含氮有机物质腐败分解的最终产物，一般情况下，氨和硫化氢共存。氨是化学工业的主要原料，应用于化肥、炼焦、塑料、石油精炼、制革等行业中。在制冷行业中，氨是一种制冷剂，在使用氨压缩制冷系统的环境里，常有氨的泄漏进入空气中。

室内空气中氨主要来自建筑施工中使用的阻燃剂、混凝土外加剂（防冻剂、膨胀剂、早强剂等）。在施工中，许多建筑商为防冻会将含有氨或尿素的防冻剂加入水泥中，为提高混凝土的凝固速度加入高碱混凝土膨胀剂、早强剂等，这些外加剂都会释放出氨气，造成室内氨的污染。另外，也可能来自室内装饰材料，如家具涂饰时所使用的添加剂和增白剂大部分都用氨水，还有室内装修的织物和木材使用的阻燃剂、理发店里的染发水，还来源于生物性废弃物，如粪便、尿、人呼出气和汗液等，都可以挥发出氨。这种污染释放期比较快，不会在空气中长期大量积存，对人体的危害相对小一些。

氨对口鼻黏膜及上呼吸道有很强的刺激作用，其症状根据氨的浓度，吸收时间以及个人感受性等而有轻重。长时间接触低浓度氨可能会出现面部皮肤色素沉积，可引起支气管炎、皮炎、喉炎、声音沙哑，重者表现出流泪、头痛、头晕症状，可发生喉头水肿、喉痉挛而引起窒息，也可出现呼吸困难、肺水肿、昏迷和休克。吸入氨后，通过肺泡进入血液与血红蛋白结合，破坏运氧功能，严重时会引起肺气肿，呼吸窘迫综合症。

5.2.2 靛酚蓝分光光度法

1. 方法概况

本检测方法主要依据《公共场所卫生检验方法第 2 部分：化学污染物》GB/T 18204.2—2014 中 8.1（P$_{18\sim20}$）进行，本方法是《民用建筑工程室内环境污染控制规范》GB 50325—2010 中规定的民用建筑室内空气中氨检测的仲裁方法。

（1）本方法的适用范围

本检测方法主要适用于民用建筑工程室内环境空气中氨浓度的检测，也可用于公共场所空气中氨浓度的测定。

本方法的测量范围：10mL 样品溶液中含 0.5～10μg 氨，即当标准采样体积为 5L 时，可测浓度范围为 0.01～2mg/m^3。

（2）本方法的测定原理

将空气中氨吸收在稀硫酸中，在亚硝酸基铁氰化钠及次氯酸钠存在下，与水杨酸生成蓝绿色的靛酸酚蓝染料。根据溶液的颜色深浅，采用分光光度法比色定量，最后根据标准曲线法计算出空气中氨的浓度。

（3）本方法的主要步骤

1）采样：应用稀硫酸溶液做吸收液，采集一定体积的空气样品，具体的采样方法和注意事项已在本书 4.2 中详述，在此不再重复讲述；

2）显色：向吸收溶液中加入一定量的显色剂亚硝酸基铁氰化钠、次氯酸钠和水杨酸溶液，室温放置显色；

3）检测：用分光光度计对显色溶液进行比色，获得溶液的吸光度；

4）计算：根据标准曲线计算出氨的浓度。

2. 主要的仪器设备和材料试剂

（1）恒流采样器：流量范围 0～2L/min，流量稳定可调，采样前和采样后应用皂沫流量计校准采样系列的流量，误差小于 5%。

（2）大型气泡吸收管：10mL，出气口内径为有 1nm，出气口至管底距离等于或小于 5mm。

（3）分光光度计：可在 697.5nm 测定吸光度，狭缝小于 20nm，并配有 10mm 光程的比色皿。

（4）具塞比色管：10mL，若干支。

（5）移液管：1.0mL、2.0mL、10mL、25mL 等，或自动数字式移液管，检定合格。

（6）容量瓶：100mL、1000mL 若干支，检定合格。

（7）滴定管：酸式、碱式，25mL，检定合格。

（8）无氨蒸馏水：于普通蒸馏水中，加入少量的高锰酸钾至浅紫红色，再加少量氢氧化钠至呈碱性。蒸馏，取其中间蒸馏部分的水，加入少量硫酸溶液呈微酸性，再蒸馏一次。

（9）吸收液 [$c(H_2SO_4)=0.005$mol/L]：量取 2.8mL 浓硫酸加入水中，并稀释至

1L。临用时再稀释 10 倍。

（10）水杨酸溶液（50g/L）：称取 10.0 水杨酸 $[C_6H_4(OH)COOH]$ 和 10.0g 柠檬酸钠（$Na_3C_6O_7 \cdot 2H_2O$），加水约 50mL，再加 55mL 氢氧化钠溶液 $[c(NaOH)=2mol/L]$，用水稀释至 200mL。此试剂稍有黄色，室温下可稳定一个月。

（11）亚硝基铁氰化钠溶液（10g/L）：称取 1.0g 亚硝基铁氰化钠 $[Na_2Fe(CN)_5 \cdot NO \cdot 2H_2O]$，溶于 100mL 水中，贮于冰箱中可稳定一个月。

（12）硫代硫酸钠标准溶液 $[c(Na_2S_2O_3)=0.100mol/L]$：可以直接从试剂商店购买当量的标准试剂，也可按 5.1.2 方法进行制备和标定。

（13）淀粉溶液（5g/L）：将 0.5g 可溶性淀粉，用少量水调成糊状后，再加入 100mL 沸水，并煮沸 2～3min 至溶液透明，冷却后，加入 0.1g 水杨酸或 0.4g 氯化锌保存。

（14）次氯酸钠溶液 $[c(NaClO)=0.05mol/L]$：取 1mL 次氯酸钠试剂原液，用碘量法标定其浓度，详细标定方法按 5.2.2 方法进行。然后取一定量准确标定过的次氯酸钠原液用氢氧化钠溶液 $[c(NaOH)=2mol/L]$ 稀释成 0.05mol/L 的溶液。贮于冰箱中可保存两个月。

（15）氢氧化钠溶液（2mol/L）：称量 80g 氢氧化钠，溶于水中，并稀释至 1000mL。

（16）氨标准贮备溶液：准确称取 0.3142g 经 105℃ 干燥 1h 的氯化铵（NH_4Cl）基准物质，用少量水溶解，移入 100mL 容量瓶中，用吸收液（0.005mol/L H_2SO_4）稀释至刻度。此液 1.00mL 含 1.00mg 氨。也可以直接从试剂商店购买 1.0mg/mL 的氨标准溶液（有证）。

（17）氨标准溶液（1.0μg/mL）：临用时，将氨标准贮备溶液（1.0mg/mL）用吸收液稀释成 1.00mL 含 1.00μg 氨。放置 30min 后，用于配制标准色列管。

3. 检测过程

(1) 次氯酸钠原液的标定（碘量法）

由于次氯酸钠（NaClO）不稳定，受热或光照易分解，故临用前用碘量法标定次氯酸钠试剂原液中 NaClO 的准确含量，再用 2mol/L 的 NaOH 溶液稀释成 $c(NaClO)=0.05mol/L$ 的溶液。

1）标定原理：在酸性介质中，次氯酸根与碘化钾反应析出碘，再用硫代硫酸钠标准溶液滴定生成的碘，以淀粉为指示剂，至溶液蓝色消失为终点。根据硫代硫酸钠的消耗量求出生成碘的量，从而计算出次氯酸根的量。具体反应式如式（5-24）、（5-25）：

$$2H^+ + ClO^- + 2I^- = I_2 + Cl^- + H_2O \tag{5-24}$$

$$I_2 + 2S_2O_3^{2-} = 2I^- + S_4O_6^{2-} \tag{5-25}$$

2）标定过程：先称取 2g 碘化钾（KI）于 250mL 碘量瓶中，加水 50mL 溶解，加 1.00mL 次氯酸钠试剂原液，再加 0.5mL 盐酸溶液 [50%（V/V）] 摇匀，暗处放置 3min。再用硫酸代硫酸钠标准溶液 $[c(Na_2S_2O_3)=0.100mol/L]$ 滴定析出的碘，至溶液呈黄色时，加 1mL 新配制的淀粉指示剂（5g/L），继续滴定至蓝色刚刚褪去，即为终点，记录所用硫代硫酸钠标准体积 V。

3）结果计算：次氯酸钠原液的浓度可用式（5-26）计算

$$次氯酸钠原液的浓度(mol/L) = \frac{c(Na_2S_2O_3) \times V}{1.00 \times 2} \tag{5-26}$$

4) 注意事项：

① 滴定必须在中性或弱酸性溶液中进行，原因是有利于发生式（5-24）、（5-25）的反应；

② 加入的 KI 必须过量，一般 KI 过量 2～3 倍，确保次氯酸根反应完全；

③ 由于光线能催化 I⁻ 被空气氧化的反应，所以析出 I_2 的反应一般放置在暗处进行约 5min，之后立即用 $Na_2S_2O_3$ 进行滴定；

④ 碘量法操作的一些注意事项详见 5.1.2 中 3.（2），以防止 I_2 的挥发和 I⁻ 被 O_2 氧化。

（2）标准曲线的绘制

取 10mL 具塞比色管 7 支，用氨标准溶液按表 5-5 制备标准系列管。

氨标准系列　　　　　　　　　　　表 5-5

管号	0	1	2	3	4	5	6
标准溶液，mL	0	0.50	1.00	3.00	5.00	7.00	10.00
吸收液，mL	10.00	9.50	9.00	7.00	5.00	3.00	0
氨含量，μg	0	0.50	1.00	3.00	5.00	7.00	10.00

在各管中加入 0.50mL 水杨酸溶液，再加入 0.10mL 亚硝基铁氰化钠溶液和 0.10mL 次氯酸钠溶液，混匀，室温下放置 1h。用 1cm 比色皿，于波长 697.5nm 处，以水作参比，测定各管溶液的吸光度。以氨含量（μg）作横坐标，吸光度为纵坐标，绘制标准曲线，并计算回归线的斜率。标准曲线斜率应为 0.081±0.003 吸光度/μg 氨，以斜率的倒数作为样品测定计算因子 B_s（μg/吸光度）。

（3）样品测定

采样后，将样品溶液全部转入比色管中，用少量吸收液洗吸收管，合并使用总体积为 10mL。按绘制标准曲线相同的操作步骤和检测条件，加入显色剂，显色，测定吸光度（A）。在每批样品测定的同时，用 10mL 未采样的吸收液作试剂空白，测定试剂空白的吸光度为（A_0）。如果样品溶液吸光度超过标准曲线范围，则可用试剂空白稀释样品显色液后在分析，计算样品浓度时，要考虑样品溶液的稀释倍数。

4. 结果计算

（1）先将采样体积按式（5-14）中的方法换算成标准状态下采样的体积。

（2）所采空气样品中氨的浓度应按式（5-27）进行计算：

$$c=\frac{(A-A_0)\times B_s}{V_0}\times k \tag{5-27}$$

式中　c——空气中氨浓度，mg/m^3；

　A——样品溶液的吸光度；

　A_0——空白溶液的吸光度；

　B_s——由标准曲线所得到的计算因子，μg/吸光度；

　V_0——换算成标准状态下的采样体积，L；

　k——样品溶液的稀释倍数。

5. 测定结果的影响因素

为了将测定结果的误差控制在一定范围内，标准曲线的斜率需控制在 0.081±0.003

吸光度/μg 范围内。由于实验用水、次氯酸钠溶液的浓度等因素对标准曲线的斜率均有影响，从而影响氨浓度的测定结果。同时，显色剂用量、显色时间等因素对氨的测定结果也有影响，因此需要对这些因素进行控制。

（1）实验用水的影响

分别用电阻率为 14MΩ·cm、16MΩ·cm、18MΩ·cm 的水配制靛酚蓝分光光度法所需要的所有溶液，并按照本方法中规定的实验步骤绘制标准曲线，结果见表 5-6。

不同电阻率的水对标准曲线的影响　　　　表 5-6

管号	0	1	2	3	4	5	6	斜率	相关系数
标准溶液 mL	0	0.10	0.2	0.4	0.60	0.80	1.00	/	/
吸收液 mL	5.0	4.9	4.8	4.6	4.4	4.2	4.0	/	/
甲醛含量 μg	0	0.1	0.2	0.4	0.6	0.8	1.0	/	/
吸光度 14MΩ·cm	0.018	0.056	0.090	0.257	0.423	0.579	0.862	0.0837	0.9994
吸光度 16MΩ·cm	0.019	0.057	0.089	0.258	0.430	0.581	0.859	0.0836	0.9995
吸光度 18.2MΩ·cm	0.018	0.059	0.094	0.237	0.406	0.585	0.806	0.0832	0.9989
吸光度 无氨蒸馏水	0.009	0.070	0.114	0.306	0.479	0.636	0.896	0.0878	0.9993

由上表可以看出：与无氨水相比，高纯水的试剂空白相对较高，试剂空白值在 0.016～0.020 之间，但标准曲线的斜率均在 0.081±0.003 之间，说明实验室使用 14～18MΩ·cm 的水可以满足实验要求。但最好使用新制的高纯水为宜，且做试剂空白扣除水中氨的影响。

（2）次氯酸钠浓度的影响

分别配制 0.10mol/L、0.05mol/L、0.025mol/L、0.012mol/L 的次氯酸钠溶液，准备 4 组比色管，在保证其他各种溶液的体积及添加顺序不变的情况下，分别向 4 组比色管中各加入 0.1mL 上述不同浓度的次氯酸钠溶液，并按照本方法中规定的实验步骤绘制标准曲线，结果见表 5-7。

次氯酸钠浓度对实验结果的影响　　　　表 5-7

管号	0	1	2	3	4	5	6	斜率	相关系数
标准溶液 mL	0	0.10	0.2	0.4	0.60	0.80	1.00	/	/
吸收液 mL	5.0	4.9	4.8	4.6	4.4	4.2	4.0	/	/

管号	0	1	2	3	4	5	6	斜率	相关系数
甲醛含量 μg	0	0.1	0.2	0.4	0.6	0.8	1.0	/	/
吸光度 0.10mol/L	0.015	0.051	0.091	0.233	0.389	0.539	0.780	0.0761	0.9998
吸光度 0.05mol/L	0.019	0.057	0.089	0.258	0.430	0.581	0.859	0.0836	0.9995
吸光度 0.025mol/L	0.019	0.063	0.109	0.315	0.452	0.612	0.846	0.0827	0.9985
吸光度 0.012mol/L	0.007	0.045	0.071	0.181	0.290	0.386	0.515	0.0510	0.9982

从表 5-7 数据可以看出：当 NaClO 的浓度为 0.012mol/L 时，存在着显色不完全的现象；当 NaClO 的浓度为 0.025mol/L 与 0.050mol/L 时溶液均显色完全，且斜率均在 0.081±0.003 范围内；当 NaClO 的浓度为 0.10mol/L 时，浓度较高的氨溶液吸光度值明显偏低，曲线斜率也偏低。所以，当 NaClO 的浓度为 0.025～0.050mol/L 时均可满足氨的测定要求，浓度不宜太高或太低。

(3) 显色温度的影响

分别取不同浓度的氨标准溶液 5 组，加入试剂后分别置于不同温（5～30℃）下进行 1h 显色反应，其他实验条件按本方法中规定的实验步骤执行，其检测结果见表 5-8。

不同显色温度下的吸光度测定结果　　　　　　　　　　表 5-8

	0	0.5μg/mL	1.0μg/mL	3.0μg/mL	5.0μg/mL	7.0μg/mL	10μg/mL
5℃	0.009	0.061	0.115	0.305	0.485	0.635	0.896
15℃	0.009	0.058	0.111	0.308	0.485	0.662	0.902
18℃	0.010	0.056	0.095	0.304	0.474	0.628	0.890
20℃	0.009	0.070	0.114	0.306	0.479	0.636	0.896
30℃	0.009	0.058	0.111	0.298	0.475	0.635	0.879

从表中可以看出：样品吸光度受温度的影响不大。因此，本检测方法对实验室温度要求不高，在我国一般室内环境下检测均适用。

(4) 显色时间的影响

分别取不同浓度的氨标准溶液 5 组，在不同的显色时间内检测样品吸光度，其他实验条件按本方法中规定的实验步骤执行，其检测结果如图 5-3 所示。

由上图可以看出，显色 30min 后吸光度基本稳定不变。因此，有条件将显色时间从标准规定的 1h 缩短为 30min，标准修订缩短显色时间后，有利于快速检测。另外，由于各种原因没有在标准规定的显色 1h 进行比色分析实验的话，至少显色 2h 的比色分析实验结果可以参考采用，避免错过时间样品无检测结果的情况发生。

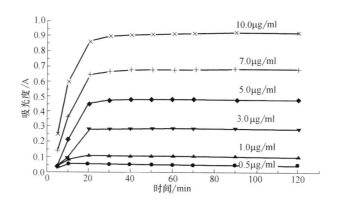

图 5-3　不同显色时间下吸光值的变化曲线

(5) 显色剂用量的影响

为了保证显色反应尽可能地进行完全，一般都要加入过量的显色剂，但不是显色剂越多越好。在 1.0μg/mL 的氨溶液中加入不同量的水杨酸溶液显色剂，其他实验条件按本方法中规定的实验步骤执行，分别检测其吸光度，其结果见曲线图 5-4。

可以看出，当水杨酸溶液用量增大时，吸光度也增大，增大到 0.45～0.55mL 时曲线变平坦；当水杨酸溶液用量大于 0.55mL 后，吸光度反而下降。因此应控制水杨酸溶液的用量在 0.45～0.55mL，最佳用量为本方法规定的 0.50mL。

如果样品溶液吸光度超过标准曲线范围，要用加有显色剂的未采样吸收液稀释样品，保证稀释后样品显色剂量基本不变，30min 后再检测吸光度。

(6) 氨浓度影响

在实际检测工作中，发现氨浓度较高时，显色剂加入后反而不显色，用加有显色剂的未采样吸收液稀释仍然不显色。于是，配制 0～80μg/mL 的不同浓度的氨标准溶液进行试验。发现氨浓度大于 50μg/mL 时，颜色反而变浅，且吸光度逐渐下降（图 5-5）。

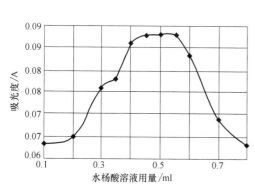

图 5-4　吸光度与显色剂用量关系图

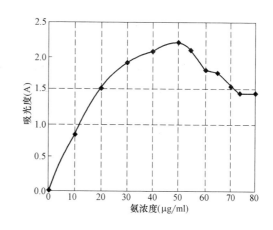

图 5-5　吸光度与氨浓度的变化曲线图

另外，分别对 20～50μg/mL 的氨溶液按本方法规定的方式稀释至溶液浓度不大于 10μg/mL，检测结果见表 5-9。

不同浓度的氨溶液稀释后的检测情况　　　　表 5-9

氨溶液浓度 ($\mu g/mL$)	稀释到 $5\mu g/mL$，再计算($\mu g/mL$)	相对误差 (%)	稀释到 $10\mu g/mL$，再计算($\mu g/mL$)	相对误差 (%)
15	13.95	7.00	14.5	3.33
20	15.88	20.6	18.7	6.50
25	18.00	28.0	22.3	10.8
30	19.98	33.4	26.7	11.0
40	22.56	43.6	31.6	21.0
50	22.80	54.4	35.4	29.2

由表中可以看出，稀释后通过标准曲线计算出的氨溶液浓度都小于其配制浓度。氨浓度越高，稀释后计算的误差越大；同一浓度的氨溶液稀释倍数越高，计算后的误差也越大。

因此，我们认为用该方法检测氨溶液浓度不宜大于 $10\mu g/mL$（即采样 5L 时，空气中氨浓度不大于 $60mg/m^3$），稀释倍数不宜大于 2 倍。对于氨浓度大于 $10\mu g/mL$ 的溶液，通过稀释的方法检测误差也比较大。对于氨浓度较高的环境，最好采用适当缩短采样时间的方法来采样。

6. 注意事项

（1）本检测方法的检测下限（MDL）为 $0.5\mu g/10mL$ 氨，即采样体积为 5L 时，最低检出浓度为 $0.01mg/m^3$。

（2）本方法灵敏度约为 10mL 吸收液中含有 $1\mu g$ 的氨，吸光度为 0.081 ± 0.003。

（3）靛酚蓝分光光度法灵敏度高，测量结果准确、稳定、安全、环保等优点，是室内空气中氨的含量测定的一种好方法，但标准曲线的绘制较为麻烦。

（4）同甲醛一样，本方法的样品吸收液应在采样后 24 小时内进行分析，且在采集室内空气样品的同时，应在室外上风向处采集一组空气空白样品。

（5）在显色过程中，注意各显色试剂的加入顺序：先加入 0.50mL 的水杨酸溶液，然后再加入 0.10mL 亚硝基铁氰化钠溶液和 0.10mL 次氯酸钠溶液。亚硝基铁氰化钠和次氯酸钠的加入顺序不论，但一定先加入水杨酸溶液。

（6）对于本方法的标准曲线，由于水杨酸溶液、亚硝基铁氰化钠溶液等显色试剂的稳定时间为 1 个月，所以标准曲线的使用周期为 1 个月。

（7）干扰和排除：对已知的各种干扰物，本法已采取有效措施进行排除，最为常见的 Ca^{2+}、Mg^{2+}、Fe^{2+}、Mn^{2+}、Al^{3+} 等多种阳离子已被柠檬酸络合。$2\mu g$ 以上的苯胺有干扰，H_2S 允许量为 $30\mu g$。

5.2.3　纳氏试剂分光光度法

1. 方法概况

本检测方法主要依据《公共场所卫生检验方法第 2 部分：化学污染物》GB/T 18204.2—2014 中 8.2（P21~22）进行，同时参考 GB 50325—2010 中采样布点的原则。它也是 GB/T 18883—2002 中规定的一种空气中氨的测定方法。

(1) 基本概念

纳氏试剂可选择下列方法之一制备：

1) 称取 17g 二氯化汞（$HgCl_2$）溶解于 300mL 水中，另称取 35g 碘化钾（Kl）溶解在 100mL 水中，然后将二氯化汞溶液缓慢加入到碘化钾溶液中，直至形成红色沉淀不溶为止。再加入 600mL 氢氧化钠溶液（200g/L）及剩余的二氯化汞溶液。将此溶液静置 1～2d，使红色混浊物下沉，将上清液移入棕色瓶中（或用 5 号玻璃砂芯漏斗过滤），用橡皮塞密封保存备用，此试剂几乎无色。

2) 称取 16g 氢氧化钠，溶于 50mL 水中，充分冷却至室温。另称取 7g 碘化钾和碘化汞（HgI_2）溶于水，然后将此溶液在搅拌下徐徐注入氢氧化钠溶液中，用水稀释至 100mL，贮于聚乙烯瓶中，密封保存。

(2) 本方法的适用范围

本检测方法适用于民用建筑工程室内环境空气中氨浓度的检测，也适用于地面水、地下水、工业废水和生活污水中氨氮含量的测定。

测定范围为 10mL 样品溶液中含 2～20μg 氨，即当标准采样体积为 5L 时，样品可测浓度范围为 0.4～4mg/m³。

(3) 本方法的测定原理

空气中氨吸收在稀疏酸中，以游离态的氨或铵离子等形式存在的氨与碘化汞和碘化钾的碱性溶液（纳氏试剂）作用生成黄棕色胶态化合物，此颜色在较宽的波长范围内（410～425nm）均具有较强烈的吸收，概据着色深浅，比色定量得出氨的浓度。其反应式如式（5-28）：

$$2K_2HgI_4 + 3KOH + NH_3 = NH_2Hg_2IO + 7KI + 2H_2O \qquad (5-28)$$
$$\text{黄色化合物}$$

2. 主要的仪器设备和材料试剂

(1) 恒流采样器：流量范围 0～2L/min，流量稳定可调，采样前和采样后应用皂沫流量计校准采样系列的流量，误差小于 5%。

(2) 大型气泡吸收管：10mL，出气口内径为有 1nm，出气口至管底距离等于或小于 5mm。

(3) 分光光度计：可在 425nm 测定吸光度，狭缝小于 20nm，并配有 10mm 光程的比色皿。

(4) 具塞比色管：10mL，若干支。

(5) 移液管：1.0mL、2.0mL、10mL、25mL 等，或自动数字式移液管，检定合格。

(6) 容量瓶：100mL、1000mL 若干支，检定合格。

(7) 无氨蒸馏水：制法见 5.2.2 中 2. (8)。

(8) 吸收液 [$c(H_2SO_4) = 0.005mol/L$]：制法见 5.2.2 中 2.(9)。

(9) 酒石酸钾钠溶液（500g/L）：称取 50g 酒石酸钾钠（$KNaC_4H_4O_6 \cdot 4H_2O$）溶于 100mL 水中，煮沸，使约减少 20mL 为止，冷却后，再用水稀释至 100mL。

(10) 氨标准贮备溶液：按照 5.2.2 中 2.(16) 的配制和标定方法进行。

(11) 氨标准溶液（2.0μg/mL）：临用时，将氨标准贮备溶液（1.0mg/mL）用吸收液稀释成 1.00mL 含 2.00μg 氨。放置 30min 后，用于配制标准色列管。

3. 检测过程

（1）标准曲线的绘制

取 10mL 具塞比色管 7 支，用氨标准溶液按表 5-10 制备标准系列管。

氨的标准系列 表 5-10

管号	0	1	2	3	4	5	6
标准溶液，mL	0	1.00	2.00	4.00	6.00	8.00	10.00
吸收液，mL	10.00	9.00	8.00	6.00	4.00	2.00	0
氨含量，μg	0	2.00	4.00	8.00	12.00	16.00	20.00

在各管中加入 0.1mL 酒石酸钾钠溶液，再加入 0.5mL 纳氏试剂，混匀，室温下放置 10min。用 1cm 比色皿，于 425nm 波长处，以水作参比，测定各管溶液的吸光度。以氨含量（μg）作横坐标，吸光度为纵坐标，绘制标准曲线，并计算标准曲线的斜率。标准曲线的斜率应为 0.014±0.002 吸光度/μg 氨，以斜率的倒数作为样品测定的计算因子 B_s（μg/吸光度）。

（2）样品测定

采样后，将样品溶液全部转入比色管中，用少量吸收液洗吸收管，合并使用总体积为 10mL。按绘制标准曲线相同的操作步骤和检测条件，加入显色剂，显色，测定吸光度（A）。在每批样品测定的同时，用 10mL 未采样的吸收液作试剂空白，测定试剂空白的吸光度为（A_0）。如果样品溶液吸光度超过标准曲线范围，则可用试剂空白稀释样品显色液后在分析，计算样品浓度时，要考虑样品溶液的稀释倍数。

4. 结果计算

（1）先将采样体积按式（5-14）中的方法换算成标准状态下采样的体积。

（2）所采空气样品中氨的浓度按式（5-27）中进行计算。

5. 测定结果的影响因素

纳氏试剂分光光度法具有操作简便、灵敏、稳定的优点，但在实际操作中影响测定结果的因素较多。

（1）显色时间的影响

在实验测定操作过程中，比色时间是很不稳定的，很容易受到各方面因素的影响，进而导致显色时间延后，因而要准确判断和确定显色时间的范围。实验表明：在常温状态下，显色时间少于 10min，显色时间过短，溶液显色不完全；显色时间在 10～30min，溶液颜色比较稳定、显色比较完全，吸光度已经达到最大值；显色时间在 45min 以后，溶液颜色逐渐减褪。因此，用纳氏试剂光度法测定氨时，显色时间应控制在 10～30min，一般以 20min 为宜。然后以尽快的速度进行比色，达到分析的精密度和准确度。

（2）显色温度的影响

温度影响纳氏试剂与氨反应的速度，并显著影响溶液颜色，进而影响测定结果。实验表明：以显色 20min 为准，当实验温度在 5～15℃时颜色不稳定，显色不完全；当实验温度在 20～25℃时显色较为完全；当温度达 30℃以上，溶液褪色，吸光度出现明显偏低现象。所以，将实验温度控制在 20～25℃范围内比较适宜。在室温较低的情况下，要提高测量灵敏度可以通过延长显色时间的方法来实现，但最长显色时间不宜超过 30min。

（3）反应体系 pH 值的影响

从显色原理的反应式可以看出，显色体系的 pH 对显色程度有显著影响，进而影响分析结果的准确性。实验证明：加入纳氏试剂后溶液显色的 pH 值范围为 $11.8\sim12.4$ 较为理想。若 pH 值低于 11.8，反应向反方向进行，不产生显色反应；若 pH 值高于 12.4，溶液中产生大量 NH_2HgIO 沉淀，溶液变浑浊而无法比色。

（4）试剂纯度的影响

对测试影响最明显的是酒石酸钾钠的纯度，当酒石酸钾钠的纯度不符合要求时，往往可导致空白值偏高，以及导致测试样品溶液混浊，严重影响比色结果。通常向不合格的酒石酸钾钠试剂中加入少量碱，然后进行煮沸、蒸发、冷却，或者加入纳氏试剂，形成沉淀后取上清液体使用。

6. 注意事项

（1）本检测方法的检测下限（MDL）为 $2\mu g/10mL$ 氨，即采样体积为 5L 时，最低检出浓度为 $0.4mg/m^3$。

（2）本方法灵敏度约为 10mL 吸收液中含有 $2\mu g$ 的氨，吸光度为 0.027 ± 0.002。

（3）本检测方法因其检测上限较高，更多是用来测定水（如地表水、污水）中氨氮的含量，目前本方法已是国内外普遍测定水中氨氮的标准方法之一。

（4）纳氏试剂毒性较大，取用时必须十分小心，接触到皮肤时，应立即用水冲洗。含纳氏试剂的废液，应集中处理。

（5）纳氏试剂中氯化汞与碘化钾的比例，对显色反应的灵敏度有较大影响，$HgCl_2$ 与 KI 的最佳用量比为 $0.41:1$（即 82g $HgCl_2$ 与 20g KI）。静置后生成的沉淀应除去。

（6）滤纸中常含痕量铵盐，使用时注意用无铵水洗涤。所用玻璃器皿应避免实验室空气中的氨的玷污。

（7）干扰和排除：对已知的各种干扰物，本法已采取有效措施进行排除，常见的 Ca^{2+}、Mg^{2+}、Fe^{2+}、Mn^{2+}、Al^{3+} 等多种离子低于 $10\mu g$ 不干扰，H_2S 的允许量为 $5\mu g$，甲醛为 $2\mu g$，丙酮和芳香胺也有干扰，但样品中少见。

小结：纳氏试剂法因操作简便，检测范围宽，一般多采用此法测定水中氨的含量，但此法显色色胶体不十分稳定，易受醛类和硫化物的干扰。靛酚蓝分光光度法灵敏度高，显色色较为稳定，干扰少，但要求操作条件严格，蒸馏水和试剂本底值的增高是影响测定值的主要误差来源。这两种方法均已作为公共场所空气中氨含量检验的标准方法。

5.2.4　离子选择电极法

1. 适用范围

本方法规定了测定工业废气中氨的氨气敏电极法。

本方法适用于测定空气和工业废气中的氨。

本方法检测限为 10mL 吸收溶液中 0.7ug 氨，当样品溶液总体积为 10mL，采样体积 60L 时，最低检测浓度为 $0.014mg/m^3$。

按 Nernst 公式，氨浓度每变化十倍，电极电位变化约 60mV。

2. 原理

氨气敏电极为一复合电极，以 pH 玻璃电极为指示电极，银-氯化银电极为参比电极，此电极对置于盛有 0.1mol/L 氯化铵内充液的塑料，单层有 0.1 毫升氯化钠内充液的塑料套管中，管底部用一张微孔缩水薄膜与试液隔开，并使透气膜与 pH 玻璃电极间有一层很薄的液膜，当测定由 0.05mol/L 硫酸吸收液所吸收的大气中的氨时，加入强碱，使铵盐转化为氨，由扩散作用通过透气膜（水和其他离子均不能通过透气膜），使氯化铵电质液膜层内 $NH_4^+ = NH_3 + H^+$ 的反应向左移动，引起氢离子浓度改变，由 pH 玻璃电极测得其变化。在恒定的离子强度下，测得的电极电位与氨浓度的对数呈线性关系。由此，可从测得的电位值确定样品中氨的含量。

3. 试剂和仪器

除另有说明外，分析时均使用符合国家标准或专业标准的分析纯试剂，所用水按下述方法制备的水。

（1）水：无氨，可用下述方法之一制备。

1）蒸馏法向 1000mL 的蒸馏水中加 0.1mL 硫酸（$\rho = 1.84g/mL$），在全玻璃装置中进行重蒸馏，弃去 50mL 初馏液，于具塞磨口的玻璃瓶中接取其余馏出液，密封、保存。

2）离子交换法

将蒸馏水通过强酸性阳离子交换树脂柱，其流出液收集在具塞磨口的玻璃瓶中。

（2）电极内充液：$c(NH_4Cl) = 0.1mol/L$。

（3）碱性缓冲液：含有 $c(NaOH) = 5mol/L$ 氢氧化钠和 $c(EDTA-2Na) = 0.5mol/L$ 乙二胺四乙酸二钠盐的混合溶液，贮于聚乙烯瓶中。

（4）吸收液：$c(H_2SO_4) = 0.05mol/L$ 硫酸溶液。

（5）氨标准储备液：1.00mg 氨。称取 3.141g 经 100℃ 干燥 2h 的氯化铵（NH_4Cl）溶于水中，移入 1000mL 容量瓶中，稀释至标线，摇匀。

（6）氨标准使用液：用氨标准贮备液（5）逐级稀释配制。

（7）氨敏感膜电极。

（8）pH/毫伏计：精确到 0.2mV。

（9）磁力搅拌器：带有用聚四氟乙烯包覆的搅拌棒。

（10）大气采样器。

4. 采样

量取 10.00mL 吸收液于 U 形多孔玻板吸收管中，调节采样器上的流量至 1.0L/min（用标准流量计校正），采样 60min。

5. 分析步骤

（1）仪器和电极的准备

按测定仪器及电极使用说明书进行仪器调试和电极组装。

（2）校准曲线的绘制

吸取 10.0mL 浓度分别为 0.1、1.0、10、100、1000mh/L 的氨标准溶液于 25mL 小烧杯中，浸入电极后加入 1.0mL 碱性缓冲液，在搅拌下，读取稳定的电位值 E（在 1min 内变化不超过 1mV 时，即可读取），在半对数坐标纸上绘制 E-logC 的校准曲线。

（3）测定

采样后，将吸收管中的吸收液倒入 10mL 容量瓶中，再以少量吸收液清洗吸收管，加入容量瓶，最后以吸收液定容至 10mL，将容量瓶中吸收液放入 25mL 小烧杯中，下一步骤与校准曲线绘制相同，由测得的电位值在校准曲线上查得气样吸收液中氨含量（mg/L），然后计算出大气中氨的浓度（mg/m³）

6. 结果计算

大气中氨的浓度 C，以 mg/m³ 表示，可由式（5-29）给出：

$$C = \frac{10 \cdot a}{V_0} \tag{5-29}$$

式中　a——吸收液中氨含量，mg/L；

　　　V_0——换算成标准状况下的采样体积，L。

7. 精密度和准确度

经五个实验室分析含 20.0mg/L 氨的同一分发的样品，重复性标准偏差 0.259mg/L，变异系数 1.30%；再现性标准差 0.273mg/L，变异系数 1.37%；加标回收率 97.65%。

5.3　空气中 TVOC 的检测

5.3.1　TVOC 的性质

1. TVOC 的定义

TVOC，是总挥发性有机化合物（total volatile organic compounds）的简称。目前其定义还没统一，从广义上说，室内任何液体或固体在常温常压下自然挥发出来的有机化合物都属于 TVOC，GB 50325—2010 规范中 TVOC 定义为：在本规范规定的检测条件下所测得空气中挥发性有机化合物的总量，即沸点在 50～250℃的挥发性有机化合物总和。

《室内空气质量标准》GB/T 18883 中规定，TVOC 是指利用 Tenax GC 或 Tenax TA 采样，非极性色谱柱（极性指数 10）进行分析，保留时间在正己烷和正十六烷之间的挥发性有机化合物。

根据 WHO 定义，TVOC 是指在常压下，沸点 50～260℃的各种有机化合物，按其化学结构式，可以进一步分为：烷类、芳烃类、烯类、卤烃类、酯类、醛类、酮类及其他等。

VOC，挥发性有机化合物（volatile organic compound），其含义与 TVOC 基本相同，在很多场合下二者可以通用，只是大家习惯用 TVOC 来表示室内空气中挥发性有机化合物的总量。

2. TVOC 的性质

TVOC 在室内空气中作为一类污染物，是一种成分极其复杂的混合物，按其化学结构可分为醛类、烷烃类、芳烃类等八大类，据不完全统计，一般的室内环境中有 50～300 种挥发性有机化合物，其中除醛类以外，已知的有苯、甲苯、二甲苯、三氯甲烷、苯乙烯、乙苯、乙酸丁酯、十一烷、二异氰酸酯等数十种，而且新的种类不断被合成出来。

由于 TVOC 的成分复杂、种类繁多，所以其理化性质也较为复杂，大多具有强挥发性、难溶于水，为有特殊刺激性气味的有毒有机气体。

3. TVOC 的来源及危害

涂料是室内空气中 TVOC 的重要来源之一，关于涂料中挥发性有机化合物的挥发特性，其涂膜状态可把挥发过程简单地划分为两个阶段，第一阶段为"湿"阶段，在此阶段内挥发速率极快，在数小时内即可挥发出总量的 90％ 以上；第二阶段为"干"阶段，此阶段内挥发速率大大降低，并逐渐减小。由于这一挥发特性，施工后的涂膜经一星期养护后，挥发出的有机化合物就极少了，因此，只要适当控制施工到居住使用时间并在此时间内保证室内通风良好，即可将"挥发性有机化合物"对室内空气的影响及对人体的危害降到最低限度。

室内 TVOC 主要还从建筑材料、室内装饰材料及生活和办公用品等散发出来的。如建筑材料中的人造板、泡沫隔热材料、塑料板材；室内装饰材料中粘合剂、壁纸、化纤窗帘、地毯等；生活中用的化妆品、洗涤剂等；办公用品主要是指油墨、复印机、打字机等。

室内空气中 TVOC 含量的大小与以下四个因素有关：室内温度、室内相对湿度、室内材料的装载度、室内换气数（即室内空气流通量）。在高温、高湿、负压和高负载条件下会加剧 TVOC 散发的力度。

TVOC 对人体的影响主要是刺激眼睛和呼吸道，皮肤过敏，使人产生头痛、咽痛和乏力，长期接触低浓度 TVOC 会引起嗅味不舒服和感觉有刺激性、过敏反应、神经毒性作用和局部组织凝症反应和引起流泪、呼吸频率改变、咳嗽或打喷嚏等反应，高浓度 TVOC 能引起机体免疫水平失调，影响中枢神经系统功能，出现头晕、头痛、嗜睡、无力、胸闷等自觉症状，还可能影响消化系统，出现食欲不振、恶心等，严重时可损伤肝脏和造血系统，出现变态反等。TVOC 中的部分有机物已被列入致癌物，如氯乙烯、苯、多环芳烃等，具有致癌性。

5.3.2 热解吸-气相色谱法

1. 方法概况

本检测方法主要依据《民用建筑工程室内环境污染控制规范》GB 50325—2010 中的附录 G（P$_{39\sim42}$）进行。本方法参考了 GB/T 18883—2002 和 ISO 16000-6：2004 的方法和参数，并结合已经开展了几年 TVOC 检测的实际情况而确定。

（1）对 TVOC 的定义

不同的标准中对 TVOC 的定义各不相同。GB 50325—2010 中 2.1.16 对 TVOC 的定义为：在本规范规定的检测条件下所测得空气中挥发性有机化合物的总量。由于本检测方法中色谱柱程序升温的范围为 50～250℃，所以具体到本方法的 TVOC 定义为：室内空气中沸点在 50～250℃的所有挥发性有机化合物的总和。

（2）本方法的适用范围

本检测方法只适用于民用建筑工程室内环境空气中 TVOC 的检测，不适用于装饰装修材料（如涂料、胶粘剂等）中挥发性有机物含量的测定，某些参数可作为相关检测方法的参考依据。

（3）本方法的测定原理

用 Tenax-TA 吸附管采集一定体积的空气样品，空气中的挥发性有机化合物保留在吸附管中，通过热解吸装置加热吸附管以得到挥发性有机化合物的解吸气体，然后将其注入气相色谱仪进行色谱分析，以保留时间定性，以峰面积定量。

（4）本方法的主要步骤

1）采样：应用 Tenax-TA 吸附管采集一定体积的空气样品，具体的采样方法和注意事项已在本书 2.1 中详述，在此不再重复讲述。

2）热解吸：通过热解吸装置加热吸附管，并得到 TVOC 的解吸气体；

3）检测：将 TVOC 的解吸气体注入气相色谱仪进行色谱分析，以保留时间定性，以峰面积定量。

2. 主要的仪器设备和材料试剂

（1）恒流采样器：恒流采样器在采样过程中流量应稳定，流量范围应包含 0.5L/min，并且当流量为 0.5L/min 时，能克服 5～10kPa 之间的阻力，此时用皂膜流量计校准系统流量时，相对偏差应不大于±5%。

（2）热解吸装置：该装置应能对吸附管进行热解吸，其解吸温度及载气流速应可调。

（3）气相色谱仪：配有 FID 检测器。

（4）石英毛细管柱：长度为 30～50m，内径为 0.32mm 或 0.53mm，柱内涂覆二甲基聚硅氧烷，其膜厚为 1～5μm；柱操作条件应为程序升温，初始温度为 50℃，保持 10min，升温速率 5℃/min 至 250℃，保持 2min。

（5）进样器：1μL、10μL 的微量注射器若干个，或自动进样器。

（6）Tenax-TA 吸附管：TVOC 专用吸附管，可为玻璃管或内壁光滑的不锈钢管，管内装有 200mg 粒径为 0.18～0.25mm（60～80 目）的 Tenax-TA 吸附剂。使用前应通氮气加热活化，活化温度应高于解吸温度，活化时间应不少于 30min，活化至无杂质峰为止，当流量为 0.5L/min 时，阻力应在 5～10kPa 之间。

（7）苯、甲苯、对（间）二甲苯、邻二甲苯、苯乙烯、乙苯、乙酸丁酯、十一烷的标准溶液或标准气体。

（8）载气为氮气，纯度不小于 99.99%。以及干燥氢气和空气。

3. 检测过程

（1）绘制工作曲线

根据实际情况可以选用气体外标法或液体外标法。当选用气体外标法时，应分别准确抽取气体组分浓度约为 1mg/m³ 的标准气体 100mL、200mL、400mL、1000mL、2000mL，使标准气体通过吸附管，以完成标准系列制备。但为了实验操作的方便，通常选择液体外标法。选用液体外标法绘制工作曲线，按照以下步骤进行：

1）首先抽取标准溶液 1～5μL，在有 100mL/min 的氮气通过吸附管情况下，将各组分含量为 0.05μg、0.1μg、0.5μg、1.0μg、2.0μg 的标准溶液分别注入 Tenax-TA 吸附管，5min 后应将吸附管取下并密封，以完成标准系列制备。

2）采用热解吸直接进样的气相色谱法，将吸附管置于热解吸直接进样装置中，经温度范围为 280～300℃ 充分解吸后，使解吸气体直接由进样阀快速进入气相色谱仪进行色谱分析，以保留时间定性、以峰面积定量。

3）以各组分的含量（μg）为横坐标，以峰面积为纵坐标，分别绘制工作曲线，并计算回归方程。建立工作曲线的详细步骤见本书 2.6.2 中。

（2）样品测定

样品分析时，每支样品吸附管应按与标准系列相同的热解吸气相色谱分析方法进行分析，以保留时间定性、以峰面积定量。

4. 结果计算

（1）所采空气样品中各组分的浓度应按式（5-30）进行计算：

$$C_m = \frac{m_i - m_0}{V} \tag{5-30}$$

式中　C_m——所采空气样品中 i 组分的浓度，mg/m³；

　　　m_i——样品管中 i 组分的质量，μg；

　　　m_0——未采样管中 i 组分的质量，μg；

　　　V——空气采样体积，L。

空气样品中各组分的浓度还应按式（5-31）换算成标准状态下的浓度：

$$C_c = C_m \times \frac{101.3}{P} \times \frac{t + 273}{273} \tag{5-31}$$

式中　C_c——标准状态下所采空气样品中 i 组分的浓度，mg/m³；

　　　P——采样时采样点的大气压力，kPa；

　　　t——采样时采样点的温度，℃。

（2）所采空气样品中总挥发性有机化合物（TVOC）的浓度应按式（5-32）进行计算：

$$C_{TVOC} = \sum_{i=1}^{i=n} C_c \tag{5-32}$$

式中　C_{TVOC}——标准状态下所采空气样品中总挥发性有机化合物（TVOC）的浓度，mg/m³。

5. 注意事项

（1）本方法使用的吸附管采样前必须活化，活化温度须高于解吸温度。

（2）注意 Tanex-TA 吸附管上标识的箭头：采样时吸附管上的箭头方向应与空气流动方向一致，热解吸进样时箭头方向应与载气流动方向相反。

（3）空白样品：采集室外空气样品作为空白扣除，空白样品应与采集室内空气样品同步进行，且地点宜选择在室外上风向处。

（4）本方法中对 Tanex-TA 吸附剂用量、颗粒粗细及活化吸附管等进行了明确要求，以保证吸附剂本身对空气中 TVOC 的吸附能力的一致性，提高检测结果的准确度。因此本方法所使用的吸附管必须符合相关要求。

（5）采用热解吸直接进样的气相色谱法绘制工作曲线时，应确保气相色谱仪和热解吸仪的稳定性和重复性良好的情况下进行。

（6）本方法中未识别峰的计算：在 TVOC 的众多成分中，除了苯、甲苯、对（间）二甲苯等 8 种已知组分外，其余组分统称为未知组分，对应的色谱峰称为未识别峰。具体的计算方法为：

1）未识别峰面积＝空气样品总的峰面积－8 种已知组分的峰面积－未采样管的峰面积；

2）将计算出的未识别峰面积代入甲苯的工作曲线方程中计算，得出未知组分的含量；

3）将所有未知组分作为一个组分代入式（5-28）中计算。

（7）目前本方法检测室内空气中 TVOC，取样测量过程过于复杂、周期长、成本过高，所以将来的努力方向：在保证检测质量的前提下，合理简化检测步骤，易于操作，使室内环境污染物检测进入千家万户。

5.4 空气中苯的检测

5.4.1 苯的性质

1. 苯的理化性质

苯，化学式 C_6H_6，相对分子质量 78.11，密度为 0.8765g/mL（相对于水），是最简单的芳香烃类化合物，常温下为一种无色、易挥发、易燃、具有特殊芳香气味的液体，熔点 5.5℃，沸点 80.1℃。苯有毒、有麻醉性，难溶于水，易溶于乙醇、乙醚、氯仿等有机溶剂，本身也可作为有机溶剂。苯极易挥发为蒸气，与空气可形成爆炸性混合物，爆炸极限 1.5%～8.0%（体积）。

苯在适当情况下，分子中的氢能被卤素、硝基等置换，也能与氢和氯等起加成反应。苯分子的氢被甲基、乙基等基团取代，可形成甲苯、二甲苯、乙苯等同系物，它们的物理化学性质与苯相似。苯及其同系均为内挥发性有机物的重要组成部分。

2. 苯的来源及危害

苯主要来自于建筑装饰中使用大量的化工原材料，如塑料、橡胶、涂料、填料等。各种油漆、涂料的添加剂、稀释剂、各种胶粘剂、防水材料及各种有机溶剂中都含有大量的苯，例如苯、甲苯、二甲苯是油漆中不可缺少的溶剂，天那水和稀料的主要成分都是苯、甲苯和二甲苯，及各种有机溶剂，胶粘剂的溶剂多数为苯或甲苯，这些物质经装修后，大量的苯挥发到室内。另外，苯还可来自烟草的烟雾、染色剂、图文传真机、电脑终端机和打印机、墙纸、地毯、合成纤维和清洁剂等。

工业上常把苯、甲苯和二甲苯统称为"三苯"，在这三种物质中以苯的毒性最大，早在 1993 年苯就被世界卫生组织（WHO）和国际癌症研究机构认定为强烈致癌致突变物质，由于其芳香性而不易被人察觉其毒性。苯对人体造血功能有抑制作用，会使白细胞、红细胞和血小板减少。短时间接触苯会导致头晕、倦睡、头痛、胸闷、恶心、呕吐等症状，重者中毒而死。长期吸入苯可导致牙龈出血、鼻出血、皮下出血点或紫癜，女性月经量过多、经期延长等。重者可出现再生障碍性贫血、全细胞减少等，甚至可引起各种类型的白血病和恶性肿瘤，也可引起染色体突变，造成胎儿畸形等。

5.4.2 毛细管气相色谱法

1. 方法概况

气相色谱法检测室内空气中苯和检测 TVOC 在方法上有很多相似之处，如测定原理、主要步骤等。所以在下面的叙述中，与 TVOC 检测方法中相同的部分将简述，重点讲述二者不同部分的内容。

本检测方法主要依据《民用建筑工程室内环境污染控制规范》GB 50325—2010 中的附录 F（P$_{36\sim38}$）进行。本方法参考了《居住区大气中苯、甲苯和二甲苯卫生检验标准方法气相色谱法》GB 11737—1989，而且对某些部分进行了改进。

（1）本方法的适用范围

与 TVOC 的检测方法相同，本检测方法只适用于民用建筑工程室内环境空气中苯的检测，不适用于装饰装修材料（如涂料、胶粘剂等）中挥发性有机物含量的测定，但可作为相关检测方法的参考依据。

（2）本方法的测定原理和主要步骤

测定原理和主要步骤与 TVOC 的相同，均是应用吸附管采集空气样品，然后用热解吸直接进样的气相色谱法测定，以保留时间定性，以峰面积定量。所不同的是使用的采样吸附管为活性炭管，具体的采样方法和注意事项也已在本书 4.2 中详述。

2. 主要的仪器设备和材料试剂

（1）恒流采样器：要求与 TVOC 相同。

（2）热解吸装置：要求与 TVOC 相同。

（3）气相色谱仪：要求与 TVOC 相同。

（4）毛细管柱或填充柱：毛细管柱长应为 30～50m 的石英柱，内径应为 0.53mm 或 0.32mm，内涂覆二甲基聚硅氧烷或其他非极性材料。填充柱长 2m、内径 4mm 不锈钢柱，内填充聚乙二醇 6000-6201 担体（5：100）固定相。

（5）进样器：要求与 TVOC 相同。

（6）活性炭吸附管：该管为内装 100mg 椰子壳活性炭吸附剂的玻璃管或内壁光滑的不锈钢管。使用前应通氮气加热活化，活化温度应为 300～350℃，活化时间应不少于 10min，活化至无杂质峰为止；当流量为 0.5L/min 时，阻力应在 5～10kPa 之间。

（7）苯的标准溶液或标准气体。

（8）载气为氮气，纯度不小于 99.99％。以及干燥氢气和空气。

3. 色谱条件

气相色谱分析条件可选用以下推荐值，也可根据实验室条件选定其他最佳分析条件：

（1）填充柱温度——90℃或毛细管柱温度——60℃；毛细管柱温度为 60℃；

（2）检测室温度为 150℃；

（3）汽化室温度为 150℃；

（4）载气为氮气，流量为 1.0mL/min。

4. 检测过程

（1）绘制工作曲线

气体外标法配制标准系列方法：应分别准确抽取浓度约 1mg/m³ 的标准气体 100mL、200mL、400mL、1L、2L 通过吸附管，然后用热解吸气相色谱法分析吸附管标准系列样品。

液体外标法配制标准系列方法：应抽取标准溶液 1～5μL 注入活性炭吸附管，分别制备苯含量为 0.05μg、0.1μg、0.5μg、1.0μg、2.0μg 的标准吸附管，同时用 100mL/min 的氮气通过吸附管，5min 后取下并密封，作为吸附管标准系列样品。

（2）样品测定

对于采用热解吸直接进样的气相色谱法，应将标准吸附管和样品吸附管分别置于热解吸直接进样装置中，经过 300～350℃解吸后，将解吸气体经由进样阀直接进入气相色谱仪进行色谱分析，应以保留时间定性、以峰面积定量。对标准系列样品，以苯的含量

（μg）为横坐标，以峰面积为纵坐标，绘制工作曲线，计算回归方程。

5. 结果计算

（1）所采空气样品中苯的浓度应按式（5-33）进行计算：

$$C=\frac{m-m_0}{V}\qquad(5-33)$$

式中　C——所采空气样品中苯的浓度，mg/m^3；

　　m——样品管中苯的质量，μg；

　　m_0——未采样管中苯的质量，μg；

　　V——空气采样体积，L。

（2）所采空气样品中苯的浓度还应按式（5-34）换算成标准状态下的浓度：

$$C_c=C_m\times\frac{101.3}{P}\times\frac{t+273}{273}\qquad(5-34)$$

式中　C_c——标准状态下所采空气样品中苯的浓度，mg/m^3；

　　P——采样时采样点的大气压力，kPa；

　　t——采样时采样点的温度，℃。

6. 注意事项

（1）吸附管的活化、吸附管上的箭头方向以及空白样品的要求，均与 5.3.2 中 5（1）、5（2）的注意事项相同。

（2）本方法中对活性炭吸附剂的种类、用量及活化过程等进行了明确要求，为了保证吸附剂本身对空气中苯的吸附能力的一致性，本方法所使用的吸附管必须符合相关要求。

（3）由于活性炭对水分有较强的吸附作用，所以采样时不宜空气湿度太大，否则活性炭吸附空气中的大量水分后达到吸附饱和，对苯的吸附能力大幅减弱，采样效率降低。

（4）空气样品吸附管也可以热解吸后手工进样或二硫化碳萃取后手工进样，这两种方法都增加了操作步骤，扩大了系统误差，而且操作过程中空气污染物对实验人员的危害较大，目前基本不用。

（5）所做标准曲线（标准系列）所涵盖的苯浓度范围相当于取样 10L 所对应的空气中苯浓度范围：$0.01\sim0.20mg/m^3$，对于 GB 50325—2010 中规定的空气中苯浓度限量为 $0.09mg/m^3$ 来说是合适的。若所采空气样品中的苯浓度超过该标准曲线的浓度范围，特别是对于高浓度苯的样品，需要扩展标准系列所涵盖的浓度范围。

5.4.3　便携式气相色谱法

1. 原理

便携式气相色谱仪内恒流采样泵抽取一定体积空气样品，当气流流经装有少量吸附剂的预浓缩器时待测液组分在室温被捕集，解吸时瞬间加热预浓缩器，通过逆向载气液将化合物吹入色谱柱，经色谱柱分离后以微氩离子检测器，保留时间定性，峰面积定量。

2. 试剂和仪器

注：本法使用的试剂应为色谱纯，如果为分析纯，需经纯化处理，保证色谱分析无杂峰。

（1）稀释溶液：甲醇。

（2）高纯氩气：纯度大于 99.999％。

（3）便携式气相色谱仪：内置恒流采样泵、装填有少量吸附剂的预浓缩器、微氩离子检测器（MAID）。

（4）色谱柱：30m 或 60m 中等极性毛细管色谱柱。

（5）气体采样袋：Tedlar 气体采样袋，容积 3L。

（6）注射器：1～10μL 液体注射器。

（7）容量瓶：10mL。

（8）液体外标法标准气配置装置：该装置具有进样口、温度可调节的气化室、流量可调节的气路系统，可外接采气袋的出气口。

3. 采样

（1）采样布点见第 4 章采样布点要求。

（2）在选定的色谱条件下，在现场采用便携式气相色谱内置恒流泵直接采样分析，1h 内可完成 4 次采样分析，相邻两次采样间隔为 15min。该采样点浓度为 4 次采样测定结果的平均值。

（3）记录现场采样分析时的气温和大气压。

4. 分析步骤

（1）色谱分析条件：由于色谱分析条件常因实验条件不同而有差异，所以应根据所用便携式气相色谱仪的型号和性能，制定分析苯系物的最佳色谱分析条件。

（2）标准曲线的绘制：采用液体外标法，在与做样品分析时的相同条件下绘制标准曲线或计算回归方程。具体的操作步骤如下：

1）目标化合物的混合标准液制备：用微量注射器分别取 1μL、2μL、4μL、10μL、20μL 各目标化合物的色谱纯物质于预先加入 5mL 甲醇的 10mL 容量瓶中，定容至 10mL，制备成目标化合物的混合标准溶液系列；

2）目标化合物的混合标准气制备：以微量注射器取 1μL 混合标准液注入液体外标法标准气配制装置汽化室，气化室温度为 100℃，用高纯氮气以恒定速率将汽化室内气体吹入 Tedlar 采气袋，通过控制采气袋的充气时间到 2L 混合标准气。采气袋在配气前需用高纯氩气清洗 3 次，并且每次清洗时需用抽气泵抽净采气袋中残留气体。该标准气现用现配；

3）目标化合物定性：以保留时间定性。在中等极性毛细色谱柱，目标化合物的出峰顺序依次为苯、甲苯、间（对）二甲苯、邻二甲苯，其间、对二甲苯无法分开；

4）绘制标准曲线或回归方程：在选定的色谱分析条件下，对混合标准气分别采样分析，每个浓度平行测定 3 次，以 3 次测定峰面积平均值的平方根为纵坐标，以各目标化合物质量分数为横坐标绘制标准曲线，并计算回归方程，要求回归方程的相关系数至少达到 0.995。

5. 结果计算

（1）将采样体积按公式换算成标准状态下的采样体积。

（2）空气样品中待测组分的浓度按式（5-35）计算。

$$c=\frac{m}{V_0}\times 1000 \qquad (5-35)$$

式中 c——标准状况下的空气样品待测组分的浓度，单位为毫克每立方米（mg/m³）；

m——按照标准曲线计算的目标化合物的质量，单位为毫克（mg）；

V_0——标准状态下的采样体积，单位为升（L）。

（3）结果表达：一个区域的测定结果以该区域内各采样点质量浓度的算术平均值给出。

6. 测量范围、精密度和准确度

（1）当采样流速为 400mL/min，采样时间为 30s，本法最低检出质量浓度为 7.2μg/m³，测定范围 0.05～0.80mg/m³，可以通过调整采样时间扩大方法的检测范围。

（2）对空气中苯浓度在 0.05～0.80mg/m³ 范围内，同一天和一周内本法重复测定的相对标准差范围在 0.8%～6.9% 和 1.3%～8.4%；与 GB/T18883—2002 中附录 B 毛细管气相色谱法的比对实验结果表明，本法对高、中、低不同苯浓度测定结果间的相对偏差在 0.5%～13.9%。

5.5 空气中氡的检测

5.5.1 氡的性质

1. 氡的理化性质

氡，化学式 Rn，原子序数为 86，相对原子质量为 222，是元素周期表的第六周期的零族元素，也是人类所接触到的唯一气体放射性元素。氡通常以单质形态存在，是自然界唯一的天然放射性稀有气体、惰性气体，所以又称"氡气"，为无色、无嗅、无味的气体，相对密度为 9.73，是室温中最重的气体（比重约为空气的 7.5 倍），熔点为－71℃，沸点为-68.1℃，溶于水，体积分数为 51%，更易溶于脂肪。

化学反应极不活泼，难以与其他元素发生反应成为化合物，但原子核极不稳定，具有危险的放射性，这种放射性可以破坏形成的任何化合物。

Rn-222 衰变后成为放射性钋并释放出 α 粒子及 β 粒子，放射性钋很快衰变并产生一系列放射性产物，最终成为稳定性元素铅（图 5-6），所以氡可用于癌症的放射治疗，也

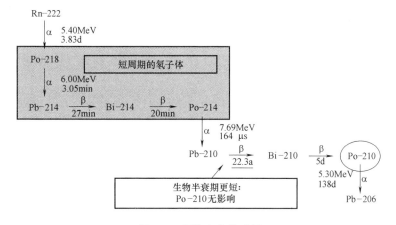

图 5-6 氡的衰变链式图

用于放射性物质的研究，主要做实验中的中子源。

2. 氡的来源

氡主要来自于以天然土石为基本材料的建材如水泥、沙石、砖、瓦、花岗岩、大理石、石膏等，其中地下地质构造断裂是民用建筑低层室内氡气污染的重要来源，地基土壤的扩散，通过地表和墙体裂缝而进入室内。地下水中氡浓度达到 $10^4 Bq/m^3$ 时也是室内的重要氡源，天然气和液化石油气燃烧时，如果室内通风不好，其中的氡全部释放到室内。另外，氡会来自于一些矿渣砖、炉渣砖等建筑材料（通常都含有不同程度的镭）和那些含铀高的室内装饰材料，如花岗岩和瓷砖、洁具等。

氡是地壳中铀、镭、钍等放射性核素的衰变产物，因此地壳中含有放射性元素的岩石总是不断的向四周扩散氡气，使空气中和地下水中或多或少含有一些氡气。氡共有 27 种同位素，即 Rn-200～Rn-226，其中 Rn-225 未完全确定，最重要的三个同位素 $_{86}$Rn-222、$_{86}$Rn-220、$_{86}$Rn-219，分别来自不同的镭同位素 $_{88}$Ra-226、$_{88}$Ra-224、$_{88}$Ra-223。Rn-222 的半衰期为 3.82 天，Rn-220 的半衰期为 54.5 秒，Rn-219 的半衰期为 3.9 秒，所以通常所说的氡主要指 Rn-222，在讨论室内氡浓度时也以 Rn-222 为主，Rn-220 次之。

3. 氡的危害

目前人们已基本认识到了放射性对生物体损伤的机理和效应。由于射线会引起物质的原子或分子电离，当生物体受射线照射时，机体内某些大分子结构甚至细胞结构和组织结构会遭到直接破坏，引起蛋白质分子、核糖核酸或脱氧核糖酸分子链断裂，或者破坏一些对代谢有重要意义的酶，使生物体内的水分子电离而产生一些自由基，这些自由基间接影响机体的某些组成成分。这些破坏可能引起细胞变异（如癌变），引发各种放射性疾病。放射性也能损伤遗传物质，主要在于引起基因突变和染色体畸变，使一代甚至几代受害。

所以，射线引起的人体应包括躯体效应（损伤体细胞）和遗传效应（损伤生殖细胞并反映在后代机体）。躯体效应又可分为急性损伤（在短时间内受到大剂量照射而引起）、慢性损伤（长时间受到小剂量照射而引起）、远期效应（在照射后很长时间才显现出来）。损伤效应不仅取决于总照射量，还与照射率、照射面积和部位以及机体的自身情况（年龄、健康状况等）有关。

人体受射线照射分为外照射和内照射，外照射是机体外部射线对机体的照射，内照射是通过吸入、食入、渗入等途径，放射性同位素进入机体内产生的照射。在大剂量的照射下，放射性可以破坏肌体组织的细胞结构，若一次受到 1000 雷姆以上的剂量，几天之内就会死亡，这主要是外照射损伤，如原子弹、氢弹等核武器的爆炸。在稀土生产中，主要防止长时间小剂量引起的慢性损伤和远期效应以及过量放射性物质进入体内引起的内照射损伤。

氡是一种比空气重 7.5 倍的无色无味的放射性气体，很容易随着呼吸进入肺部，随血液流向全身。氡-222 原子核放射出的 α、β 粒子对人体，尤其是上呼吸道、肺部产生很强的内照射，破坏细胞结构分子，对细胞造成不可修复的伤害，对人的呼吸系统造成辐射伤害，诱发肺癌，且发病潜伏期长。研究表明，氡是除吸烟以外引起肺癌的第二大因素，被世界卫生组织公布为 19 种主要的环境致癌物质之一，国际癌症研究机构也认为氡是室内重要致癌物质。

氡对人类的健康危害主要表现为确定性效应和随机效应，定性效应表现为：氡对人体脂肪有很高的亲和力，在高浓度氡的暴露下，机体会出现红细胞增加，中性白细胞减少，淋巴细胞增多，血管扩张等症状，造成人体造血器官、神经系统、生殖系统和消化系统的损伤。随机效应主要表现为肿瘤的发生。常温下氡及子体在空气中能形成放射性气溶胶而污染空气，由于它无色无味，很容易被人们忽视，但它却容易被呼吸系统截留，并在局部区域不断累积，氡衰变产生的阿尔法粒子可在人的呼吸系统造成辐射损伤，诱发肺癌。

5.5.2　室内空气中氡的检测

1. 室内空气中氡的采样

空气中氡的采样大体上可以分为瞬时采样、连续采样和累积采样三种方法。①瞬时采样是指采样一定时间后，立即进行测量，测出的是某一时刻的氡浓度值。这种方法特别适用于工作场所的氡监测及氡水平调查中的筛选测量。②连续采样是对被测空气进行连续采样和测量，得出的氡气浓度随着时间的变化情况。连续监测设备一般较复杂，造价也比较昂贵，因此只适用于某些专题研究和重点场所的连续监测。③累积采样可测量几天、几个月，甚至几年内空气中氡浓度的平均值或累积暴露量。该采样方法的设备简单，成本低廉，采样与测量系统分立，便于大量布点，适合于大规模的氡浓度调查。

根据环境中氡的分布特点，结合 GB 50325—2010（2013 版）和 GB/T 14582—1993 中的相关要求，在室内空气中氡的监测点分布和采样过程中的注意事项详见本书 4.3 中相关内容。

2. 氡测量方法的分类和选择

根据上述各方法的特点和采样方式的不同，可将氡的测量方法分为 3 大类（表 5-11），分别适用于不同的监测目的和适用场合。

常见的氡测量方法分类及其特点 表 5-11

采样方式	方法	特点
瞬时采样	电离室法	直接，快速，灵敏度较低，设备笨重
	闪烁室法	操作简便，灵敏度较高，野外使用不便
	双滤膜法	可同时测量氡和子体浓度，受湿度影响大，不便携带
	气球法	简单，快速，便于携带，球壁效应难于修正，受湿度影响较大
连续采样	闪烁室连续监测仪	连续监测设备的共同特点是：自动化程度高，可连续监测氡浓度的动态变化，缺点是设备都比较复杂，不便于野外使用，较昂贵
	自动双滤膜法	
	扩散静电法	
	流气式电离室	
累积采样	固体径迹探测器	便于携带或邮寄，径迹稳定（不易衰退），无需及时测量，适合大规模布点，只用于长期测量
	热释光剂量计	小型廉价，无电源，无噪声，精度比径迹法稍差，读数方便，受湿度影响
	活性炭被动吸附法	灵敏度高，成本低，操作简便，无噪声，能重复使用，只用于短期测量，受湿度影响
	驻极体测氡法	价廉，重量轻，体积小，电荷信息稳定，可重复使用，不受温、湿度影响，可用于长期和短期测量

199

(1) 瞬时采样测量

在工作场所氡的防护监测中常需对某一特定场所的氡及子体浓度进行不定期的监测，以便及时发现异常，采取相应的防护措施。要求能通过简单的测量，迅速确定该场所是否含有较高的氡浓度。在大规模室内氡水平的调查中，一般要进行筛选测量和跟踪测量。筛选测量的任务之一是以快速和很小的代价来确定该住宅是否对居住者有引起高照射的潜在可能性，决定是否需要以及采用何种形式的跟踪测量。另外通过对大量住宅的快速调查，以便有效地鉴别那些含氡浓度高的房屋，确定进一步跟踪测量的对象，避免把时间和资金浪费在那些对健康不构成危险的住宅内。这就需要花费少，操作简单，能快速给出结果的测量方法，我们按其采样特点称之为瞬时采样测量方法。

这些方法特别适用于工作场所的氡监测，也常用在氡水平调查中的筛选测量，由于其不能给出长时间氡浓度的平均值，一般不用于氡水平调查的跟踪测量，也不如累积法那样布点方便。

(2) 连续采样测量

出于研究的目的，需要知道氡及其子体浓度的动态变化及其与影响因素的关系，需对氡浓度进行连续监测。连续监测设备一般较复杂，造价也比较昂贵，因此适用于某些专题研究和重点场所的连续监测。虽然也能给出一段时间的平均氡及子体浓度，但由于其不便携带，检测期间需要电源，一般不用于跟踪测量中。

(3) 时间累积测量

在氡水平的跟踪测量和估算公众所受的剂量时，常需知道氡在一段时间内的平均水平，以便对居民所受的实际或最大可能的照射进行准确可靠的估计。这时瞬时采样测量和连续测量不能满足这种需要，累积测量方法逐渐受到人们的重视。采样时间的长短取决于所用技术的灵敏度。这种方法的探测下限低，能够探测瞬时法和连续测量法无法探测的氡水平。设备简单，成本低廉，采样与测量系统分立，便于大量布点，适合于大规模的氡水平调查。

综上所述，氡浓度的测量技术很多，寻找到快速高效、成本低廉、结果准确的方法，是进行氡浓度测量的第一步。在选择测量方法时，应考虑如下几个因素：

1) 确定所研究问题的性质，决定方法的类别。如果是大面积氡浓度普查，可考虑径迹蚀刻法、活性炭吸附等累计测量方法；如果是快速的现场检测，可采用瞬时或连续测量的电离室法和双滤膜法等。

2) 方法的可获得性。确定了方法和类别后，就应考虑这类方法哪些是本实验室具备的，能很快建立。这时如果只有一种方法可以得到，那就用它，如果还有其他方法，则方法的费用和时间就成了首先考虑的问题。

3) 方法的费用和时间。如果有几种方法可以得到，则应对所有可能的方法进行分析，选择最适合自己问题的特点、费用最低、时间最短的方法。

4) 其他因素。选择方法时还应考虑和测量有关的问题，如布点是否方便，操作是否简便，人员是否需专门培训，维修是否方便以及维修费用的多少。对居民氡水平的调查，还应考虑对居民生活的影响，居民的可接受程度等。

通过选择适宜的方法可以尽量避开或消除相应的影响因素，从而确保检测结果的准确性，尽快地达到预期的检测目的。根据 GB 50325—2010（2013 版）规范 6.0.6 条规定：

民用建筑工程室内空气中氡的检测所选用的方法，测量结果不确定度不应大于 25%（即置信度为 95%），方法的探测下限不应大于 10Bq/m³。氡浓度的测定方法不限定于国家标准 GB/T 14582—1993 中的四种方法，只有满足上述的技术要求的方法均可使用。

5.5.3　活性炭盒法测定氡浓度

活性炭现场采样—实验室 γ 谱仪测定室内空气中氡浓度，是一种累积测量法。将活性炭盒放在空气采样点，采集空气中的氡，不需要动力，是一种被动式采样法。在 DBJ 01-91—2004 附录 F 中称为"室内空气中氡浓度的活性炭盒法测定"。

1. 原理

氡气通过扩散进入探测盒并被里面的活性炭吸收，氡衰变新生的子体沉积在活性炭内。通过用 γ 能谱仪测量活性炭盒的氡子体特征 γ 射线峰或峰群强度，采用经标准氡室刻度后的校正系数，可计算出被测场所的氡浓度。

2. 仪器和材料

（1）γ 谱仪：或半导体探头配多道脉冲分析器；

（2）活性炭：椰壳炭（6～16）目；

（3）采样盒：塑料或金属制成，直径（6～10cm），高（3～5cm），内装（25～100cm），活性炭盒的敞开面用滤网封住，固定活性炭且允许氡进入采样器，采样盒尺寸和活性炭用量等应与刻度的采样盒一致；

（4）烘箱；

（5）天平：最小分变值，0.1g，量程 200g。

（6）温湿度计；

（7）空气压力表。

3. 测定步骤

（1）样品制备

将选定的活性炭放入烘箱内，在 120℃下烘烤 5～6h，存入磨口瓶中。称取一定量烘烤的活性炭装入采样盒中，并盖上滤膜或金属筛网和盒盖，用胶带密封，称量样品盒的总重量，把活性炭盒密封存放。

（2）采样

在采样地点去掉活性炭盒密封包装，敞开面朝上放在采样点上，其上面 20cm 内不得有其他物体。放置 2～7d 后用原胶带将活性炭盒再封闭起来，并记录采样时的温度、湿度和大气，迅速送回实验室。

（3）检测

采样停止 3h 后，再称量样品盒的总重量，计算水分吸收量。将活性炭盒在 γ 谱仪上计数，测出氡子体特征射线峰（或峰群）面积，检测条件与刻度时要一致。

4. 计算

空气中氡浓度按下式（5-36）计算：

$$C_{Rn} = \frac{an_r}{t_1^b \cdot e^{-\lambda_{Rn}t_2}} \tag{5-36}$$

式中　C_{Rn}——被测场所空气中的平均氡浓度，Bq/m³；

a——采样 1h 的响应系数，$Bq/m^3/$计数$/min$；

n_r——特征峰（峰群）对应的净计数率，计数$/mm$；

t_1——采样时间，h；

b——累积指数，为 0.49；

λ_{Rn}——氡衰变常数，$7.55 \times 10^{-3}/h$；

t_2——采样时间中点至测量开始时刻之间的时间间隔，h。

5. 检测要求

（1）在远距离的现场测量中，暴露结束后数小时乃至 $1\sim2d$ 才能送回实验室进行测量。因此回收探测器后必须将其密封好。

（2）暴露时间过短，氡在炭床上的分布，将会出现某些不均匀性，所以现场暴露时间不宜太短，最好为 $3\sim4d$。

（3）炭盒对氡的吸附随湿度增加而减少，测量时应尽量避开湿度特别大的天气。如果测量期间的湿度与刻度时的湿度相差很大，需要进行校正。

5.5.4　双向薄膜探测器测定技术

1. 仪器原理

采用双向探测器结构和 α 射线可穿透的薄膜材料作为采样器，采用电场吸附方法进行采样。建立了高灵敏度的环境测氡技术。通过对采样（薄膜材料）片采集的氡子体进行测量，即可准确检测室内空气中的氡浓度。

2. 仪器和材料

（1）衰变桶：14.8L；

（2）流量计：量程为 80L/min 的转子流量计；

（3）抽气泵；

（4）α 测量仪：要对 RaA、RaC' 的 α 粒子有相近的计数效率；

（5）子体过滤器；

（6）采样夹：能夹持 $\Phi60$ 的滤膜；

（7）秒表；

（8）纤维滤膜。

3. 测量前的检查

（1）采样系统的检查

1）抽气泵运转是否正常，能否达到规定的采样流速；

2）流量计工作是否正常；

3）采样系统有无泄漏。

（2）计数设备检查

1）计数秒表工作是否正常；

2）α 测量仪的计数效率和本底有无变化；

3）检查测量仪稳定性，对 α 源进行每分钟一次的十次测量，对结果进行 X^2 检验，若工作状态不正常，要查明原因，加以处理。

4. 布点

（1）布点原则与采样要求按照前述室内空气中氡的采样要求进行；

（2）进气口距地面约 1.5m，且与出气口高度差要大于 50cm，并且在不同方向上。

5. 操作步骤

（1）装好滤膜，按图 5-7 把采样设备连接起来。

（2）以流速 q（L/min）采样 t min。

（3）在采样结束后 $T_1 \sim T_2$ 的时间间隔内测量出口膜上的 α 放射性。

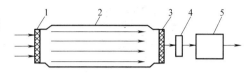

图 5-7 双滤膜法采样系统示意图
1—入口膜；2—衰变筒；3—出口膜；
4—流量计；5—抽气泵

6. 结果计算

用下式（5-37）计算氡浓度：

$$C_{Rn} = K_t \cdot N_\alpha = \frac{16.65}{VE\eta\beta ZF_f}N_\alpha \qquad (5-37)$$

式中　C_{Rn}——氡浓度，Bq/m^3；

　　　K_t——总刻度系数，Bq/m^3/计数；

　　　N_α——$T_1 \sim T_2$ 间隔的净 α 计数，计数；

　　　V——衰变桶容积，L；

　　　E——计数效率，%；

　　　η——滤膜过滤效率，%；

　　　β——滤膜对 α 粒子的自吸收因子，%；

　　　Z——与 t、$T_1 \sim T_2$ 有关的常数；

　　　F_f——新生子体到达出口滤膜的份额，%。

相关系数的确定，参照《环境空气中氡的标准测量方法》GB/T 14582—1993 中 5.7 部分。

7. 质量保证

(1) 刻度

每年用标准氡室对测量装置刻度一次，得到总的刻度系数。

(2) 平行测量

用另外一种方法与本方法进行平行采样测量。用成对数据 t 检验方法来检验两种方法结果的差异，若 t 超过临界值，应查明原因。平行采样数不低于样品数的 10%。

8. 操作注意事项

（1）入口滤膜至少要 3 层，全部滤掉氡子体；

（2）采样头尺寸要一致，保证滤膜表面与探测器之间的距离为 2mm 左右；

（3）严格控制操作时间，不得出任何差错，否则样品作废；

（4）若相对湿度低于 20% 时，要进行湿度校正；

（5）采样条件要与流量计刻度条件相一致。

5.5.5 闪烁瓶法测定氡浓度

1. 测定仪器—FD216 环境氡测量仪

目前，在众多氡浓度测量方法和仪器中，使用比较普遍的检测仪器是核工业北京地质研究院生产的 FD216 环境氡测量仪（图 5-8）。

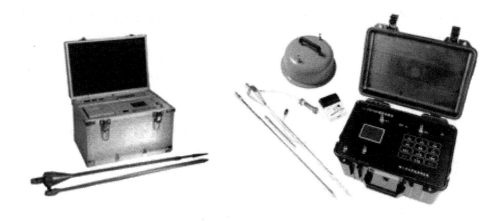

图 5-8　FD216 环境氡测量仪

该仪器可同时完成泵吸式采气、闪烁瓶测氡、测量结束储存，显示和输出打印工作，可在现场单次或连续测量室内外环境空气中氡的浓度。该仪器具有适用范围广、灵敏度高、体积小便于携带、价格较低、结果准确等优点，在环境、地质、医疗等领域被广泛使用。

2. 工作原理

以闪烁室法为基础，用气泵将含氡的气体吸入闪烁室内，氡及其子体发射的 α 粒子使闪烁室内的 ZnS（Ag）涂层发光，光电倍增管再把这种光讯号变成电脉冲。由单片机构成的控制及测量电路，把探测器输出的电脉冲整形，进行定时计数。单位时间内的脉冲数与氡浓度成正比，从而确定空气中氡的浓度，并由仪器直接显示，输出测定结果，原理图如图 5-9 所示。

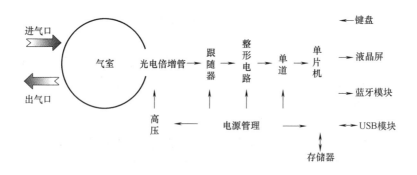

图 5-9　FD216 工作原理示意图

3. 相关参数

该仪器有 4 种测量功能供选择，分别是：环境空气氡测量、氡析出率测量、水中氡测量和土壤氡测量，可根据需要选择不同的测量功能（注：仪器标配为空气氡及土壤氡测量功能，氡析出率和水中氡测量为选配件）。仪器相关检测项目及技术参数如表5-12。

FD216 检测项目及技术参数表　　　　　　　表 5-12

检测项目	测量范围	检测时间	时间设置
环境空气氡	$(3\sim10000)Bq/m^3$	31min	充气时间：10min 测量时间：20min 排气时间：1min
土壤氡	$(300\sim100000)Bq/m^3$	8min	充气时间：2min 测量时间：2min 排气时间：4min

其他技术参数为：

灵敏度：$\geqslant 0.8cpm/[Bq\cdot m^{-3}]$；

本底计数率：$\leqslant 0.4cpm/[Bq\cdot m^{-3}]$；

测量重复性误差：$\leqslant 5\%$；

长期稳定性误差（8h）：$\leqslant 10\%$；

不确定度：$\leqslant 20\%$；

工作环境：温度$-10\sim40℃$，相对湿度$\leqslant 90\%$。

该仪器的检测方法和相关技术参数满足 GB 50325—2010 和 GB/T 14582—1993 中的技术要求。由于该仪器各测量项目操作类似，现以室内空气氡测量为例说明测量过程：进入已经按照要求关闭门窗 24h 的自然间，迅速关闭门，将氡检测仪安装在合适的位置，接通电源，开启仪器预热 30min，设置充气时间、测量时间和排气时间（一般是充气 10min，测量 20min，排气 1min），根据仪器校准提供的系数（活度系数）设定好系数，选择"点测"进行测定，仪器自动完成采样及检测工作，自动报出检测数据，打印结果作为原始记录，同时应记录采样时间、采样温度和大气压。（详细操作过程也可以查询《FD216 环境氡测量仪使用说明书》）

4. 仪器使用注意事项

该仪器在使用过程中的注意事项如下：

（1）为保证检测数据的准确性，仪器每次工作前须预热 30min 以上；

（2）为保护电池，仪器在电池供电状态下工作时间累计一般不要超过 30h，超过 30h（或仪器低电压报警），必须给电池充电，每次充电必须充至充电器指示灯变绿色为止，此时表示电池充电完成；

（3）仪器使用的干燥过滤装置一般为变色硅胶和滤棉，在仪器使用过程中如发现硅胶变成红色或滤棉附着粉尘过多，须及时更换；

（4）仪器在充气和排气过程中，严禁堵塞进气孔和排气孔，否则将损坏气泵。土壤氡测量时，当仪器充气结束后进入测量过程时及时拔掉进气孔胶皮管，使仪器在空气中完成排气过程；

（5）对某些高浓度点（一般高于区域平均值 3 倍以上的点称为高浓度点或异常点）进行重点复测，应停止测量并在空气中反复排气后再等待 4h 以上，待氡室中氡子体衰变完后再进行测量；

（6）野外作业时，不要在雨天进行现场取样测试，如遇雨天，在雨后 24h 后进行；在低洼积水地区或地下水面以下打孔抽气时随时要注意观察干燥剂，严防泥水进入闪烁室；（注意：闪烁室进水将不可修复）

（7）仪器需要定期检定，检定周期为一年；仪器每次维修或检定后系数（活度系数）会有变动，须以厂家或计量部门标定的新系数为准，及时更改仪器中设置的系数。

第6章 土壤氡浓度及建筑装修材料检测

6.1 土壤氡浓度检测

土壤氡对造成室内环境氡污染起着重要作用，因此，许多西方发达国家开展了国土土壤氡的普遍调查，特别是在城市发展规划地区（这方面资料公开发表的不多），测试土壤氡所使用的方法大体相同。

截至目前，我国尚未开展普遍的土壤氡调查工作。通过测量土壤中的氡气探知地下矿床，是一种经典的探矿方法。原核工业部（现核工业总公司）出于勘察铀矿的需要，一直把测量土壤中氡浓度作为一种探矿手段使用，并制定了中国核工业总公司行业标准《氡及其子体测量规范》EJ/T 605—91。核地质探矿中，在进行土壤中氡浓度调查时，执行这一标准。

在绝对不改变土壤原来状态的情况下，测量土壤中的氡气浓度是十分困难的，有些情况下几乎无法实现，这是因为土壤往往粘结牢固，缝隙很小（耕作层、沙土例外），其中存留的空气十分有限，取样测量难以进行。现在发展起来的测量方法，均系在土壤中创造一个空间以集聚氡气，然后要么放入测量样品（如乳胶片，这样氡衰变的α粒子会在胶片上留下痕迹，然后从痕迹数目的多少可以推算出土壤中的氡浓度），要么使用专用工具从形成的空洞中抽吸气体样品，再测量样品的放射性强度，依此推断土壤中氡浓度。前者方法简单，无须高档测量仪器，费用低，但测量周期过长（一般为15天以上）。在工程实践中使用困难。后者测量过程便捷，所需费用也不算太多，但却要破坏土壤的原来状态。因此，严格来讲，后者只能算是一种相对近似测量。既然是相对性近似测量，那么，测量过程中就必须严格控制成孔条件，规范操作，每一次测量程序要高度一致，方能保证数据的可靠性和可比性。

使用专用工具从土壤空洞中抽吸气体样品，再测量样品的放射性强度，依此推断土壤中氡浓度这种方法，国内外均有现成的可用仪器。

6.1.1 土壤中氡浓度测定

1. 一般原则

土壤中氡浓度测量的关键是如何采集土壤中的空气。土壤中氡气的浓度一般大于数百 Bq/m^3，这样高的氡浓度的测量可以采用电离室法、静电收集法、闪烁瓶法、金硅面垒型探测器等方法进行测量。

2. 测试仪器性能指标要求

工作条件：温度：$-10\sim40℃$；相对湿度：$\leqslant90\%$；不确定度：$\leqslant20\%$；探测下限：$\leqslant400Bq/m^3$。

3. 测量区域范围

测量区域范围应与工程地质勘察范围相同。

4. 布点

在工程地质勘察范围内布点时，应以间距 10m 作网格，各网格点即为测试点（当遇较大石块时，可偏离±2m），但布点数不应少于 16 个。布点位置应覆盖基础工程范围。

5. 打孔

在每个测试点，应采用专用钢钎打孔。孔的直径直为 20～40mm，孔的深度宜为 500～800mm。

6. 抽气采样

成孔后，应使用头部有气孔的特制的取样器，插入打好的孔中，取样器在靠近地表处应进行密闭，避免大气渗入孔中，然后进行抽气。正式现场取样测试前，应通过一系列不同抽气次数的实验，确定最佳抽气次数。

7. 测定氡浓度

所采集土壤间隙中的空气样品，宜采用静电收集法、电离室法或闪烁瓶法、金硅面垒型探测器等测定现场土壤氡浓度。

8. 注意事项

取样测试时间宜在 8：00～18：00 之间，现场取样测试工作不应在雨天进行，如遇雨天，应在雨后 24h 后进行。

9. 记录

现场测试应有记录，记录内容包括：测试点布设图，成孔点土壤类别，现场地表状况描述，测试前 24h 以内工程地点的气象状况等。

10. 报告

地表土壤氡浓度测试报告的内容应包括：取样测试过程描述、测试方法、土壤氡浓度测试结果等。

6.1.2　土壤表面氡析出率测定

1. 仪器设备

土壤表面氡析出率测量所需仪器设备包括取样设备、测量设备。取样设备的形状为盆状，工作原理分为被动收集型和主动抽气采集型两种。现场测量设备须满足以下工作条件要求：温度：－10～40℃；相对湿度：≤90%；不确定度：≤20%；探测下限：≤ $0.01Bq/m^2 \cdot s$。

2. 测量步骤

按照"6.1.1 土壤中氡浓度测定"的要求，首先在建筑场地按 20m×20m 网格点布点，网格点交叉处进行土壤氡析出率测量。

测量时，须清扫采样点地面，去除腐殖质、杂草及石块，把取样器扣在平整后的地面上，并用泥土对取样器周围进行密封，防止漏气，准备就绪后，开始测量并开始计时（t）。

土壤表面氡析出率测量过程中，应注意控制下列几个环节：

（1）使用聚集罩时，罩口与介质表面的接缝处应当封堵，避免罩内氡向罩外扩散（一般情况下，可在罩沿周边墙一圈泥土，即可满足要求）。对于从罩内抽取空气测量的仪器 27 类型来说，必须更加注意。

（2）被测介质表面应平整，保证各个测量点测量过程中罩内空间的体积不出现明显变化。

（3）测量的聚集时间等参数应与仪器测量灵敏度相适应，以保证足够的测量准确度。

（4）测量应在无风或微风条件下进行。

3. 结果计算（使用聚集罩情况）

用式（6-1）求被测地面的氡析出率：

$$R = \frac{N_t V}{At} \tag{6-1}$$

式中　R——土壤表面氡析出率（Bq/m² · s）；

　　　N_t——t 时刻测得的罩内氡浓度（Bq/m³）；

　　　V——聚集罩与介质表面所围住的空气体积（m³）；

　　　A——聚集罩所罩住的介质表面的面积（m²）；

　　　t——测量经历的时间（s）。

6.2　无机非金属材料放射性比活度测定 GB 6566—2010

6.2.1　术语和定义

《建筑材料放射性核素限量》GB 6566—2010 规定了建筑材料天然放射性核素镭-226、钍-232、钾-40 放射性比活度的限量和试验方法。

建筑材料和装修材料放射性比活度的测试采用多道 γ 能谱法的方法进行测定。适用于建造各类建筑物所使用的无机非金属类建筑材料，包括掺工业废渣的建筑材料。

(1) 建筑材料

用于建造各类建筑物所使用的无机非金属类材料。分为：建筑主体材料和装修材料。

1）建筑主体材料

用于建造建筑物主体工程所使用的建筑材料。包括：水泥与水泥制品、砖、瓦、混凝土、混凝土预制构件、砌块、墙体保温材料、工业废渣、掺工业废渣的建筑材料及各种新型墙体材料等。

2）装修材料

用于建筑物室内、外饰面用的建筑材料。包括：花岗石、建筑陶瓷、石膏制品、吊顶材料、粉刷材料及其他新型饰面材料等。

(2) 建筑物

供人类进行生产、工作、生活或其他活动的房屋或室内空间场所。根据建筑物用途不同，本标准将建筑物分为民用建筑与工业建筑两类。

1）民用建筑

供人类居住、工作、学习、娱乐及购物等建筑物。本标准将民用建筑分为以下两类：

Ⅰ类民用建筑：如住宅、老年公寓、托儿所、医院和学校等。

Ⅱ类民用建筑：如商场、体育馆、书店、宾馆、办公楼、图书馆、文化娱乐场所、展览馆和公共交通等候室等。

2）工业建筑

人类进行生产活动的建筑物。如生产车间、包装车间、维修车间和仓库等。

(3) 内照射指数

指建筑材料中天然放射性核素镭-226 的放射性比活度，除以 GB 6566—2010 标准规定的限量而得的商，式（6-2）。

$$表达式为：I_{Ra} = \frac{C_{Ra}}{200} \tag{6-2}$$

式中　I_{Ra}——内照射指数；

　　　C_{Ra}——建筑材料中天然放射性核素镭-226 的放射性比活度，单位为贝可/千克（Bq/kg）；

　　　200——仅考虑内照射情况下，标准规定的建筑材料中放射性核素镭-226 的放射性比活度限量，单位为贝可/千克（Bq/kg）。

(4) 外照射指数

指建筑材料中天然放射性核素镭-226 钍-232 和钾-40 的放射性比活度分别除以其在 GB 6566—2001 标准中规定限量而得的商之和，式（6-3）。

$$表达式为：I_{\gamma} = \frac{C_{Ra}}{370} + \frac{C_{Th}}{260} + \frac{C_K}{4200} \tag{6-3}$$

式中　　　　　I_{γ}——外照射指数；

C_{Ra}、C_{Th}、C_K——分别为建筑材料中天然放射性核素镭-226、钍-232 和钾-40 的放射性活度，单位为贝可/千克（Bq/kg）。

370、260、4200——分别为仅考虑外照射情况下，本标准规定的建筑材料中天然放射性核素镭-226、钍-232 和钾-40 在其各自单独存在时本标准规定的限量，单位为贝可/千克（Bq/kg）。

(5) 放射性比活度

某种核素的放射性比活度是指：物质中的某种核素放射性活度除以该物质的质量而得的商，式（6-4）。

$$C = \frac{A}{m} \tag{6-4}$$

式中　C——放射性比活度，单位为贝可/千克（Bq/kg）；

　　　A——核素放射性活度，单位为贝可（Bq）；

　　　m——物质的质量，单位为千克（kg）。

(6) 测量不确定度

测量不确定度是表征被测量的真值在某一量值范围内的评定，即测量值与实际值偏离程度。

(7) 空心率

空心率是指空心建材制品的空心体积与整个空心建材制品体积之比的百分率。

6.2.2　标准中材料限量值

1. 建筑主体材料限量值

（1）当建筑主体材料中天然放射性核素镭-226、钍-232、钾-40 的放射性比活度同时满足 $I_{Ra} \leqslant 1.0$ 和 $I_{\gamma} \leqslant 1.0$ 时，其产销与使用范围不受限制。

（2）对于空心率大于 25% 的建筑主体材料，其天然放射性核素镭-226、钍-232、钾-40 的放射性比活度同时满足 $I_{Ra} \leqslant 1.0$ 时和 $I_{\gamma} \leqslant 1.3$ 时，其产销与使用范围不受限制。

2. 装修材料限量值

本标准根据装修材料放射性水平大小划分为以下三类：

(1) A 类装修材料

装修材料中天然放射性核素镭-226、钍-232、钾-40 的放射性比活度同时满足 $I_{Ra} \leqslant 1.0$ 和 $I_{\gamma} \leqslant 1.3$ 要求的为 A 类装修材料。A 类装修材料产销与使用范围不受限制。

(2) B 类装修材料

不满足 A 类装修材料要求但同时满足 $I_{Ra} \leqslant 1.3$ 和 $I_{\gamma} \leqslant 1.9$ 要求的为 B 类装修材料。B 类装修材料不可用于 I 类民用建筑的内饰面，但可用于 I 类民用建筑的外饰面及其他一切建筑物的内、外饰面。

(3) C 类装修材料

不满足 A、B 类装修材料要求但满足 $I_{\gamma} \leqslant 2.8$ 要求的为 C 类装修材料。C 类装修材料只可用于建筑物的外饰面及室外其他用途。

（4）$I_{\gamma} > 2.8$ 的花岗石只可用于碑石、海堤、桥墩等人类很少涉及的地方。

6.2.3　试验方法

1. 仪器

低本底多道 γ 能谱仪。

2. 取样与制样

(1) 取样

随机抽取样品两份，每份不少于 3kg。一份密封保存，另一份作为检验样品。

(2) 制样

将检验样品破碎，磨细至粒径不大于 0.16mm。将其放入与标准样品几何形态一致的样品盒中，称重（精确至 1g）、密封、待测。

3. 测量

当检验样品中天然放射性衰变链基本达到平衡后，在与标准样品测量条件相同情况下，采用低本底多道 γ 能谱仪对其进行镭-226、钍-232 和钾-40 比活度测量。

4. 测量不确定度的要求

当样品中镭-226、钍-232、钾-40 放射性比活度之和大于 37Bq/kg 时，本标准规定的试验方法要求测量不确定度（扩展因子 $K = 1$）不大于 20%。

5. 检验规则

（1）本标准所列镭-226、钍-232、钾-40 的放射性比活度均为型式检验项目。

（2）生产企业正常情况下，每年至少进行一次型式检验。

（3）有下列情况之一时应随时进行型式检验：

——新产品定型时；

——生产工艺及原料有较大改变时；

——产品异地生产时。

6. 检验结果的判定

（1）建筑主体材料检验结果满足 6.2.2 中 1 的规定时，判为合格。

（2）装修材料检验结果按 6.2.2 中 2 的相关规定进行分类判定。

6.3 人造木板中游离甲醛的测定

6.3.1 测定方法概述

随着人造木板使用的日益普及和甲醛污染问题的日益突出，人造木板甲醛释放量测试方法不断发展，环境测试舱法、穿孔法、干燥器法、气体分析法、缝隙抽吸法、风道法、双缸法、微量扩散法等方法应运而生。这些方法有的以其简便易行而在实验室研究中，或在工厂生产的工艺跟踪测试中发挥了作用。各种测试方法测量结果之间有一定的数量关系，但不可简单地相互换算，这是因为板材种类繁多、生产工艺不一，加之不少方法样品代表性差，且测试往往受环境条件影响比较大。所以，不同方法之间不便于相互比较。多种方法并存的局面是历史造成的，恐怕一段时间内难以改变。

人造木板散发甲醛的快慢和多少直接影响室内环境，因此，测试人造木板散发甲醛的快慢和多少并依此进行分级，是最合适的方法。对人造木板含有游离甲醛的数量进行测试并依此进行分类，也可以间接地推断人造木板对室内环境的影响。基于以上两种考虑，产生了两类对人造木板进行环境性能指标分级的方法。也就是说，要么测试人造木板含有游离甲醛的含量并依此进行分类，要么测试人造木板散发甲醛的量并依此进行分类。两种思路，两类方法。

人造木板游离甲醛释放过程受多种因素影响：板材种类、木材原料、胶粘剂与用胶量、板材厚度、板材含水率、板材的表面处理情况、环境温度湿度等。随着板材工业的发展，现在用的比较多的检测方法有：测量游离甲醛含量的穿孔法、测量游离甲醛释放量的干燥器法、环境测试舱法。对于生产厂家来说，因生产过程的需要及产品出厂前分类的需要，要求检测方法必须快捷，因而穿孔法和干燥器法较易被接受。虽然这种方法所测定的数据与板材实际散发甲醛的情况可能相差较大，但我国多数生产厂家依然采用的是这种方法，并依此对板材进行分类。环境测试舱法测定的是游离甲醛释放量，可以给出板材释放甲醛的时间过程，这些数据对于设计者和施工单位都是十分需要的，并且，环境测试舱法的测定结果更能反映民用建筑室内环境的实际情况，因此，其测量结果更接近于实际，也更有用，它代表着人造木板甲醛释放量测试的发展趋势。

从工程需要而言，环境测试舱法提供的数据可能更具代表性，因此，美国采用环境测试舱法而不再采用穿孔法，并且建议用大环境测试舱（不小于 $5m^3$）进行测试。目前在我国，环境测试舱法在板材生产厂家应用有一定难度。目前欧洲还在采用穿孔法对板材进行分类，如 EN 120《穿孔法板材甲醛释放量测定》。

《室内装饰装修材料　人造板及其制品中甲醛释放限量》GB 18580—2001 中人造木板游离甲醛的测定，饰面人造木板、粘合木结构、壁布、地毯、帷幕等材料采用环境测试舱法，刨花板、中密度纤维板采用穿孔法，胶合板、细木工板采用干燥器法。

6.3.2　环境测试舱法测定游离甲醛释放量

测定饰面人造木板、粘合木结构、壁布、地毯、帷幕等材料游离甲醛放量。

由于小舱测试时板材用量小，样品代表性差，因此，本规范推荐用大舱，1m³ 以下的小舱不再列入。

1. 环境测试舱要求

（1）环境测试舱的容积应为 1～40m³。

（2）环境测试舱的内壁材料应采用不锈钢、铝（磨光或抛光）、玻璃等惰性材料建造。

（3）环境测试舱的运行条件应符合下列规定：

1）温度：（23±1）℃；

2）相对湿度：45％±5％；

3）空气交换率：（1±0.05)次/h；

4）被测样品表面附近空气流速：0.1～0.3m/s；

5）被测样品表面积与环境测试舱容积之比为 1：1；

6）测定饰面人造木板等材料的游离甲醛释放量前，测试舱内洁净空气中甲醛含量不应大于 0.006mg/m³。

2. 测试要求

（1）测定饰面人造木板时，除直接用整块材料进行测试外，用于测试的板材均应进行边沿密封处理；

（2）应将被测材料垂直放在测试舱的中心位置，板材与板材之间距离不应小于 200mm，并与气流方向平行；

（3）测试舱法采样测试游离甲醛释放量每天测试 1 次。当连续 2d 测试浓度下降不大于 5％时，可认为达到了平衡状态。以最后 2 次测试值的平均值作为材料游离甲醛释放量测定值；

（4）如果测试第 28d 仍然达不到平衡状态，可结束测试，以第 28d 的测试结果作为游离甲醛释放量测定值。

3. 采样方法

空气取样和分析时，先将空气抽样系统与环境测试舱的空气出口相连。两个吸收瓶中各加入 25mL 蒸馏水，开动抽气泵，抽气速度控制在 2L/min 左右，每次至少抽取 100L 空气。

4. 游离甲醛释放量测定——乙酰丙酮分光光度法：

（1）所用仪器、试剂配制应符合《人造板及饰面人造板理化性能试验方法》GB/T 17657—2013 的规定；

（2）空气抽样系统包括：抽样管、2 个 100mL 的吸收瓶、硅胶干燥器、气体抽样泵、气体流量计、气体计量表；

（3）校准曲线和校准曲线斜率的确定，应符合《人造板及饰面人造板理化性能试验方法》GB/T 17657—2013 的规定；

（4）测定：从 2 个吸收瓶中各取 10.0mL 分别移入 50mL 具塞三角烧瓶中，再加入 10.0mL 乙酰丙酮溶液和 10.0mL 乙酸铵溶液，摇匀、上塞，然后分别放至 40℃的水浴中加热 15min，再将溶液静置暗处冷却至室温（约 1h）。用分光光度法在 412nm 处测定吸光度，同时做试剂空白；

（5）计算：吸收液的吸光度测定值与空白值之差乘以校正曲线的斜率，再乘以吸收液的体积，即为每个吸收瓶中的甲醛量。2 个吸收瓶的甲醛量相加，即得甲醛的总量。甲醛总量除以抽取空气的体积即得每立方米空气中的甲醛量，以 mg/m³ 表示。空气样品的体积应通过气体方程式校正到标准温度 23℃时的体积。

6.3.3 穿孔法测定游离甲醛含量

1. 方法提要

受试板块在甲苯溶液中加热至沸腾规定时间，然后用蒸馏水或去离子水吸收所萃取的甲醛，用乙酰丙酮分光光度法测定水溶液中甲醛含量。

2. 试剂

（1）所用试剂凡未指明规格者均为分析纯，实验用水均为蒸馏水或去离子水。

（2）甲苯：无水无干扰测试结果的杂质。

（3）乙酰丙酮溶液：量取 4mL 乙酰丙酮于 1000mL 容量瓶中，用水溶解，并加水至刻度线。

（4）200g/L 乙酸铵溶液：称量 200g 乙酸铵，用水溶解，并用水稀释至 1000mL。

（5）碘溶液 $[c(1/2I_2)=0.1mol/L]$：称量 12.7g 碘和 30g 碘化钾，加水溶解，并用水稀释至 1000mL。

（6）5g/L 淀粉溶液：称量 0.5g 可溶性淀粉，用少量水调成糊状后，再加刚煮沸的水至 100mL，冷却后，加入 0.1g 水杨酸保存。

（7）1mol/L 氢氧化钠溶液：称量 40g 氢氧化钠，加水溶解，并用水稀释至 1000mL。

（8）0.5mol 硫酸溶液：向 500mL 水中加入 28mL 硫酸（优级纯）混匀后，再加水至 1000mL。

（9）硫代硫酸钠标准溶液 $[c(Na_2S_2O_3)=0.1000mol/L]$：称量 26g 硫代硫酸钠（$Na_2S_2O_3 \cdot 5H_2O$），溶于新煮沸冷却的水中，加入 0.2g 无水碳酸钠，再用水稀释至 1000mL。贮于棕色瓶中，如混浊应过滤。放置一周后，标定其准确浓度。

（10）甲醛标准溶液

1）甲醛标准储备溶液：量取 2.5g 含量为 35%～40%甲醛溶液放入 1000mL 容量瓶中，加入至刻度线。此溶液 1mL 约含 1mg 甲醛。其准确度用下述碘量法标定。此溶液可稳定 3 个月。

标定方法：准确量取 20.00mL 待标定的甲醛储备溶液，于 250mL 碘量瓶中，加入 25.00mL 碘标准溶液，10mL 1mol/L 氢氧化钠溶液，放置 15min。加入 15.00mL

0.5mol/L 硫酸溶液，再放置 15min。用 0.1000mol/L 硫代硫酸钠标准溶液滴定，至溶液呈淡黄色。加入 1mL 5g/L 淀粉溶液，溶液呈蓝色，继续滴定至蓝色刚好褪去，即为终点，记录所用硫代硫酸钠标准体积（V_2、mL）。同时，用水作空白滴定，记录空白滴定所用硫代硫酸钠标准体积（V_1、mL）。标定滴定和空白滴定各重复两次，两次滴定所用硫代硫酸钠标准溶液的体积不得超过 0.05mL。甲醛储备溶液的准确浓度用式（6-5）计算。

$$甲醛标准储备溶液浓度(mg/mL)=\frac{(V_1-V_2)\times M\times 15}{20} \tag{6-5}$$

式中 M——硫代硫酸钠标准溶液的浓度（mol/L）；

　　　15——甲醛摩尔质量的 1/2；

　　　20——标定时所量取甲醛贮备溶液的体积（mL）。

2）甲醛标准工作溶液：临用时，将甲醛标准贮备溶液用水稀释成 1.00mL 含 0.015mg 甲醛的标准工作溶液。

3. 仪器和设备

（1）天平：最小量度 0.001g。

（2）电热鼓风恒温干燥箱。

（3）分光光度计。

（4）连续可调控温电热套。

4. 试样的准备

（1）将受试板材每端各去除 50cm 宽条，然后沿板宽方向均匀截取受试板块。

（2）截取 2.5cm×2.5cm 的受试板块 24 块，用于含水量测定；另截取 1.5cm×2.0cm 的受试板块，用于甲醛含量测定。

5. 分析步骤

（1）含水量测定：用 6～8 块受试板块（2.5cm×2.5cm）为一组样品，进行平行试验，测定含水量。

将样品放入经（103±2）℃干燥恒重的小烧杯（小烧杯恒重量为 m_0）中，称重（m_1）然后放入（103±2）℃干燥箱中通风干燥约 12h 后取出，放入干燥器中冷却至室温，称量至恒重（m_2）。连续两次称量中受试板块质量相差不超过 0.1% 时，方可认为达到恒重质量。

（2）含水量计算式（6-6）：

$$H(\%)=\frac{m_1-m_2}{m_1-m_0}\times 100 \tag{6-6}$$

（3）多孔器萃取（图 6-1）

1）以 0.1g 的精度称量 105～110g 受试板块加入 600mL 甲苯。然后连接多孔器套管和烧瓶。

2）多孔器套管中加入约 1000mL 水，水面距离吸管口

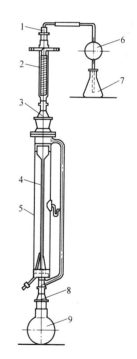

1—锥形连接管；2—Dimroth冷凝管；
3—锥形连接管；4—内置过滤器；
5—多孔套管；6—（双）球管；
7—250mL锥形烧瓶；8—锥形连接管；
9—1000mL球形烧瓶

图 6-1　多孔器萃取

1.5～2.0cm。连接冷凝器。

3）在 250mL 锥形吸收瓶中加入 100mL 水，与多孔器套管相连，然后打开冷却水和加热器。

4）以第一个气泡通过内置过滤器开始计时。2h(±0.5min) 后萃取结束，关闭加热器，移开锥形吸收瓶。

5）在冷却到室温后打开多孔器套管活塞，让套管中的水流入 2000mL 容量瓶中，用蒸馏水冲洗多孔器套管内壁 2 次，每次 200mL。洗液回收入容量瓶中。弃取甲苯。锥形吸收瓶中的水合并入 2000mL 容量瓶中，加蒸馏水至刻度线。

6）同时用同一批号的甲苯作空白实验。

注：装置使用前，为促进甲苯循环，应对多孔器侧臂采取保温措施。

• 甲苯在整个萃取过程中以 70～90 滴/min 的速度回流。

• 在萃取过程中和结束后，应注意不能让水从吸收瓶倒流入装置的其他部分。

（4）萃取液中甲醛的测定：

1）标准曲线：分别吸取 0、5.0mL、10.0mL、20.0mL、50.0mL、100.0mL 甲醛标准工作溶液于 100mL 容量瓶中，稀释至刻度，加入 10mL 乙酰丙酮溶液和 10mL 200g/L 乙酸铵溶液，加塞后混匀。在 40℃ 恒温箱中加热 15min，避光冷却至室温。在分光光度计 412m 波长处，用 5mm 比色皿，以纯水作参比，分别测定其吸光度（A）。然后以甲醛含量（mg）为横坐标，对应的吸光度为纵坐标，绘制标准工作曲线。

2）样品分析：用移液管移取 10mL 多孔器萃取溶液及 10mL 空白实验溶液于 100mL 容量瓶中，稀释至刻度。以下同 5.4.1 项操作。

6. 结果计算（式 6-7）：

$$E = \frac{A_s - A_b \times f(100+H) \times V}{M_0} \tag{6-7}$$

式中 E——每 100g 试件释放甲醛毫克数（mg/100g）；

      A_s——萃取液的吸光度；

      A_b——蒸馏水的吸光度；

      f——标准曲线的斜率（mg/mL）；

      M_0——用于萃取试验的试件质量（g）；

      H——受试板材的含水率（％）；

      V——容量瓶体积（2000mL）。

6.3.4 干燥器法测定游离甲醛释放量

1. 原理

利用干燥法测定甲醛释放量基于下面两个步骤：

第一步：收集甲醛。在干燥器底部放置有蒸馏水的结晶皿，在其上方固定的金属支架上放置试样，释放出的甲醛被蒸馏水吸收，作为试样溶液。

第二步：测定甲醛浓度。用分光光度计测定试样溶液的吸光度，由预先绘制的标准曲线求得甲醛的浓度。干燥器法测试装置示意图如图 6-2 所示。

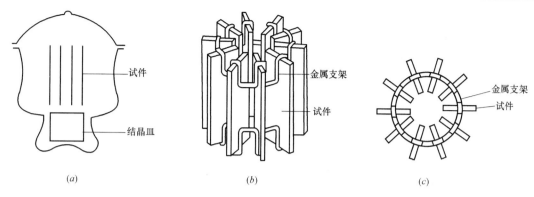

图 6-2　干燥器法测试装置示意图

（*a*）玻璃干燥器；（*b*）试件架；（*c*）装有试件正在测试的干燥器

2. 方法

在直径为 240mm（容积 9～11L）的干燥器底部放置直径为 120mm、高度为 60mm 的结晶皿内加入 300mL 蒸馏水。在干燥器上部放置金属支架，金属支架上固定试件，试件之间互不接触。测定装置（20±2）℃下放置 24h，蒸馏水吸收从试件释放出的甲醛，此溶液作为待测液。

3. 甲醛浓度的定量方法

量取 10mL 乙酰丙酮（体积百分浓度，0.4％）和 10mL 乙酸按溶液（质量百分浓度，20％）于 50mL 带塞三角瓶中，再从结晶皿中移取 10mL 待测液到烧瓶中。塞上瓶塞，摇匀，再放到（40±2）℃的水槽中加热 15min，然后把这种黄绿色的溶液静置暗处，冷却至室温（18～28℃，约 1h）。在分光光度计上 412nm 处，以蒸馏水作为对比溶液，调零，用厚度为 0.5cm 的比色皿测定萃取溶液的吸光度 A_s。同时用蒸馏水代替萃取液作空白试验，确定空白值 A_b。

4. 计算

甲醛溶液的浓度按式（6-8）计算，精确至 0.1mg/mL：

$$c = f \times (A_s - A_b) \tag{6-8}$$

式中　c——甲醛浓度（mg/mL）；

　　　f——标准曲线斜率；

　　　A_s——待测液的吸光度；

　　　A_b——蒸馏水的吸光度。

6.4　涂料和胶粘剂中污染物的测定

6.4.1　取样

1. 产品类型

A 型：单一均匀液相的流体，如：清漆和稀释剂。

B 型：两个液相组成的流体，如：乳液。

C 型：一个或两个液相与一个或多个固相一起组成的流体，如：色漆和乳胶漆。

D 型：黏稠状，由一个或多个固相带有少量液相所组成，如：腻子，厚浆涂料和用油或清漆调制的颜料色浆，也包括黏稠的树脂状物质。

E 型：粉末状，如：粉末涂料。

2. 盛样容器和取样器械

(1) 盛样容器

应采用下列适当大小的洁净的广口容器：

1) 内部不涂漆的金属罐；

2) 棕色或透明的可密封玻璃瓶；

3) 纸袋或塑料袋。

(2) 取样器械 (图 6-3)

1) 取样器械应分别具有下述两种功效：

① 能使产品尽可能混合均匀；

② 取出有代表性的样品。

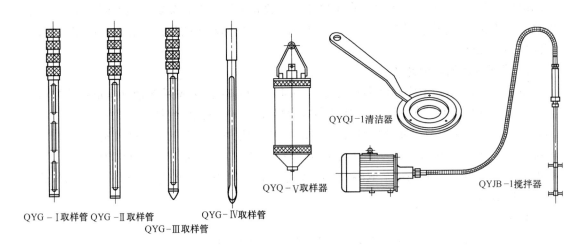

QYG-Ⅰ取样管 QYG-Ⅱ取样管　QYG-Ⅲ取样管　QYG-Ⅳ取样管　QYQ-Ⅴ取样器　QYQJ-1清洁器　QYJB-1搅拌器

图 6-3　取样及搅拌器简图（参考件）

2) 材质与设计

取样器械应使用不和样品发生化学反应的材料制成。并应便于使用和清洗（应无深凹的沟槽、尖锐的内角，难于清洗和难于检查其清洁程度的部位）。

3) 种类

① 搅拌器；

② 不锈钢或木制搅棒；

③ 机械搅拌器。

3. 取样数目

(1) 产品交货时，应记录产品的桶数，按随机取样方法，对同一生产厂生产的相同包装的产品进行取样，取样数应不低于 $\sqrt{\dfrac{2}{n}}$（n 是交货产品的桶数）。

(2) 取样数建议采用以下的数字（表 6-1）。

取样数	表 6-1

交货产品的桶数	取 样 数
1	1
2～10	2
11～20	3
21～35	4
36～50	5
51～70	6
71～90	7
91～125	8
126～160	9
161～200	10

此后每增加 50 桶取样数增加 1

4. 待取样产品的初检程序

（1）桶的外观检查记录桶的外观缺陷或可见的损漏，如损漏严重，应予舍弃。

（2）桶的开启除去桶外包装及污物，小心地打开桶盖，不要搅动桶内产品。

（3）对 A、B 类流体状产品的初检程序。

检查：

1）结皮

记录表面是否结皮及结皮的程度，如：软、硬、厚、薄，如有结皮，则沿容器内壁分离除去，记录除去结皮的难易。

2）稠度

记录产品是否有触变或胶凝现象。

注：色漆和清漆的触变性和胶凝两者都呈胶冻状，但是触变性样品的稠度通过搅拌或摇动会明显降低，而胶凝的色漆和清漆经搅拌后稠度不能降低。

3）分层、杂质及沉淀物

4）检查样品的分层情况，有无可见杂质和沉淀物，并予记录

（4）对 C、D 类流体状产品及黏稠产品的初检程序。

检查：

1）结皮

记录表面是否结皮及结皮的程度，如：硬、软、厚、薄，如有结皮，则沿容器内壁分离除去，记录除去结皮的难易。

2）稠度

记录产品是否假稠、触变或胶凝。

3）分层、沉淀及外来异物

检查样品有无分层、外来异物和沉淀，并予记录。

4）均匀性

胶凝或有干硬沉淀不能均匀混合的产品，则不能用来试验。

（5）对 E 类粉末状产品初检程序

检查是否有反常的颜色、大或硬的结块和外来异物等不正常现象，并予记录。

（6）初检报告

报告应包括如下内容：

1）标志所列的各项内容；

2）外观；

3）结皮及除去的方式；

4）沉淀情况和混合或再混合程序；

5）其他。

5. 取样

（1）贮槽或槽车的取样 对 A、B、C、D 类产品，搅拌均匀后，选择适宜的取样器，从容器上部（距液面 1/10 处）、中部（距液面 5/10 处）、下部（距液面 9/10 处）三个不同水平部位取相同量的样品，进行再混合。搅拌均匀后，取两份各为 0.2～0.4L 的样品分别装入样品容器中，样品容器应留有约 5％的空隙，盖严，并将样品容器外部擦洗干净，立即作好标志。

（2）生产线取样

应以适当的时间间隔，从放料口取相同量的样品进行再混合。搅拌均匀后，取两份各为 0.2～0.4L 的样品分别装入样品容器中，样品容器应留有约 5％的空隙，盖严，并将样品容器外部擦洗干净，立即作好标志。

（3）桶（罐和袋等）的取样

按本标准规定的取样数，选择适宜的取样器，从已初检过的桶内不同部位取相同量的样品，混合均匀后，取两份样品，各为 0.2～0.4L 分别装入样品容器中，样品容器应留有约 5％的空隙，盖严，并将样品容器外部擦洗干净，立即作好标志。

（4）粉末产品的取样

按本标准规定的取样数，选择适宜的取样器，取出相同量的样品，用四分法取出试验所需最低量的四倍。分别装于两个样品容器内，盖严，立即作好标志。

6. 样品的标志和密封

（1）标志

标志应贴在样品容器的颈部或本体上，应贴牢，并能耐潮湿及样品中的溶剂。标志应包括如下内容：

1）制造厂名；

2）样品的名称、品种和型号；

3）批号、贮槽号、桶号等；

4）生产日期和取样日期；

5）交货产品的总数；

6）取样地点和取样者。

（2）密封

样品容器应予密封。

7. 样品的贮存和使用

样品应按生产厂规定条件贮存和使用。样品取出后，应尽快检查。

8. 安全注意事项

（1）取样者必须熟悉被取产品的特性和安全操作的有关知识及处理方法。

（2）取样者必须遵守安全操作规定，必要时应采用防护装置。

6.4.2　游离甲醛含量的测定

1. GB 18582—2001　附录 B 游离甲醛的测定

（1）原理

取一定量的试样，经过蒸馏，取得的馏份按一定比例稀释后，用乙酰丙酮显色。显色后的溶液用分光光度计比色测定甲醛含量。

（2）试剂

1）所用试剂均为分析纯，所用水均符合 GB/T 6682—1992 中三级水的要求。

2）乙酰丙酮溶液：称取乙酸铵 25g，加 50mL 水溶解，加 3mL 冰乙酸和 0.5mL 已蒸馏过的乙酸丙酮试剂，移入 100mL 容量瓶中，稀至刻度。贮存期为不超过 14 天。

3）甲醛：浓度约 37％。

（3）仪器

1）蒸馏装置：500mL 蒸馏瓶、蛇形冷凝管、馏份接收器皿；

2）容量瓶：100mL、250mL、1000mL；

3）移液管：1mL、5mL、10mL、15mL、20mL、25mL；B.4.4 水浴锅；

4）天平：精度 0.001g；B.4.6 10mm 吸收池；B.4.7 分光光度计。

（4）试验步骤

1）甲醛标准溶液的配制和标准工作曲线的绘制。

2）1mg/mL 甲醛溶液的制备：取 2.8mL 甲醛（浓度约 37％），用水稀至 1000mL，用碘量法测定甲醛溶液的精确浓度，用于制备标准稀释液。

3）10μg/mL 标准稀释液的制备：临用前，移取约 10mL 按 B.5.1.1 制备并已标定过的甲醛溶液，稀释至 1000mL，制成 10μg/mL 的标准稀释液。

4）甲醛标准溶液的配制：按下列规定量取 10μg/mL 的标准稀释液，稀释至 100mL后制备一组甲醛标准溶液，见表 6-2。

甲醛标准溶液的配制　　　　　　　　　　　　　　　　　　　　　表 6-2

取样量/mL(10μg/mL 标准稀释液)	稀释后甲醛浓度/(μg/mL)
1	0.1
5	0.5
10	1
15	1.5
20	2
25	2.5

5）标准工作曲线的绘制

分别吸取 5mL 已配制好的甲醛标准溶液，各加 1mL 乙酰丙酮溶液，在 100℃ 的沸水浴中加热，保持 3min，冷却至室温后即用 10mm 吸收池（以水为参比）在分光光度计412nm 波长处测定吸光度。

以 5mL 甲醛标准溶液中甲醛含量为横坐标，吸光度为纵坐标，绘制标准工作曲线。

计算回归线的斜率，以斜率的倒数作为样品测定的计算因子 B_s。

(5) 试样的处理

称取搅拌均匀后的试样 2g 置于已预先加入 50mL 水的蒸馏瓶中，轻轻摇匀，再加 200mL 水，在馏份接收器皿中预先加入适量的水，浸没馏份出口，馏份接收器皿的外部加冰冷却（蒸馏装置见图 6-4）。加热蒸馏，收集馏份 200mL，取下馏份接收器皿，把馏份定容至 250mL。蒸馏出的馏份应在 6h 内测其吸光度。

(6) 甲醛含量的测定

从"试样处理"步骤的容量瓶中取 5mL 定容后的馏份，加入 1mL 乙酰丙酮溶液，按"标准工作曲线绘制"的条件测定吸光度。取 5mL 水加入 1mL 乙酰丙酮溶液，在相同条件下做空白试验。空白试验的吸光度应小于 0.01，否则应重新配制乙酸丙酮溶液。

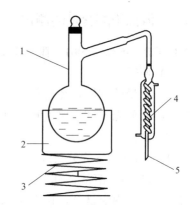

图 6-4 蒸馏装置
1—蒸馏瓶；2—加热装置；3—升降台；
4—冷凝管；5—连接接收装置

(7) 结果的计算

游离甲醛含量按式（6-9）计算：

$$W=\frac{0.05\times B_s(A-A_0)}{m} \tag{6-9}$$

式中 W——游离甲醛含量，单位为克每千克（g/kg）；

A——样品溶液的吸光度；

A_0——空白溶液的吸光度；

B_s——计算因子；

m——样品量，单位为克（g）；

0.05——换算系数。

2. 国标 GB 18583—2001 附录 A 胶粘剂中游离甲醛含量的测定乙酰丙酮分光光度法

(1) 原理

水基型胶粘剂用水溶解，而溶剂型胶粘剂先用乙酸乙酯溶解后，再加水溶解。在酸性条件下将溶解于水中的游离甲醛随水蒸出。在 pH＝6 的乙酸-乙酸铵缓冲溶液中，馏出液中甲醛与乙酰丙酮作用，在沸水浴条件下迅速生成稳定的黄色化合物，冷却后在 415.40nm 处测其吸光度。根据标准曲线，计算试样中游离甲醛含量。

(2) 试剂

除非另有说明，在分析中仅使用确认为分析纯的试剂和蒸馏水或去离子水或相当纯度的水。

1）乙酸铵；

2）冰乙酸：$\rho＝1.055g/mL$；

3）乙酰丙酮：$\rho＝0.975g/mL$；

乙酰丙酮溶液：0.25%（体积分数），称取 25g 乙酸胺，加少量水溶解，加 3mL 冰乙酸及 0.25mL 乙酰丙酮，混匀后再加水至 100mL，调整 pH＝6.0，此溶液于 pH＝2～5

贮存，可稳定一个月。

4）盐酸溶液：1+5（$V+V$）；

5）氢氧化钠溶液：30g/100L；

6）碘（I_2）；

碘溶液：$c(I2)=0.1mol/L$，按 GB/T 601—1988 进行配制；

7）硫代硫酸钠溶液：$c(Na_2S_2O_3)=0.1mol/L$，按 CB/T 601—1988 进行配制；

8）淀粉溶液：1g/100mL，称 1g 淀粉，用少量水调成糊状，倒入 100mL 沸水中，呈透明溶液，临用时配制；

9）甲醛：质量分数为 36%～38%。

① 甲醛标准贮备液：取 10mL 甲醛溶液置于 500mL 容量瓶中，用水稀释至刻度。

② 甲醛标准贮备液的标定：吸取 5.0mL 甲醛标准贮备液置于 250mL 碘量瓶中，加 0.1mol/L 的碘溶液 30.0mL，立即逐滴地加入 30g/100mL 氢氧化钠溶液至颜色退到淡黄色为止（大约 0.7mL）。静置 10min，加入 100mL 新煮沸但已冷却的水，用标定好的硫代硫酸钠溶液滴定至淡黄色，加入新配制的 1g/100mL 的淀粉指示剂 1mL，继续滴定至蓝色刚刚消失为终点。同时进行空白测定。按式（6-10）计算甲醛标准贮备液浓度 $c_{甲醛}$。

$$c_{甲醛}=\frac{(V_1-V_2)\times c\times 15.0}{5.0}\tag{6-10}$$

式中　$c_{甲醛}$——甲醛标准贮备浓度，单位为毫克每毫升（mg/mL）；

　　　V_1——空白消耗硫代硫酸钠溶液的体积，单位为毫升（mL）；

　　　V_2——标定甲醛消耗硫代硫酸钠溶液的体积，单位为毫升（mL）；

　　　c——硫代硫酸钠溶液的浓度，单位为摩尔每升（mol/L）；

　15.0——甲醛（1/2 HCHO）摩尔质量；

　5.0——甲醛标准储备液取样体积，单位为毫升（mL）。

10）磷酸；

11）乙酸乙酯。

(3) 仪器

1）单口蒸馏烧瓶：500mL A.4.2 直形冷凝管；

2）容量瓶：25mL、200mL、25mL；

3）水浴锅；

4）分光光度计。

(4) 分析步骤

1）标准曲线的绘制

按表 6-3 所列甲醛标准贮备液的体积，分别加入 6 只 25mL 容量瓶，加 0.25% 乙酰丙酮溶液，用水稀释至刻度，混匀，置于沸水中加热 3min，取出冷却至室温，用 1cm 的吸收池，以空白溶液为参比，于波长 415nm 处测定吸光度，以吸光度 A 为纵坐标，以甲醛浓度 c（μg/mL）为横坐标，绘制标准曲线，或用最小二乘法计算其回归方程。

2）样品测定

① 水基型胶粘剂

称取 5.0g 试样（精确到 0.1mg），置于 500mL 的蒸馏烧瓶中，加 250mL 水将其溶解，再加 5mL 磷酸，摇匀。

装好蒸馏装置，在油浴中蒸馏，蒸至馏出液为 200mL，停止蒸馏。将馏出液转移到 250mL 的容量瓶中，用水稀释至刻度。取 10mL 馏出液于 25mL 容量瓶中，加 5mL 的乙酰丙酮，用水稀释至刻度，摇匀。将其置于沸水浴中煮 3min，取出冷却至室温。然后测其吸光度。

标准溶液的体积与对应的甲醛浓度 表 6-3

甲醛标准贮备液 （mL）	对应的甲醛浓度 （μg/mL）
10.00	4.0
7.50	3.0
5.00	2.0
2.50	1.0
1.25	0.5
0[1]	0[1]

注:1) 空白溶液。

② 溶剂型胶粘剂

称取 5.0g 试样（精确到 0.1mg），置于 500mL 的蒸馏烧瓶中，加 250mL 水将其溶解，再加 5mL 磷酸，摇匀。

装好蒸馏装置，在油浴中蒸馏，蒸至馏出液为 200mL，停止蒸馏。将馏出液转移到一 250mL 的容量瓶中，用水稀释至刻度。取 10mL 馏出液于 25mL 容量瓶中，加 5mL 的乙酰 丙酮，用水稀释至刻度，摇匀。将其置于沸水浴中煮 3min，取出冷却至室温。然后测其吸光度。

(5) 结果表述

直接从标准曲线上读出试样溶液甲醛的浓度。

试样中游离甲醛含量 X，计算公式为式（6-11）：

$$X=\frac{(c_t-c_b)V_f}{1000m} \qquad (6-11)$$

式中 X——游离甲醛含量，单位为克每千克（g/kg）；

c_t——从标准曲线上读取的试样溶液中甲醛浓度，单位为微克每毫升（μg/mL）；

c_b——从标准曲线上读取的空白溶液中甲醛浓度，单位为微克每毫升（μg/mL）；

V——馏出液定容后的体积，单位为毫升（mL）；

m——试样的质量，单位为克（g）；

f——试样溶液的稀释因子。

6.4.3 挥发物及不挥发物的测定

1. 设备

（1）玻璃、马口铁或铝质的平底圆盘，直径约 75mm。

（2）长约 100mm 的细玻璃棒。

（3）鼓风恒温烘箱。

（4）玻璃干燥器，内放干燥剂。

（5）天平，感量为 0.001g。

2. 测定方法

（1）试样按《涂料产品的取样》GB/T 3186 的规定取出试样。

在（105±2）℃（或其他商定温度）的烘箱内，干燥玻璃、马口铁或铝制的圆盘和玻璃棒，并在干燥器内使其冷却至室温。称量带有玻璃棒的圆盘，准确到 1mg，然后以同样的精确度在盘内称入受试产品（2±2）g（或其他双方认为合适的数量）。确保样品均匀地分散在盘面上。如产品为高挥发性的溶剂，则用减量法从一带塞称量瓶称样至盘内，然后于热水浴上缓缓加热到大部分溶剂挥发完为止。

（2）测定

1）把盛玻璃棒和试样的盘一起放入预热到（105±2）℃（或其他商定温度）的烘箱内，保持 3h（或其他商定的时间）。经短时间的加热后从烘箱内取出盘，用玻璃棒搅拌试样，把表面结皮加以破碎，再将棒、盘放回烘箱。

2）到规定的加热时间后，将盘、棒移入干燥器内，冷却到室温再称重，精确到 1mg。试验平行测定至少两次。

3. 结果计算

以被测产品重量的百分数来计算挥发物的含量（V）或不挥发物的含量（NV），式（6-12）。

$$V = \frac{(m_1 - m_2)}{m_1} \times 100\%$$ （6-12）

式中　m_1——加热前试样的重量（mg）；

　　　m_2——加热后试样的重量（mg）。

6.4.4　密度测定

测定涂料密度的目的，是为了在计算总挥发性有机化合物（TVOC）时，将单位g/kg换算成 g/L。水性涂料，水性胶粘剂和水性处理剂的密度，以及溶剂型涂料和胶粘剂的密度，均采用国家标准《色漆和清漆 密度的测定比重瓶法》GB 6750 提供的方法进行测定。

1. 仪器

（1）容量为 20～100mL 的适宜玻璃比重瓶如图 6-5（a）和图 6-5（b）所示。

一种金属比重瓶（质量/体积杯）如图 6-5（c）所示。

（2）温度计，分度为 0.1℃，精确到 0.2℃。

（3）水浴或恒温室，当要求精确度高时，能够保持在试验温度的±0.5℃的范围内。对于生产控制，能保持在试验温度的±2℃的范围内。

（4）分析天平，要求高精确度时可精确至 0.2mg。

2. 取样

被试验产品的有代表性的样品，应按《色漆、清漆和色漆与清漆用原材料取样》GB/T 3186所叙述的方法选取。

3. 测定程序

（1）比重瓶的校准 用铬酸溶液、蒸馏水和蒸发后不留下残余物的溶剂依次清洗玻璃

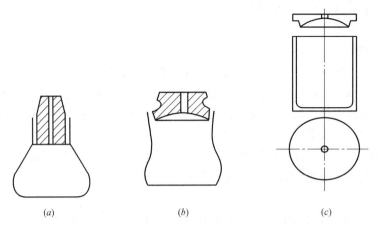

图 6-5 比重瓶

（a）盖伊-芦萨克比重瓶；（b）哈伯德比重瓶；（c）金属比重开瓶

比重瓶，并使其充分干燥。用蒸发后不留下残余物的溶剂清洗金属比重瓶，且将它干燥。

将比重瓶放置到室温，并将它称重。假若要求很高的精确度，则应连续清洗、干燥和称量比重瓶，直至两次相继的称量间之差不超过 0.5mg。在低于试验温度 [（23±2℃），如精确度要求更高，则为（23±0.5)℃] 不超过 1℃ 的温度下，在比重瓶中注满蒸馏水。

塞住或盖上比重瓶，使留有溢流孔开口，严格注意防止在比重瓶中产生气泡。

将比重瓶放置在恒温水浴中或放在恒温室中，直至瓶的温度和瓶中所含物的温度恒定为止。用有吸收性的材料擦去溢出物质，并用吸收性材料彻底擦干比重瓶的外部。

不再擦去继后任何溢出物。

立即称量该注满蒸馏水的比重瓶，精确到其质量的 0.001%。

（2）比重瓶容积的计算

按式（6-13）计算比重瓶的容积 V（以 mL 表示）：

$$V = \frac{m_1 - m_0}{\rho} \tag{6-13}$$

式中　m_0——空比重瓶的质量，g；

　　　m_1——比重瓶及水的质量，g；

　　　ρ——水在 23℃ 或其他商定的温度下的密度（表 6-4），g/mL。

水的密度 表 6-4

温度,℃	密度,g/mL	温度,℃	密度,g/mL
15	0.9991	23	0.9975
16	0.9989	24	0.9973
17	0.9987	25	0.9970
18	0.9986	26	0.9968
19	0.9984	27	0.9965
20	0.9982	28	0.9962
21	0.9980	29	0.9960
22	0.9978	30	0.9957

（3）产品密度的测定用产品代替蒸馏水，重复上述操作步骤。用沾有适合溶剂的吸收

材料擦掉比重瓶外部的色漆残余物，并用干净的吸收材料擦拭，使之完全干燥。

（4）注意事项

1）当使用装有含颜料的产品的玻璃比重瓶时，难以擦掉残存的颜料，特别难以从毛玻璃表面上擦掉，这样的残余物能通过在水或溶剂槽中的超声振荡而除去。

2）为了使误差减至最小，接口应牢固地装好。为了精确的测定，最好用玻璃比重瓶。对于为控制生产而需要的密度测定，通常使用金属比重瓶（质量/体积杯）。

3）如果试样中留有在静止时不容易消散的气泡，本标准中所叙述的方法是不适宜的。

4. 密度的计算

按式（6-14）计算产品在试验温度下的密度 ρ_t（以 g/mL 表示）：

$$\rho_t = \frac{m_2 - m_0}{V} \tag{6-14}$$

式中　m_0——空比重瓶的质量，g；

　　　m_2——比重瓶和产品的质量，g；

　　　V——在试验温度下按 3.1 和 3.2 规定所测得的比重瓶的体积 mL；

　　　t——试验温度（23℃或其他商定的温度）。

6.4.5　水分测定

1. 用气相色谱法测定水性涂料，水性胶粘剂和水性处理剂中水含量，可按国家标准《化工产品中水分含量的测定—气相色谱法》GB/T 2366—2008 提供的方法进行

2. 当样品不含醛类和某些金属氧化物时，应用卡尔·费休法测定水性染料，水性胶粘剂和水性处理剂中水含量可按国家标准《化工产品中水分含量的测定—卡尔·费休》GB/T 6283—2008 提供的方法进行取样和测定，取样量按表 6-5 进行。

不同水含量样品的参考取样量（卡尔·费休法）　　　　　表 6-5

估计水含量（%，m/m）	参考取样量（g）
0～1	5.0
1～3	2.0～5.0
3～10	1.0～2.0
10～30	0.4～1.0
30～70	0.1～0.4
>70	0.1

6.4.6　挥发性有机化合物（VOC）的测定

1. 原理

当 VOC 含量>15% 时，原理是：当样品准备后，先测定不挥发物质含量、水含量及密度，再通过公式计算出样品中 VOC 的含量。

当 VOC≤15%，原理是：在样品准备后，通过气相色谱技术，分别测定各挥发组分的含量，包括水含量（也可用卡尔·费休法）和密度，再通过公式计算出样品中 VOC 的含量。

2. 测定

（1）水性涂料、水性胶粘剂和水性处理剂中总挥发性有机化合物（VOC）含量测定

1）当 VOC 含量大于 15% 时，应按式（6-15）计算样品中 VOC 含量：

$$VOC=(1-NV-m_w)\times\rho_s\times1000 \tag{6-15}$$

式中　VOC——样品中 VOC 含量（g/L）；

　　　NV——不挥发物含量，用质量百分率表示；

　　　m_w——水含量，用质量百分率表示；

　　　ρ_s——样品在 23℃ 的密度（g/mL）。

2）当 VOC 含量不大于 15% 时，宜采用气相色谱法。参照 GB/T 18582《室内装饰装修材料　内墙涂料中有害物质限量》附录 A 进行。

（2）溶剂型涂料、溶剂型胶粘剂中 VOC 的测定参照 GB/T 18581《室内装饰装修材料　溶剂型木器涂料中有害物质限量》附录 A 进行。

3. 仪器及设备

（1）气相色谱仪——带氢火焰离子化检测器；

（2）带样品分流的热进样系统；

（3）毛细管柱——长 50m，直径 0.32mm，而涂覆二甲基聚硅氧烷，膜厚 1～5μm；

（4）注射器——1μL。

4. 试剂和材料

（1）内标物——异丁醇（色谱纯）；

（2）基准物（色谱纯）；

（3）稀释剂——四氢呋喃（色谱纯）；

（4）载气——氮气（纯度不小于 99.99%）；

（5）检测器气体——氢气（纯度不小于 99.99%）辅助气体——空气。

5. 气相色谱条件

（1）气化室温度——250℃；

（2）分流比——40：1

（3）进样体积——0.5μL；

（4）程序升温——初始温度为 70℃，持续 3min，以 10℃/min 速率加热，最终温度为 200℃，持续 15min；

（5）检测器温度——260℃；

（6）载气——氮气（纯度不小于 99.99%），柱前压为 100kPa。

注射一定量的校准混合物到气相色谱仪，应按下式计算每一种化合物的响应因子：

$$r_i=\frac{m_{ci}\times A_{is}}{m_{is}\times A_{ci}}$$

式中　r_i——化合物 i 的响应因子；

　　　m_{is}——内标校准混合物的质量（g）；

　　　m_{ci}——校准混合物中化合物 i 的质量（g）；

　　　A_{is}——内标峰面积；

　　　A_{ci}——化合物 i 的峰面积。

注：至少应对甲醛、苯、甲苯、对（间）二甲苯、邻二甲苯、苯乙烯、乙苯、乙酸丁酯、十一烷进行识别。对非识别峰，响应因子宜估计为 1.0。

6. 样品准备

称取 1～3g 样品和相同数量级的内标物，精确到 0.0001g，置于样品瓶中，用一定体积的稀释剂稀释样品，定容。对杂质及不溶物用离心机去除，注射 0.1～1.0μL 测试样品进入气相色谱仪，记录色谱峰面积，应按下式计算样品中各化合物中的量：

$$m_i = \frac{r_i \times A_i \times W_{is}}{W \times A_{is}}$$

式中　m_i——每克样品中化合物 i 的质量（g）；

　　　r_i——化合物 i 的响应因子；

　　　A_i——化合物 i 的峰面积；

　　　A_{is}——内标物峰面积；

　　　W_{is}——样品中内标物的质量（g）；

　　　W——样品的质量（g）。

7. 计算

（1）水性涂料、水性胶粘剂和水性处理剂中挥发性有机化合物（VOC）含量按式（6-16）计算（g/L）

$$\rho(\text{VOC}) = \frac{\sum m_i}{1 - \rho_s \times \frac{\omega_w}{\rho_w}} \times \rho_s \times 1000 \tag{6-16}$$

式中　ρ（VOC）——样品中 VOC 含量（g/L）；

　　　m_i——每克样品中化合物 i 的质量（g）；

　　　ω_w——水含量，用质量百分率表示；

　　　ρ_s——样品在 23℃ 的密度（g/mL）；

　　　ρ_w——水在 23℃ 的密度（g/mL）。

（2）溶剂型涂料、溶剂型胶粘剂 VOC（g/L）的计算按式（6-17）计算：

$$\rho(\text{VOC}) = \sum_{i=1}^{n} m_i \times \rho_s \times 1000 \tag{6-17}$$

式中　ρ（VOC）——样品中 VOC 含量（g/L）；

　　　m_i——每克样品中化合物 i 的质量（g）；

　　　ρ_s——样品在 23℃ 的密度（g/mL）。

或按（6-18）计算：（g/L）

$$\rho(\text{VOC}) = \frac{w_1 - w_2}{w_1} \times \rho_s \times 1000 \tag{6-18}$$

式中　ρ（VOC）——样品中总挥发性有机化合物含量（g/L）；

　　　w_1——加热前样品质量（g）；

　　　w_2——加热后样品质量（g）；

　　　ρ_s——样品在 23℃ 的密度（g/mL）。

6.4.7　苯含量测定

1. 原理

溶剂型涂料、溶剂型胶粘剂中苯含量测定采用顶空气相色谱法，具体如下：

2. 仪器及设备

（1）气相色谱仪——带氢火焰离子化检测器。

（2）毛细管柱——长 50m，内径 0.32mm 石英柱，内涂覆二甲基聚硅氧烷，膜厚 1～5μm，程序升温 50～250℃，升温速度 5℃/min，初始温度为 50℃，持续 10min，分流比为 20：1～40：1。

（3）载气——氮气（纯度不小于 99.99％）。

（4）顶空瓶——10mL、20mL 或 60mL。

（5）恒温箱。

（6）定量滤纸条——2cm×7cm。

（7）注射器——1μL、10μL、1mL 若干个。

3. 样品测定

（1）标样制备。取 5 只顶空瓶，将滤纸条放入顶空瓶后，应密封；用微量注射器，吸取苯 0、0.40μL、0.8μL、1.20μL、2.20μL、对应注射在瓶内的滤纸条上，含苯分别为 0、0.351mg、0.203mg、1.054mg、1.933mg。

注：苯为色谱纯，20℃时 1μL 苯重 0.8787 mg。

（2）样品制备。取装有滤纸条的顶空瓶称重，精确到 0.0001g，应将样品（约 0.2g）涂在滤纸条上，密封后称重，精确到 0.0001g。两次称重的差值为样品质量。

（3）将上述标准品系列及样品，应置于 40℃恒温箱中平衡 4h，并取 0.20mL 顶空气做气相色谱分析，记录峰面积。

（4）应以峰面积为纵坐标，以苯质量为横坐标，绘制标准曲线图。

（5）应从标准曲线上查得样品中苯的质量。

4. 计算

样品中苯的含量，应按式（6-17）计算：

$$C = \frac{m}{W} \tag{6-19}$$

式中　C——样品中苯的含量（g/kg）；

　　　m——被测样品中苯的质量（mg）；

　　　W——样品的质量（g）。

6.4.8　甲苯二异氰酸酯（TDI）的测定

1. 原理

试样经汽化后通过色谱柱，使被测的游离甲苯二异氰酸酯与其他组分分离，用氢火焰离子化检测器检测，采用内标法定量。

2. 影响因素

（1）为了防止试样分解，必须严格控制汽化温度和柱室温度。

（2）由于树脂样品会在注射口留下不挥发残留物，所以建议使用玻璃衬套，并且玻璃衬套应每天清洗。

（3）甲苯二异氰酸酯与水易反应，所以应在载气管路中使用合适的干燥载体。

3. 仪器

（1）色谱仪：配有氢火焰离子化检测器，能满足分析要求的色谱仪。

（2）色谱柱：内径 3m，长 1m 或 2m，不锈钢。

固定相：固定液；甲基乙烯基硅氧烷树脂（UC－W982）。

载体：Chromosorb W HP 180～150μm（80～100 目）。

（3）进样器：微型注射器，10μL。

（4）分析天平：准确至 0.1mg。

（5）实验室通用玻璃器皿，均应在烘箱中干燥除去水分，放置于装有无水硅胶的干燥器内冷却待用。

4. 试剂和材料

（1）乙酸乙酯：分析纯，经 5A 分子筛脱水、脱醇，水的质量分数＜0.03％。醇的质量分数＜0.02％。

（2）甲苯二异氰酸酯（TDI）：分析纯（80/20）。

（3）1,2,4-三氯代苯（TCB）：分析纯。

注：也可使用色谱纯十四烷。

（4）载气：氮气≥99.8％。

（5）燃气：氢气≥99.8％。

5. 色谱条件

（1）柱温：150℃。

（2）汽化温度：150℃。

（3）载气流速：氮气 50mL/min。

（4）氢气流速：90mL/min。

（5）空气流速：500mL/min。

（6）进样量：1μL。

6. 试验步骤

（1）固定相配制 准确称取 1g 固定液甲基乙烯基硅氧烷树脂（UC-W982）（4.2）溶解于 50mL 二氯甲烷中，将此溶液放在蒸发皿中，缓慢搅拌，待固定液完全溶解后，将 9g 载体（4.2）倒入，在通风柜中用红外灯加热至 50℃ 左右，直至溶剂挥发至干，并且能自由流动，干燥半小时，过筛后备用。

（2）色谱柱填充与老化将洗净烘干的柱子一端用玻璃棉堵好，接在真空泵上，另一端接上漏斗，缓慢加入配制好的固定相，并轻轻敲打色谱柱至固定相不再进入为止，塞上玻璃棉，将柱子接到色谱仪上（不接检测器）通载气进行不同温度的分步老化。在 80℃、120℃、160℃ 分别老化 2h，升至 200℃ 老化 4h，连上检测器直到记录仪基线走直为止。

（3）试剂的脱水

将 250g5A 分子筛放在 550℃ 马弗炉中灼烧 2h，待炉温降至 100℃ 以下，取出放入装有无水硅胶的干燥器中冷却后，倒入刚启封的 500mL 乙酸乙酯（5.1）中，摇匀，静置 24h，然后用气相色谱法测定其含水量、含醇量。

（4）定量方法

1）校正因子测定

配制 A 溶液：称取 1g（准确至 0.1mg）1,2,4-三氯代苯（5.3），放入干燥的容量瓶中，用乙酸乙酯稀释至 100mL。

配制 B 溶液：称取 0.25g（准确至 0.1mg）甲苯二异氰酸酯，放入干燥的容量瓶中，加入 10mLA 溶液，将样品充分摇匀，密封，静止 20min（该溶液保存期 1 天）。待仪器稳定后，按上述色谱条件进行分析。按下式计算甲苯二异氰酸酯的相对质量校正因子。

$$f_w = \frac{A_s \cdot W_i}{A_i \cdot W_s}$$

式中　f_w——甲苯二异氰酸酯的相对质量校正因子；

　　　A_s——内标物 1,2,4-三氯代苯的峰面积；

　　　W_i——B 溶液中甲苯二异氰酸酯的质量，g；

　　　A_i——甲苯二异氰酸酯的峰面积；

　　　W_s——A 溶液中 1,2,4-三氯代苯的质量，g。

2）样品配制

样品中含有 0.1%～1% 未反应的甲苯二异氰酸酯时，称取 5g 试样（准确至 0.1mg）放入 25mL 的干燥容量瓶中，用移液管取 1mL A 溶液和 10mL 乙酸乙酯（5.1）移入容量瓶中，密封后充分混合均匀，待测。

样品中含有 1%～10% 未反应的甲苯二异氰酸酯时，称取 5g 试样（准确至 0.1mg）放入 25mL 的干燥容量瓶中，用移液管取 10mL A 溶液，密封后充分混匀（此时不需加入乙酸乙酯），待测。

（5）样品分析在注入上述配制好的样品之前，按色谱条件待仪器稳定后，首先用进样器注入 约 $1\mu L$ 纯 TDI，使柱子很快达到饱和。然后注入 $1\mu L$ 配好的样品溶液进行分析。

注：样品中如有溶剂影响内标物和甲苯二异氰酸酯峰时，可能会产生拖尾峰现象，此时甲苯二异氰酸酯拖尾峰应回归到基线。否则给积分结果带来很大的误差，因此建议采用谷谷积分方式。

1）组分出峰顺序见表 6-6。

出峰顺序　　　　　　　　　　　　　　　　　　　　　　　　表 6-6

序号	组分	时间/min
1	乙酸乙酯	0.4
2	涂料中溶剂[a]	0.5～0.7
3	1,2,4-三氯代苯	2.2
4	甲苯二异氰酸酯	4.4

注：保留时间不影响试验结果。[a] 产品中所使用的溶剂。

2）计算

按式（6-18）计算甲苯二异氰酸酯（TDI）质量分数（%）：

$$W_{\mathrm{TDI}} = \frac{M_s \cdot A_i \cdot f_w}{M_i \cdot A_s} \times 100 \qquad (6\text{-}20)$$

式中　W_{TDI}——样品中游离甲苯二异氰酸酯的质量分数，%；

　　　M_s——内标物 1,2,4-三氯代苯的质量，g；

　　　A_i——游离甲苯二异氰酸酯的峰面积；

　　　f_w——甲苯二异氰酸酯的相对质量校正因子；

　　　M_i——样品的质量，g；

　　　A_s——内标物 1,2,4-三氯代苯的峰面积。

中华人民共和国国家标准

GB 50325—2010

民用建筑工程室内环境污染控制规范

Code for indoor environmental pollution control
Of civil building engineering

（2013 版）

2010-08-18发布 2011-06-01实施

中华人民共和国国家质量监督检验检疫总局
中华人民共和国住房和城乡建设部　　　联合发布

前　言

本规范是根据住房和城乡建设部《关于印发〈2008 年工程建设标准制订、修订计划（第一批）的通知》（建标〔2008〕102 号）的要求，河南省建筑科学研究院有限公司和泰宏建设发展有限公司会同有关单位，在原《民用建筑工程室内环境污染控制规范》GB 50325—2001（2006 年版）基础上修订完成的。

本"规范"在修订过程中，编制组在调研国内外大量标准规范和研究成果的基础上，结合我国情况，进行了有针对性的专题研究，经广泛征求意见和多次讨论修改，最后经审查定稿。

本规范编制及修订过程中，考虑了我国建筑业目前发展的水平，建筑材料和装修材料工业发展现状，结合我国新世纪产业结构调整方向，并参照了国内外有关标准规范。

本规范共分 6 章和 7 个附录。主要技术内容包括：总则、术语和符号、材料、工程勘察设计、工程施工、验收等。

在执行本规范过程中，希望各地、各单位在工作实践中注意积累资料，总结经验。如发现需要修改和补充之处，请将意见和有关资料寄交郑州市丰乐路 4 号河南省建筑科学研究院有限公司《民用建筑工程室内环境污染控制规范》国家标准管理组（邮编：450053，电话：0371-63934128，传真：0371-63929453，E-mail：mtrwang@vip.sina.com），以供今后修订时参考。

本规范主编单位、参编单位和主要起草人及主要审查人员：

主编单位：河南省建筑科学研究院有限公司
　　　　　泰宏建设发展有限公司

参编单位：南开大学环境科学与工程学院
国家建筑工程质量监督检验中心
上海浦东新区建设工程技术监督有限公司
清华大学工程物理系
深圳市建筑科学研究院有限公司
浙江省建筑科学设计研究院有限公司
昆山市建设工程质量检测中心
山东省建筑科学研究院

主要起草人：王喜元　刘宏奎　潘　红　熊　伟　白志鹏　朱　军　黄晓天　朱　立
陈泽广　张继文　金　元　巴松涛　邓淑娟　陈松华　王自福　李水才

主要审查人员：王有为　崔九思　高丹盈　马振珠　王国华　顾孝同　冯广平
胡　玢　周泽义　汪世龙　刘　斐

1　总　　则

1.0.1　为了预防和控制民用建筑工程中建筑材料和装修材料产生的室内环境污染，保障公众健康，维护公共利益，做到技术先进、经济合理，制定本规范。

1.0.2　本规范适用于新建、扩建和改建的民用建筑工程室内环境污染控制，不适用于工业生产建筑工程、仓储性建筑工程、构筑物和有特殊净化卫生要求的室内环境污染控制，也不适用民用建筑工程交付使用后，非建筑装修产生的室内环境污染控制。

1.0.3　本规范控制的室内环境污染物有氡（简称 Rn-222）、甲醛、氨、苯和总挥发性有机化合物（简称 TVOC）。

1.0.4　民用建筑工程根据控制室内环境污染的不同要求，划分为以下两类：

　　1　Ⅰ类民用建筑工程：住宅、医院、老年建筑、幼儿园、学校教室等民用建筑工程；

　　2　Ⅱ类民用建筑工程：办公楼、商店、旅馆、文化娱乐场所、书店、图书馆、展览馆、体育馆、公共交通等候室、餐厅、理发店等民用建筑工程。

1.0.5　民用建筑工程所选用的建筑材料和装修材料必须符合本规范的规定。

1.0.6　本规范规定了民用建筑工程室内环境污染控制的基本技术要求。当本规范与国家法律、行政法规的规定相抵触时，应按国家法律、行政法规的规定执行。

1.0.7　民用建筑工程室内环境污染控制除应符合本规范规定外，尚应符合国家现行的有关标准的规定。

2　术语和符号

2.1　术　　语

2.1.1　民用建筑工程　civil building engineering
指民用建筑工程是新建、扩建和改建的民用建筑结构工程和装修工程的统称。

2.1.2　环境测试舱　environmental test chamber
模拟室内环境测试建筑材料和装修材料的污染物释放量的设备。

2.1.3　表面氡析出率　radon exhalation rate from the surface
单位面积、单位时间土壤或材料表面析出的氡的放射性活度。

2.1.4　内照射指数（I_{Ra}）　internal exposure index
建筑材料中天然放射性核素镭-226 的放射性比活度，除以比活度限量值 200 而得的商。

2.1.5　外照射指数（I_γ）　external exposure index
建筑材料中天然放射性核素镭-226、钍-232 和钾-40 的放射性比活度，分别除以比活度限量值 370、260、4200 而得的商之和。

2.1.6　氡浓度　radon consistence
单位体积空气中氡的放射性活度。

2.1.7 人造木板 wood-based panels

以植物纤维为原料，经机械加工分离成各种形状的单元材料，再经组合并加入胶粘剂压制而成的板材，包括胶合板、纤维板、刨花板等。

2.1.8 饰面人造木板 decorated wood-based panels

以人造木板为基材，经涂饰或复合装饰材料面层后的板材。

2.1.9 水性涂料 water-based coatings

以水为稀释剂的涂料。

2.1.10 水性胶粘剂 water-based adhesives

以水为稀释剂的胶粘剂。

2.1.11 水性处理剂 water-based treatment agents

以水作为稀释剂，能浸入建筑材料和装修材料内部，提高其阻燃、防水、防腐等性能的液体。

2.1.12 溶剂型涂料 solvent-thinned coatings

以有机溶剂作为稀释剂的涂料。

2.1.13 溶剂型胶粘剂 solvent-thinned adhesives

以有机溶剂作为稀释剂的胶粘剂。

2.1.14 游离甲醛释放量 content of released formaldehyde

在环境测试舱法或干燥器法的测试条件下，材料释放游离甲醛的量。

2.1.15 游离甲醛含量 content of free formaldehyde

在穿孔法的测试条件下，材料单位质量中含有游离甲醛的量。

2.1.16 总挥发性有机化合物 total volatile organic compounds

在本规范规定的检测条件下，所测得空气中挥发性有机化合物的总量，简称 TVOC。

2.1.17 挥发性有机化合物 volatile organic compound

在本规范规定的检测条件下，所测得材料中挥发性有机化合物的总量，简称 VOC。

2.2 符　　号

I_{Ra}——内照射指数；

I_γ——外照射指数；

C_{Ra}——建筑材料中天然放射性核素镭-226 的放射性比活度。

C_{Th}——建筑材料中天然放射性核素钍-232 的放射性比活度。

C_K——建筑材料中天然放射性核素钾-40 的放射性比活度，贝可/千克（Bq/kg）。

f_i—第 i 种材料在材料总用量中所占的质量百分比（%）；

I_{Rai}—第 i 种材料的内照射指数；

$I_{\gamma i}$—第 i 种材料的外照射指数。

3 材　　料

3.1 无机非金属建筑主体材料和装修材料

3.1.1 民用建筑工程所使用的砂、石、砖、砌块、水泥、混凝土、混凝土预制构件等无机非金属建筑主体材料，其放射性限量应符合表 3.1.1 的规定。

表 3.1.1　无机非金属建筑主体材料放射性限量

测定项目	限　量
内照射指数（I_{Ra}）	≤1.0
外照射指数（I_γ）	≤1.0

3.1.2　民用建筑工程所使用的无机非金属装修材料，包括石材、建筑卫生陶瓷、石膏板、吊顶材料、无机瓷质砖粘结材料等，进行分类时，其放射性限量应符合表 3.1.2 的规定。

表 3.1.2　无机非金属装修材料放射性限量

测定项目	限　量	
	A	B
内照射指数（I_{Ra}）	≤1.0	≤1.3
外照射指数（I_γ）	≤1.3	≤1.9

3.1.3　民用建筑工程所使用的加气混凝土和空心率（孔洞率）大于 25％的空心砖、空心砌块等建筑主体材料，其放射性限量应符合表 3.1.3 的规定。

表 3.1.3　加气混凝土和空心率（孔洞率）大于 25％的建筑主体材料放射性限量

测定项目	限　量
表面氡析出率（Bq/ m^2 · s）	≤0.015
内照射指数（I_{Ra}）	≤1.0
外照射指数（I_γ）	≤1.3

3.2　人造木板及饰面人造木板

3.2.1　民用建筑工程室内用人造木板及饰面人造木板，必须测定游离甲醛含量或游离甲醛释放量。

3.2.2　当采用环境测试舱法测定游离甲醛释放量，并依此对人造木板进行分级时，其限量应符合表 3.2.2 的规定。

表 3.2.2　环境测试舱法测定游离甲醛释放量限量

级　别	限量（mg/m^3）
E_1	≤0.12

3.2.3　当采用穿孔法测定游离甲醛含量，并依此对人造木板进行分级时，其限量应符合国家标准《室内装饰装修材料　人造板及其制品中甲醛释放限量》GB 18580 的规定。

3.2.4　当采用干燥器法测定游离甲醛释放量，并依此对人造木板进行分级时，其限量应符合国家标准《室内装饰装修材料人造板及其制品中甲醛释放限量》GB 18580 的规定。

3.2.5　饰面人造木板可采用环境测试舱法或干燥器法测定游离甲醛释放量，当发生争议时应以环境测试舱法的测定结果为准；胶合板、细木工板宜采用干燥器法测定游离甲醛释放量；刨花板、纤维板等宜采用穿孔法测定游离甲醛含量。

3.2.6 环境测试舱法测定游离甲醛释放量，宜按本规范附录 B 进行。

3.2.7 采用穿孔法及干燥器法进行检测时，应符合国家标准《室内装饰装修材料 人造板及其制品中甲醛释放限量》GB 18580 的规定。

3.3 涂 料

3.3.1 民用建筑工程室内用水性涂料和水性腻子，应测定游离甲醛的含量，其限量应符合表 3.3.1 的规定。

表 3.3.1 室内用水性涂料和水性腻子中游离甲醛限量

测定项目	限 量	
	水性涂料	水性腻子
游离甲醛(mg/kg)	≤100	

3.3.2 民用建筑工程室内用溶剂型涂料和木器用溶剂型腻子，应按其规定的最大稀释比例混合后，测定 VOC 和苯、甲苯＋二甲苯＋乙苯的含量，其限量应符合表 3.3.2 的规定。

表 3.3.2 室内用溶剂型涂料和木器用溶剂型腻子中挥发性有机化合物（VOC）、苯、甲苯＋二甲苯＋乙苯限量

涂料类别	VOC（g/L）	苯(%)	甲苯＋二甲苯＋乙苯(%)
醇酸类涂料	≤500	≤0.3	≤5
硝基类涂料	≤720	≤0.3	≤30
聚氨酯类涂料	≤670	≤0.3	≤30
酚醛防锈漆	≤270	≤0.3	—
其他溶剂型涂料	≤600	≤0.3	≤30
木器用溶剂型腻子	≤550	≤0.3	≤30

3.3.3 聚氨酯漆测定固化剂中游离二异氰酸酯（TDI、HDI）的含量后，应按其规定的最小稀释比例计算出聚氨酯漆中游离二异氰酸酯（TDI、HDI）含量，且不应大于 4g/kg。测定方法应符合现行国家标准《色漆和清漆用漆基 异氰酸酯树脂中二异氰酸酯单体的测定》GB/T 18446 的规定。

3.3.4 水性涂料和水性腻子中游离甲醛含量的测定方法，宜符合国家标准《室内装饰装修材料 内墙涂料中有害物质限量》GB 18582 的规定。

3.3.5 溶剂型涂料中挥发性有机化合物（VOC）、苯、甲苯＋二甲苯＋乙苯含量测定方法，宜符合本规范附录 C 的规定。

3.4 胶 粘 剂

3.4.1 民用建筑工程室内用水性胶粘剂，应测定 VOC 和游离甲醛的含量，其限量

应符合表 3.4.1 的规定。

表 3.4.1　室内用水性胶粘剂中挥发性有机化合物（VOC）和游离甲醛限量

测定项目	限量			
	聚乙酸乙烯酯胶粘剂	橡胶类胶粘剂	聚氨酯类胶粘剂	其他胶粘剂
挥发性有机化合物(VOC)(g/L)	≤110	≤250	≤100	≤350
游离甲醛(g/kg)	≤1.0	≤1.0	—	≤1.0

3.4.2　民用建筑工程室内用溶剂型胶粘剂，应测定 VOC、苯、甲苯＋二甲苯的含量，其限量应符合表 3.4.2 的规定。

表 3.4.2　室内用溶剂型胶粘剂中挥发性有机化合物（VOC）、苯、甲苯＋二甲苯限量

项　目	限　量			
	氯丁橡胶胶粘剂	SBS胶粘剂	聚氨酯类胶粘剂	其他胶粘剂
苯(g/kg)	≤5.0			
甲苯＋二甲苯(g/kg)	≤200	≤150	≤150	≤150
挥发性有机物(g/L)	≤700	≤650	≤700	≤700

3.4.3　聚氨酯胶粘剂应测定游离甲苯二异氰酸酯（TDI）的含量，按产品推荐的最小稀释量计算出聚氨酯漆中游离甲苯二异氰酸酯（TDI）含量，且不应大于 10g/kg。测定方法宜符合国家标准《室内装饰装修材料　胶粘剂中有害物质限量》GB 18583 附录 D 的规定。

3.4.4　水性胶粘剂中游离甲醛、挥发性有机化合物（VOC）含量的测定方法，宜符合国家标准《室内装饰装修材料　胶粘剂中有害物质限量》GB 18583 附录 A 和附录 F 的规定。

3.4.5　溶剂型胶粘剂中挥发性有机化合物（VOC）、苯、甲苯＋二甲苯含量测定方法，宜符合本规范附录 C 的规定。

3.5　水性处理剂

3.5.1　民用建筑工程室内用水性阻燃剂（包括防火涂料）、防水剂、防腐剂等水性处理剂，应测定游离甲醛的含量，其限量应符合表 3.5.1 的规定。

表 3.5.1　室内用水性处理剂中游离甲醛限量

测定项目	限量
游离甲醛(mg/kg)	≤100

3.5.2　水性处理剂中游离甲醛含量的测定方法，宜按国家标准《室内装饰装修材料　内墙涂料中有害物质限量》GB 18582 的方法进行。

3.6　其他材料

3.6.1　民用建筑工程中所使用的能释放氨的阻燃剂、混凝土外加剂，氨的释放量不应大于 0.10％，测定方法应符合现行国家标准《混凝土外加剂中释放氨的限量》GB

18588 的有关规定。

3.6.2 能释放甲醛的混凝土外加剂，其游离甲醛含量不应大于 500mg/kg，测定方法应符合国家标准《室内装饰装修材料　内墙涂料中有害物质限量》GB 18582 的有关规定。

3.6.3 民用建筑工程中使用的粘合木结构材料，游离甲醛释放量不应大于 0.12mg/m³，其测定方法应符合本规范附录 B 的有关规定。

3.6.4 民用建筑工程室内装修时，所使用的壁布、帷幕等游离甲醛释放量不应大于 0.12mg/m³，其测定方法应符合本规范附录 B 的有关规定。

3.6.5 民用建筑工程室内用壁纸中甲醛含量不应大于 120mg/kg，测定方法应符合国家标准《室内装饰装修材料 壁纸中有害物质限量》GB 18585 的有关规定。

3.6.6 民用建筑工程室内用聚氯乙烯卷材地板中挥发物含量测定方法应符合国家标准《室内装饰装修材料 聚氯乙烯卷材地板中有害物质限量》GB 18586 的规定，其限量应符合表 3.6.6 的有关规定。

表 3.6.6　聚氯乙烯卷材地板中挥发物限量

名　　称		限量（g/m²）
发泡类卷材地板	玻璃纤维基材	≤75
	其他基材	≤35
非发泡类卷材地板	玻璃纤维基材	≤40
	其他基材	≤10

3.6.7 民用建筑工程室内用地毯、地毯衬垫中总挥发性有机化合物和游离甲醛的释放量测定方法应符合本规范附录 B 的规定，其限量应符合表 3.6.7 的有关规定。

表 3.6.7　地毯、地毯衬垫中有害物质释放限量

名称	有害物质项目	限量（mg/m²·h）	
		A 级	B 级
地毯	总挥发性有机化合物	≤0.500	≤0.600
	游离甲醛	≤0.050	≤0.050
地毯衬垫	总挥发性有机化合物	≤1.000	≤1.200
	游离甲醛	≤0.050	≤0.050

4　工程勘察设计

4.1　一般规定

4.1.1 新建、扩建的民用建筑工程设计前，应进行建筑工程所在城市区域土壤中氡浓度或土壤表面氡析出率调查，并提交相应的调查报告。未进行过区域土壤中氡浓度或土壤表面氡析出率测定的，应进行建筑场地土壤中氡浓度或土壤氡析出率测定，并提供相应的检测报告。

4.1.2　民用建筑工程设计应根据建筑物的类型和用途控制装修材料的使用量。

4.1.3　民用建筑工程的室内通风设计，应符合现行国家标准《民用建筑设计通则》GB50352 的有关规定，对采用中央空调的民用建筑工程，新风量应符合现行国家标准《公共建筑节能设计标准》GB 50189 的有关规定。

4.1.4　采用自然通风的民用建筑工程，自然间的通风开口有效面积不应小于该房间地板面积的 1/20。夏热冬冷地区、寒冷地区、严寒地区等 I 类民用建筑工程需要长时间关闭门窗使用时，房间应采取通风换气措施。

4.2　工程地点土壤中氡浓度调查及防氡

4.2.1　新建、扩建的民用建筑工程的工程地质勘察资料，应包括工程所在城市区域土壤氡浓度或土壤表面氡析出率测定历史资料及土壤氡浓度或土壤表面氡析出率平均值数据。

4.2.2　已进行过土壤中氡浓度或土壤表面氡析出率区域性测定的民用建筑工程，当土壤氡浓度测定结果平均值不大于 $10000Bq/m^3$ 或土壤表面氡析出率测定结果平均值不大于 $0.02Bq/m^2 \cdot s$，且工程场地所在地点不存在地质断裂构造时，可不再进行土壤氡浓度测定；其他情况均应进行工程场地土壤氡浓度或土壤表面氡析出率测定。

4.2.3　当民用建筑工程场地土壤氡浓度不大于 $20000Bq/m^3$ 或土壤表面氡析出率不大于 $0.05Bq/m^2 \cdot s$ 时，可不采取防氡工程措施。

4.2.4　当民用建筑工程场地土壤氡浓度测定结果大于 $20000Bq/m^3$，且小于 $30000Bq/m^3$，或土壤表面氡析出率大于 $0.05Bq/m^2 \cdot s$ 且小于 $0.1Bq/m^2 \cdot s$ 时，应采取建筑物底层地面抗开裂措施。

4.2.5　当民用建筑工程场地土壤氡浓度测定结果大于或等于 $30000Bq/m^3$，且小于 $50000Bq/m^3$，或土壤表面氡析出率大于或等于 $0.1Bq/m^2 \cdot s$ 且小于 $0.3Bq/m^2 \cdot s$ 时，除采取建筑物底层地面抗开裂措施外，还必须按现行国家标准《地下工程防水技术规范》GB 50108 中的一级防水要求，对基础进行处理。

4.2.6　当民用建筑工程场地土壤氡浓度大于或等于 $50000Bq/m^3$ 或土壤表面氡析出率平均值大于或等于 $0.3Bq/m^2 \cdot s$ 时，应采取建筑物综合防氡措施。

4.2.7　当 I 类民用建筑工程场地土壤中氡浓度大于或等于 $50000Bq/m^3$，或土壤表面氡析出率大于或等于 $0.3Bq/m^2 \cdot s$ 时，应进行工程场地土壤中的镭-266、钍-232、钾-40 比活度测定。当内照射指数（I_{Ra}）大于 1.0 或外照射指数（I_γ）大于 1.3 时，工程场地土壤不得作为工程回填土使用。

4.2.8　民用建筑工程场地土壤中氡浓度测定方法及土壤表面氡析出率测定方法应符合本规范附录 E 的规定。

4.3　材料选择

4.3.1　民用建筑工程室内不得使用含角闪石石棉（即蓝石棉）的建筑材料以及国家禁止使用的建筑材料。

4.3.2　I 类民用建筑工程室内装修采用的无机非金属装修材料必须为 A 类。

4.3.3　II 类民用建筑工程宜采用 A 类无机非金属装修材料；当 A 类和 B 类无机非

金属装修材料混合使用时，每种材料的使用量应按下式计算：

$$\sum f_i \cdot I_{Rai} \leqslant 1.0$$

$$\sum f_i \cdot I_{\gamma i} \leqslant 1.3$$

式中 f_i——第 i 种材料在材料总用量中所占的质量百分比（%）；

I_{Rai}——第 i 种材料的内照射指数；

$I_{\gamma i}$——第 i 种材料的外照射指数。

4.3.4 Ⅰ类民用建筑工程的室内装修，采用的人造木板及饰面人造木板必须达到 E1 级要求。

4.3.5 Ⅱ类民用建筑工程的室内装修，采用的人造木板及饰面人造木板宜达到 E1 级要求；当采用 E2 级人造木板时，直接暴露于空气的部位应进行表面涂覆密封处理。

4.3.6 民用建筑工程的室内装修，所采用的涂料、胶粘剂、水性处理剂，其苯、甲苯和二甲苯、游离甲醛、游离二异氰酸酯（TDI、HDI）、挥发性有机化合物（VOC）的含量，应符合本规范的规定。

4.3.7 民用建筑工程室内装修时，不应采用聚乙烯醇水玻璃内墙涂料、聚乙烯醇缩甲醛内墙涂料和树脂以硝化纤维素为主、溶剂以二甲苯为主的水包油型（O/W）多彩内墙涂料。

4.3.8 民用建筑工程室内装修时，不应采用聚乙烯醇缩甲醛类胶粘剂。

4.3.9 民用建筑工程室内装修中所使用的木地板及其他木质材料，严禁采用沥青、煤焦油类防腐、防潮处理剂。

4.3.10 Ⅰ类民用建筑工程室内装修粘贴塑料地板时，不应采用溶剂型胶粘剂。

4.3.11 Ⅱ类民用建筑工程中地下室及不与室外直接自然通风的房间粘贴塑料地板时，不宜采用溶剂型胶粘剂。

4.3.12 民用建筑工程中，不应在室内采用脲醛树脂泡沫塑料作为保温、隔热和吸声材料。

5 工程施工

5.1 一般规定

5.1.1 建设、施工单位应按设计要求及本规范的有关规定，对所用建筑材料和装修材料进行进场检验。

5.1.2 当建筑材料和装修材料进场检验，发现不符合设计要求及本规范的有关规定时，严禁使用。

5.1.3 施工单位应按设计要求及本规范的有关规定进行施工，不得擅自更改设计文件要求。当需要更改时，应按规定程序进行设计变更。

5.1.4 民用建筑工程室内装修，当多次重复使用同一设计时，宜先做样板间，并对其室内环境污染物浓度进行检测。

5.1.5 样板间室内环境污染物浓度的检测方法，应符合本规范第 6 章的有关规定。当检测结果不符合本规范的规定时，应查找原因并采取相应措施进行处理。

5.2 材料进场检验

5.2.1 民用建筑工程中所采用的无机非金属建筑材料和装修材料必须有放射性指标检测报告，并应符合设计要求和本规范的规定。

5.2.2 民用建筑工程室内饰面采用的天然花岗岩石材或瓷质砖使用面积大于200m²时，应对不同产品、不同批次材料分别进行放射性指标的复验抽查。

5.2.3 民用建筑工程室内装修中所采用的人造木板及饰面人造木板，必须有游离甲醛含量或游离甲醛释放量检测报告，并应符合设计要求和本规范的规定。

5.2.4 民用建筑工程室内装修中采用的人造木板或饰面人造木板面积大于500m²时，应对不同产品、不同批次材料的游离甲醛含量或游离甲醛释放量分别进行复验抽查。

5.2.5 民用建筑工程室内装修中所采用的水性涂料、水性胶粘剂、水性处理剂必须有同批次产品的挥发性有机化合物（VOC）和游离甲醛含量检测报告；溶剂型涂料、溶剂型胶粘剂必须有同批次产品的挥发性有机化合物（VOC）、苯、甲苯＋二甲苯、游离甲苯二异氰酸酯（TDI）（聚氨酯类）含量检测报告，并应符合设计要求和本规范的规定。

5.2.6 建筑材料和装修材料的检测项目不全或对检测结果有疑问时，必须将材料送有资格的检测机构进行检验抽查，检验合格后方可使用。

5.3 施 工 要 求

5.3.1 采取防氡设计措施的民用建筑工程，其地下工程的变形缝、施工缝、穿墙管（盒）、埋设件、预留孔洞等特殊部位的施工工艺，应符合现行国家标准《地下工程防水技术规范》GB 50108 的有关规定。

5.3.2 I类民用建筑工程当采用异地土作为回填土时，该回填土应进行镭-226、钍-232、钾-40 的比活度测定。当内照射指数（I_{Ra}）不大于 1.0 和外照射指数（I_γ）不大于 1.3 时，方可使用。

5.3.3 民用建筑工程室内装修时，严禁使用苯、工业苯、石油苯、重质苯及混苯作为稀释剂和溶剂。

5.3.4 民用建筑工程室内装修施工时，不应使用苯、甲苯、二甲苯和汽油进行除油和清除旧油漆作业。

5.3.5 涂料、胶粘剂、水性处理剂、稀释剂和溶剂等使用后，应及时封闭存放，废料应及时清出。

5.3.6 民用建筑工程室内严禁使用有机溶剂清洗施工用具。

5.3.7 采暖地区的民用建筑工程，室内装修施工不宜在采暖期内进行。

5.3.8 民用建筑工程室内装修中，进行饰面人造木板拼接施工时，对达不到 E_1 级的芯板，应对其断面及无饰面部位进行密封处理。

5.3.9 壁纸（布）、地毯、装饰板、吊顶等施工时，应注意防潮，避免覆盖局部潮湿区域。空调冷凝水导排应符合现行国家标准《采暖通风与空气调节设计规范》GB 50019 的有关规定。

6 验 收

6.0.1 民用建筑工程及室内装修工程的室内环境质量验收，应在工程完工至少7d以后、工程交付使用前进行。

6.0.2 民用建筑工程及其室内装修工程验收时，应检查下列资料：

1 工程地质勘察报告、工程地点土壤中氡浓度或氡析出率检测报告、工程地点土壤天然放射性核素镭-226、钍-232、钾-40 含量检测报告；

2 涉及室内新风量的设计、施工文件，以及新风量的检测报告；

3 涉及室内环境污染控制的施工图设计文件及工程设计变更文件；

4 建筑材料和装修材料的污染物检测报告、材料进场检验记录、复验报告；

5 与室内环境污染控制有关的隐蔽工程验收记录、施工记录；

6 样板间室内环境污染物浓度检测报告（不做样板间的除外）。

6.0.3 民用建筑工程所用建筑材料和装修材料的类别、数量和施工工艺等，应符合设计要求和本规范的有关规定。

6.0.4 民用建筑工程验收时，必须进行室内环境污染物浓度检测，其限量应符合表 6.0.4 的规定；

表 6.0.4 民用建筑工程室内环境污染物浓度限量

污染物	Ⅰ类民用建筑工程	Ⅱ类民用建筑工程
氡（Bq/m³）	≤200	≤400
甲醛（mg/m³）	≤0.08	≤0.10
苯（mg/m³）	≤0.09	≤0.09
氨（mg/m³）	≤0.2	≤0.2
TVOC（mg/m³）	≤0.5	≤0.6

注：1 表中污染物浓度测量值，除氡外均指室内测量值扣除同步测定的室外上风向空气测量值（本底值）后的测量值。
　　2 表中污染物浓度测量值的极限值判定，采用全数值比较法。

6.0.5 民用建筑工程验收时，采用集中中央空调的工程，应进行室内新风量的检测，检测结果应符合设计和现行国家标准《公共建筑节能设计标准》GB 50189 的有关要求。

6.0.6 民用建筑工程室内空气中氡的检测，所选用方法的测量结果不确定度不应大于 25%，方法的探测下限不应大于 10Bq/m³。

6.0.7 民用建筑工程室内空气中甲醛的检测方法，应符合国家标准《公共场所空气中甲醛测定方法》GB/T 18204.26 中酚试剂分光光度法的规定。

6.0.8 民用建筑工程室内空气中甲醛检测，也可采用简易取样仪器检测方法，甲醛简易取样仪器检测方法应定期进行校准，测量结果在 0.01mg/m³～0.60mg/m³ 测定范围内的不确定度应小于 20%。当发生争议时，应以国家标准《公共场所空气中甲醛测定方法》GB/T 18204.26 中酚试剂分光光度法的测定结果为准。

6.0.9 民用建筑工程室内空气中苯的检测方法，应符合本规范附录 F 的规定。

6.0.10 民用建筑工程室内空气中氨的检测方法，应符合国家标准《公共场所空气中氨测定方法》GB/T 18204.25 中靛酚蓝分光光度法的规定。

6.0.11　民用建筑工程室内空气中总挥发性有机化合物（TVOC）的检测方法，应符合本规范附录 G 的规定。

6.0.12　民用建筑工程验收时，应抽检每个建筑单体有代表性的房间室内环境污染物浓度，氡、甲醛、氨、苯、TVOC 的抽检量不得少于房间总数的 5%，每个建筑单体不得少于 3 间，当房间总数少于 3 间时，应全数检测。

6.0.13　民用建筑工程验收时，凡进行了样板间室内环境污染物浓度检测且检测结果合格的，抽检量减半，并不得少于 3 间。

6.0.14　民用建筑工程验收时，室内环境污染物浓度检测点数应按表 6.0.14 设置：

表 6.0.14　室内环境污染物浓度检测点数设置

房间使用面积(m^2)	检测点数(个)
<50	1
≥50,<100	2
≥100,<500	不少于 3
≥500,<1000	不少于 5
≥1000,<3000	不少于 6
≥3000	每 1000m^2不少于 3

6.0.15　当房间内有 2 个及以上检测点时，应采用对角线、斜线、梅花状均衡布点，并取各点检测结果的平均值作为该房间的检测值。

6.0.16　民用建筑工程验收时，环境污染物浓度现场检测点应距内墙面不小于 0.5m、距楼地面高度 0.8m～1.5m。检测点应均匀分布，避开通风道和通风口。

6.0.17　民用建筑工程室内环境中甲醛、苯、氨、总挥发性有机化合物（TVOC）浓度检测时，对采用集中空调的民用建筑工程，应在空调正常运转的条件下进行；对采用自然通风的民用建筑工程，检测应在对外门窗关闭 1h 后进行。对甲醛、氨、苯、TVOC 取样检测时，装饰装修工程中完成的固定式家具，应保持正常使用状态。

6.0.18　民用建筑工程室内环境中氡浓度检测时，对采用集中空调的民用建筑工程，应在空调正常运转的条件下进行；对采用自然通风的民用建筑工程，应在房间的对外门窗关闭 24h 以后进行。

6.0.19　当室内环境污染物浓度的全部检测结果符合本规范 6.0.4 表的规定时，应判定该工程室内环境质量合格。

6.0.20　当室内环境污染物浓度检测结果不符合本规范的规定时，应查找原因并采取措施进行处理。采取措施进行处理后的工程，可对不合格项进行再次检测。再次检测时，抽检量应增加 1 倍，并应包含同类型房间及原不合格房间。再次检测结果全部符合本规范的规定时，应判定为室内环境质量合格。

6.0.21　室内环境质量验收不合格的民用建筑工程，严禁投入使用。

中华人民共和国国家标准

GB/T 18883—2002

室内空气质量标准

Indoor air quality standard

2002-11-19 发布　　　　　　　　　　2003-03-01 实施

国家质量监督检验检疫总局
卫　　　　　生　　　　　部 联合发布
国 家 环 境 保 护 总 局

前　言

为保护人体健康，预防和控制室内空气污染，制定本标准。

本标准的附录 A、附录 B、附录 C、附录 D 为规范性附录。

本标准为首次发布。

本标准由卫生部、国家环境保护总局《室内空气质量标准》联合起草小组起草。

本标准主要起草单位：中国疾病预防控制中心环境与健康相关产品安全所，中国环境科学研究院环境标准研究所，中国疾病预防控制中心辐射防护安全所，北京大学环境学院，南开大学环境科学与工程学院，北京市劳动保护研究所，清华大学建筑学院，中国科学院生态环境研究中心，中国建筑材料科学研究院环境工程所。

本标准于 2002 年 11 月 19 日由国家质量监督检验检疫总局、卫生部、国家环境保护总局批准。

本标准由国家质量监督检验检疫总局提出。

本标准由国家环境保护总局和卫生部负责解释。

室内空气质量标准

1 范围

本标准规定了室内空气质量参数及检验方法。

本标准适用于住宅和办公建筑物，其他室内环境可参照本标准执行。

2 规范性引用文件

下列文件中的条款通过本标准的引用而成为本标准的条款。凡是注日期的引用文件，其随后所有的修改（不包括勘误内容）或修订版均不适用于本标准，然而，鼓励根据本标准达成协议的各方研究是否可使用这些文件的最新版本。凡是不注日期的引用文件，其最新版本适用于本标准。

GB/T 9801　空气质量　一氧化碳的测定　非分散红外法

GB/T 11737　居住区大气中苯、甲苯和二甲苯卫生检验标准方法　气相色谱法

GB/T 12372　居住区大气中二氧化氮检验标准方法　改进的 Saltzman　法

GB/T 14582　环境空气中氡的标准测量方法

GB/T 14668　空气质量　氨的测定　纳氏试剂比色法

GB/T 14669　空气质量　氨的测定　离子选择电极法

GB 14677　空气质量甲苯、二甲苯、苯乙烯的测定　气相色谱法

GB/T 14679　空气质量　氨的测定　次氯酸钠-水杨酸分光光度法

GB/T 15262　环境空气　二氧化硫的测定　甲醛吸收-副玫瑰苯胺分光光度法

GB/T 15435　环境空气　二氧化氮的测定　Saltzman 法

GB/T 15437　环境空气　臭氧的测定　靛蓝二磺酸钠分光光度法

GB/T 15438　环境空气　臭氧的测定　紫外光度法

GB/T 15439　环境空气　苯丙胺测定　高效液相色谱法

GB/T 15516　空气质量　甲醛的测定　乙酰丙酮分光光度法

GB/T 16128　居住区大气中二氧化硫卫生检验标准方法甲醛溶液吸收-盐酸副玫瑰苯胺分光光度法

GB/T 16129　居住区大气中甲醛卫生检验标准方法　分光光度法

GB/T 16147　空气中氡浓度的闪烁瓶测量方法

GB/T 17095　室内空气申可吸入颗粒物卫生标准

GB/T 18204.13　公共场所室内温度测定方法

GB/T 18204.14　公共场所室内相对湿度测定方法

GB/T 18204.15　公共场所室内空气流速测定方法

GB/T 18204.18　公共场所室内新风量测定方法　示踪气体法

GB/T 18204.23　公共场所空气中一氧化碳检验方法

GB/T 18204.24　公共场所空气中二氧化碳检验方法

GB/T 18204.25　公共场所空气中氨检验方法

GB/T 18204.26　公共场所空气中甲醛测定方法

GB/T 18204.27　公共场所空气中臭氧检验方法

3　术语和定义

3.1　室内空气质量参数（indoor air quality parameter）

指室内空气中与人体健康有关的物理、化学、生物和放射性参数。

3.2　可吸入颗粒物（particles with diameters of 10um or less，PM10）

指悬浮在空气中，空气动力学当量直径小于等于10urn的颗粒物。

3.3　总挥发性有机化合物（Total Volatile Organic Compounds TVOC）

利用 Tenax GC 或 Tenax TA 采样，非极性色谱柱（极性指数小于10）进行分析，保留时间在正己烷和正十六烷之间的挥发性有机化合物。

3.4　标准状态（normal state）

指温度为273K，压力为101.325kPa时的于物质状态。

4　室内空气质量

4.1　室内空气应无毒、无害、无异常嗅味。

4.2　室内空气质量标准见表1。

表1　室内空气质量标准

序号	参数类别	参数	单位	标准值	备注
1	物理性	温度	℃	22～28	夏季空调
				16～24	冬季采暖
2		相对湿度	%	40～80	夏季空调
				30～60	冬季采暖
3		空气流速	m/s	0.3	夏季空调
				0.2	冬季采暖
4		新风量	m³/h·p	30ª	
5	化学性	二氧化硫 SO_2	mg/m³	0.50	1小时均值
6		二氧化氮 NO_2	mg/m³	0.24	1小时均值
7		一氧化碳 CO	mg/m³	10	1小时均值
8		二氧化碳 CO_2	%	0.10	日平均值
9		氨 NH_3	mg/m³	0.20	1小时均值
10		臭氧 O_3	mg/m³	0.16	1小时均值
11		甲醛 HCHO	mg/m³	0.10	1小时均值
12		苯 C_6H_6	mg/m³	0.11	1小时均值

序号	参数类别	参数	单位	标准值	备注
13		甲苯 C_7H_8	mg/m³	0.20	1小时均值
14		二甲苯 C_8H_{10}	mg/m³	0.20	1小时均值
15	化学性	苯丙胺 B(a)P	mg/m³	1.0	日平均值
16		可吸入颗粒 PM_{10}	mg/m³	0.15	日平均值
17		总挥发性有机物 TVOC	mg/m³	0.60	8小时均值
18	生物性	氡²²²Rn	cfu/立方米	2500	依据仪器定ᵇ
19	放射性	菌落总数	Bq/立方米	400	年平均值(行动水平ᶜ)

a 新风量要求≥标准值,除温度、相对湿度外的其他参数要求≤标准值

b 见附录D

c 达到此水平建议采取干预行动以降低室内氡浓度

5 室内空气质量检验

5.1 室内空气中各种参数的监测技术见附录A。

5.2 室内空气中苯的检验方法见附录B。

5.3 室内空气中总挥发性有机物（TVOC）的检验方法见附录C。

5.4 室内空气中菌落总数检验方法见附录D。

A.6 检验方法

室内空气中各种参数的检验方法见表A.1。

表A.1 室内空气中各种参数的检验方法

序号	污染物	检验方法	来源
1	二氧化硫 SO_2	甲醛溶液吸收——盐酸副玫瑰苯胺分光光度法	(1) GB/T 16128 GB/T 15262
2	二氧化氮 NO_2	改进的 Saltzaman 法	(1) GB 12372 GB/T 15435
3	一氧化碳 CO	(1)非分散红外法 (2)不分光红外线气体分析法 气相色谱法 汞置换法	(1) GB 9801 (2) GB/T 18204.23
4	二氧化碳 CO_2	(1)不分光红外线气体分析法 (2)气相色谱法 (3)容量滴定法	GB/T 18204.24
5	氨 NH_3	(1)靛酚蓝分光光度法 纳氏试剂分光光度法 (2)离子选择电极法 (3)次氯酸钠—水杨酸分光光度法	(1) GB/T 18204.25 GB/T 14668 (2) GB/T 14669 (3) GB/T 14679
6	臭氧 O_3	(1)紫外光度法 (2)靛蓝二磺酸钠分光光度法	(1) GB/T 15438 (2) GB/T 18204.27 GB/T15437

序号	污染物	检 验 方 法	来 源
7	甲醛 HCHO	(1)AHMT 分光光度法 (2)酚试剂分光光度法 气相色谱法 (3)乙酰丙酮分光光度法	(1) GB/T 16129 (2) GB/T 18204.26 (3) GB/T 15516
8	苯 C_6H_6	气相色谱法	(1) 附录 B (2) GB 11737
9	甲苯 C_7H_8 二甲苯 C_8H_{10}	气相色谱法	(1) GB 11737 (2) GB 14677
10	苯并[a]芘 B(a)P	高效压液相色谱法	GB/T 15439
11	可吸入颗粒物 PM_{10}	撞击式——称重法	GB/T 17095
12	总挥发性有机物 TVOC	气相色谱法	附录 C
13	细菌总数	撞击法	附录 D
14	温度	(1)玻璃液体温度计法 (2)数显式温度计法	GB/T 18204.13
15	相对湿度	(1)通风干湿表法 (2)氯化锂湿度计法 (3)电容式数字湿度计法	GB/T 18204.14
16	空气流速	(1)热球式电风速计法 (2)数字式风速表法	GB/T 18204.15
17	新风量	示踪气体法	GB/T18204.18
18	氡^{222} Rn	(1)空气中氡浓度的闪烁瓶测量方法 (2)径迹蚀刻法 (3)双滤膜法 (4)活性碳盒法	(1) GB/T 16147 (2) GB/T 14582

附录 Ⅲ

民用建筑工程建筑材料/室内装饰装修材料环境污染物检测项目及限量表

材料种类	名称	类别	检测项目及要求								备注
			内照射指数 I_{Ra}	外照射指数 I_γ	游离甲醛含量	游离甲醛释放量	TVOC (g/L)	苯 (g/kg)	TDI	氨释放量	
无机非金属建筑材料	砂、石、砖、水泥、商品混凝土预制构件和新型墙体材料等	—	≤1.0	≤1.0	—	—	—	—	—	—	
无机非金属装修材料	石材、建筑卫生陶瓷、石膏板、吊顶材料等	A	≤1.0	≤1.3	—	—	—	—	—	—	
		B	≤1.3	≤1.9	—	—	—	—	—	—	
人造木板及饰面人造木板	人造木板，包括刨花板、定向刨花板、中密度纤维板、高密度纤维板等	E1	—	—	≤9.0 (mg/100g)	—	—	—	—	—	穿孔法测定
		E2	—	—	>9.0 ≤30.0 (mg/100g)	—	—	—	—	—	
	饰面人造板(包括浸纸层压木质地板、实木复合地板、竹地板浸胶膜纸饰面人造板)、胶合板、细木工板	E1	—	—	—	≤1.5 (mg/L)	—	—	—	—	干燥器法
		E2	—	—	—	≤5.0 (mg/L)	—	—	—	—	
水性涂料	室内用水性涂料	—	—	—	≤0.1 (g/kg)	—	≤200		—	—	
溶剂型涂料	醇酸漆	—	—	—	—	—	≤550	≤5	—	—	
	硝基清漆	—	—	—	—	—	≤750	≤5	—	—	
	聚氨酯漆	—	—	—	—	—	≤700	≤5 (g/kg)	≤7 (g/kg)	—	
溶剂型涂料	酚醛清漆	—	—	—	—	—	≤500	≤5	—	—	
	酚醛磁漆	—	—	—	—	—	≤380	≤5	—	—	
	酚醛防锈漆	—	—	—	—	—	≤270	≤5	—	—	
	其他溶剂型涂料	—	—	—	—	—	≤600	≤5	—	—	
胶粘剂	水性胶粘剂	—	—	—	≤1 (g/kg)	—	≤50	—	—	—	
	聚氨酯胶粘剂	—	—	—	—	—	—	—	≤10	—	
	橡胶胶粘剂	—	—	—	≤0.5 (g/kg)	—	≤750	≤5	—	—	

续表

材料种类	名称	类别	检测项目及要求								备注
			内照射指数 I_{Ra}	外照射指数 I_γ	游离甲醛含量	游离甲醛释放量	TVOC (g/L)	苯 (g/kg)	TDI	氨释放量	
处理剂	水性处理剂	—	—	—	≤0.5 (g/kg)	—	≤200	—	—	—	
粘合木结构材料		—	—	—	—	≤0.12 (mg/m³)	—	—	—	—	环境测试舱法
壁纸		—	—	—	—	≤120 (mg/kg)	—	—	—	—	GB18585—2001
PVC卷材	发泡类卷材地板	玻璃纤维基材	—	—	—	—	≤75 (g/m²)	—	—	—	
		其他基材	—	—	—	—	≤35 (g/m²)	—	—	—	
	非发泡类卷材地板	玻璃纤维基材	—	—	—	—	≤40 (g/m²)	—	—	—	
		其他基材	—	—	—	—	≤10 (g/m²)	—	—	—	
添加剂	阻燃剂、混凝土外加剂		—	—	—	—	—	—	—	0.10%	
地毯、地毯衬垫及地毯胶粘剂	地毯	A级				≤0.050 (mg/m²h)	0.500 (mg/m²h)				
		B级				≤0.050 (mg/m²h)	0.600 (mg/m²h)				
	衬垫	A级				≤0.050 (mg/m²h)	≤1.000 (mg/m²h)				
		B级				≤0.050 (mg/m²h)	≤1.200 (mg/m²h)				
	胶粘剂	A级				≤0.050 (mg/m²h)	≤10.000 (mg/m²h)				
		B级				≤0.050 (mg/m²h)	≤12.000 (mg/m²h)				

附录Ⅳ

民用建筑工程室内空气检测操作细则
（仅供参考）

一、民用建筑工程室内空气采样实施细则

1 编制目的

为对民用建筑工程室内空气中样品的采集，特制定本细则。

2 适用范围

本实施细则适用于民用建筑工程室内环境空气中甲醛、氨、苯、TVOC样品的采集。

3 制定依据

3.1 《民用建筑工程室内环境污染控制规范》GB 50325—2010

4 采样

4.1 采样仪器及材料

恒流采样器（苯、TVOC）：采样过程中流量稳定，流量范围包含0.5L/min，并且当流量0.5 L/min时，能克服5kPa～10kPa之间的阻力，此时用皂膜流量计校准系统流量，相对偏差应不大于±5%。

恒流采样器（甲醛、氨）：流量范围0L/min～1L/min，流量稳定可调，恒流误差小于2%，采样前和采样后用皂膜流量计校准流量，误差小于5%。

大型气泡吸收管：内装酚试剂吸收液；稀硫酸吸收液。

活性炭吸附管：内装100mg椰子壳活性炭吸附剂的玻璃管或内壁光滑的不锈钢管，使用前应通氮气加热活化，活化温度为300℃～350℃，活化时间不少于10min，活化至无杂质峰，当流量0.5L/min时，阻力应在5kPa～10kPa之间。

Tenax-TA吸附管：内装200mg粒径为0.18mm～0.25mm（60目～80目）Tenax-TA吸附剂的玻璃管或内壁光滑的不锈钢管，使用前应通氮气加热活化，活化温度应高于解吸温度，活化时间不少于30min，活化至无杂质峰，当流量0.5L/min时，阻力应在5kPa～10kPa之间。

气压表。

温度计、湿度计。

4.1.1 采样仪器设备的准备情况、运行完好检查。

4.1.1.1 气密性检查：有动力采样器在采样前应对采样系统气密性进行检查，不得漏气。

4.1.1.2 流量校准：采样系统流量要求保持恒定，现场采样前要用皂膜流量计校准采样系统进气流量。尤其要注意的是：对于苯及TVOC的采样，由于吸附管阻力较大，如果使用无恒流模块的气体采样器，容易发生系统流量失真情况，直接影响检测结果，所以应使用有恒流模块的气体采样器。

4.1.2 采集样品的环境准备情况检查。

4.1.2.1 抽样时间应在民用建筑工程及室内装修工程完工至少7d以后、工程交付使用前进行。

4.1.2.2 对采用集中空调的民用建筑工程，应在空调正常运转条件下进行。

4.1.2.3 对采用自然通风的民用建筑工程，检测应在对外门窗关闭1h后进行。

4.1.3 采集室内环境样品时，需同时在室外的上风向处采集室外环境空气样品。

4.1.4 对不合格情况，应加采平行样，测定之差与平均值比较的相对偏差不超过20%。

4.2 采样点设置要求

4.2.1 环境污染物现场检测点应按下表房间面积设置。

房屋使用面积(m²)	检测点数(个)
<50	1
≥50 且<50	2
≥100 且<500	不少于3
≥500 且<1000	不少于5
≥1000 且<3000	不少于6
≥3000	每1000m²不少于3

4.2.2 环境污染物浓度现场检测点应距内墙面不小于0.5m、距楼地面高度0.8m~1.5m。

4.2.3 检测点应在对角线上或梅花式均匀分布设置，避开通风道和通风口。

4.3 采样记录内容

4.3.1 标明采样点的设置位置。

4.3.2 采样仪器的型号、编号、采样流量。

4.3.3 采样时间、流速。

4.3.4 采样温度、湿度、气压等气象参数。

4.3.5 采样者姓名。

4.3.6 采样记录的其他相关内容。

4.3.7 采样位置封闭时间。

5 采样体积计算

将采样体积按下式换算成标准状态下的采样体积：

$$V_0 = V_t \cdot \frac{T_0}{273+t} \cdot \frac{p}{p_0}$$

式中 V_0——标准状态下的采样体积，L；

V_t——体积，为采样流量与采样时间乘积；

t——采样点的气温，℃；

T_0——标准状态下的绝对温度273K；

P——采样点的大气压，kPa；

P_0——标准状态下的大气压，101.3kPa。

6 采样人员要求

采样人员须经培训，持证上岗。

二、民用建筑工程室内空气中甲醛酚试剂分光光度法检测细则

1 编制目的

为对民用建筑工程室内空气中甲醛浓度的检验，特制定本细则。

2 适用范围

本实施细则适用于民用建筑工程室内空气中甲醛浓度的检验。

3 检验依据

3.1 《民用建筑工程室内环境污染控制规范》GB 50325—2010

3.2 《公共场所卫生标准检验方法》GB/T 18204.26—2000

4 检验原理

空气中的甲醛与酚试剂反应生成嗪，嗪在酸性溶液中被高铁离子氧化形成蓝绿色化合物。根据颜色深浅，比色定量。

5 检验人员

检验人员须持证上岗，检验工作中，检验人员应认真负责。

6 检验仪器及设备

大型气泡吸收管：出气口内径为 1mm，与管底距离应为 3mm～5mm。

恒流采样器（甲醛、氨）：流量范围 0～1L/min，流量稳定可调，恒流误差小于 2%。采样前和采样后用皂膜流量计校准流量，误差小于 5%。

具塞比色管：10mL。

分光光度计：630nm 测定吸光度。

电子天平：感量 0.00019。

天平：感量 0.1g。

移液管：1mL、2mL、5mL、10mL、20mL。

棕色容量瓶：100mL、1000mL。

7 试剂和材料

所用的水均为重蒸馏水或去离子水，所用的试剂纯度一般为分析纯。

7.1 吸收液原液：称量 0.10g 酚试剂 [$C_6H_4SN(CH_3)C:NNH_2 \cdot HCl$，简称 MBTH]，加水溶解，倾于 100mL 具塞量筒中，加水至刻度。放冰箱中保存，可稳定 3d。

7.2 吸收液：量取吸收原液 5mL，加 95mL 水，即为吸收液。采样时，临用现配。

7.3 1% 硫酸铁铵溶液：称量 1.0g 硫酸铁铵 [$NH_4Fe(SO_4)_2 \cdot 12H_2O$] 用 0.1mol/L 盐酸溶解，并稀释至 100mL。

7.4 甲醛标准储备溶液：取 2.8mL 含量为 36%～38% 甲醛溶液，放入 1L 容量瓶中，加水稀释至刻度。此溶液 1mL 相当于 1mg 甲醛。其准确浓度用下述碘量法标定。

甲醛标准储备溶液标定：精确量取 20.00mL 待标定的甲醛标准储备溶液，置于 250mL 碘量瓶中。加入 20.00mL 碘溶液 [$c(1/2I_2)=0.1000mol/L$] 和 15mL 1mol/L 氢氧化钠溶液，放置 15min。加入 20mL 0.5mol/L 硫酸溶液，再放置 15min，用 [$c(Na_2S_2O_3)=0.1000mol/L$] 硫代硫酸钠标准溶液滴定，至溶液呈现淡黄色时，加入 1mL 0.5%

淀粉溶液继续滴定至恰好蓝色褪去为止，记录所用硫代硫酸钠溶液体积（V_2），mL。同时用水作试剂空白滴定，记录空白滴定所用硫代硫酸钠（V_1），mL。

甲醛溶液的浓度用以下公式计算：

$$甲醛溶液浓度（mg/mL）= \frac{(V_1-V_2) \times C_1 \times 15}{20}$$

式中　V_1——试剂空白消耗硫代硫酸钠标准溶液的体积，mL；

　　　V_2——甲醛标准储备溶液消耗硫代硫酸钠标准溶液的体积，mL；

　　　C_1——硫代硫酸钠标准溶液的准确物质的量浓度；

　　　15——甲醛的当量；

　　　20——所取甲醛标准储备溶液的体积，mL。

二次平行滴定，误差应小于 0.05 mL，否则重新标定。

7.5　甲醛标准溶液：临用时，将甲醛标准储备溶液用水稀释至成 1.00mL 含 10ug 甲醛、立即再取此溶液 10.00mL，加入 100mL 容量瓶中，加入 5mL 吸收原液，用水定容至 100mL，此液 1.00mL 含 1.0ug 甲醛，放置 30min 后，用于配置标准色列管。此标准溶液可稳定 24h。

注：可用国家二级以上标准品直接配制成标准溶液。

8　检验程序

8.1　采样

8.1.1　采样条件应按民用建筑工程室内环境空气样品采集实施细则进行。

8.1.2　用一个内装 5mL 吸收液的大型气泡吸收管，以 0.5L/min 流量，采气 10L，并记录采样点的温度和大气压力。采样后样品在室温下应在 24h 内分析。

8.2　标准曲线的绘制

取 10mL 具塞比色管，用甲醛标准溶液按下表制备标准系列。

管号	0	1	2	3	4	5	6	7	8
标准溶液(mL)	0	0.10	0.20	0.40	0.60	0.80	1.00	1.50	2.00
吸收液(ml)	5.00	4.90	4.80	4.60	4.40	4.20	4.00	3.50	3.00
甲醛含量(μg)	0	0.10	0.20	0.40	0.60	0.80	1.00	1.50	2.00

各管中，加入 0.4mL 1‰硫酸铁铵溶液，摇匀，放置 15min，用 1cm 比色皿，在波长 630nm 下，以水作参比，测定各管溶液的吸光度。以甲醛含量为横坐标，吸光度为纵坐标，绘制曲线。

并用最小二乘法计算校准曲线的斜率及回归方程：

$$Y = b \cdot x$$

式中　Y——标准溶液的吸光度；

　　　x——甲醛含量，μg；

　　　b——回归方程式斜率。

相关系数应 $\gamma > 0.999$。

8.3　样品测定

采样后，将样品溶液全部转入比色管中，用少量吸收液洗吸收管，合并使总体积为

5mL。按绘制标准曲线的操作步骤（见 8.2）测定吸光度（A）；在每批样品测定的同时，用 5mL 未采样的吸收液作试剂空白，测定试剂空白的吸光度（A_0）。

8.4 结果计算

空气中甲醛浓度下式计算：

$$C=\frac{A-A_0}{b\times V_0}$$

式中 C——空气中甲醛，mg/m^3；

A——样品溶液的吸光度；

A_0——空白溶液的吸光度；

b——回归线的斜率；

V_0——换算成标准状态下的采样体积，L。

9 测量范围、干扰和排除

9.1 测量范围

用 5mL 样品溶液，本法测定范围 $0.1\mu g\sim1.5\mu g$；采样体积为 10L 时，可测浓度范围 $0.01mg/m^3\sim0.15mg/m^3$。

10 注意事项

室温低于 150c 时，显色不完全，应在 250C 水浴中保温操作。

三、民用建筑工程室内空气中氨靛酚蓝分光光度法检测实施细则

1 编制目的

为对民用建筑工程室内空气中氨浓度的检验，特制定本细则。

2 适用范围

本实施细则适用于民用建筑工程室内空气中氨浓度的检验。

3 检验依据

3.1 《民用建筑工程室内环境污染控制规范》GB 50325—2010

3.2 《公共场所卫生标准检验方法》GB/T 18204.25—2000

4 检验原理

空气中氨吸收在稀硫酸中，在亚硝基铁氰化钠及次氯酸钠存在下，与水杨酸生成蓝绿色的靛酚蓝染料，根据着色深浅，比色定量。

5 检验人员

检验人员须持证上岗，检验工作中，检验人员应认真负责。

6 检验仪器及设备

6.1 大型气泡吸收管：出气口内径为 1mm，与管底距离应 3mm～5mm。

6.2 恒流采样器（甲醛、氨）：流量范围 0～1L/min，流量稳定可调，恒流误差小于 2%，采样前和采样后用皂膜流量计校准流量，误差小于 5%。

6.3 具塞比色管：10mL。

6.4 分光光度计。

6.5 气压表、温度计

6.6 皂膜流量计。

7 试剂和材料

所用的水均为重蒸馏水或去离子水，所用的试剂纯度一般为分析纯。

7.1 吸收液 $[C(H_2SO_4)=0.005mol/L]$：量取 2.8mL 浓硫酸加入水中，并稀释至 1L。临用时再稀释 10 倍。

7.2 碘化钾 （KI）。

7.3 盐酸。

7.4 水杨酸溶液（50g/L）：称取 10.0g 水杨酸 $[C_6H_4(OH)COOH]$ 和 10.0g 柠檬酸钠 $(Na_3C_6O_7 \cdot 2H_2O)$，加水约 50mL，再加 55mL 氢氧化钠溶液 $C(NaOH)=2mol/L$，用水稀释至 200mL。此试剂稍有黄色，室温下可稳定一个月。

7.5 亚硝基铁氰化钠溶液（10g/L）：称取 1.0g 亚硝基铁氰化钠 $[Na_2Fe(CN)_5 \cdot NO \cdot 2H_2O]$，溶于 100mL 水中，贮于冰箱中可稳定一个月。

7.6 次氯酸钠溶液 $[C(NaClO)=0.05mol/L]$ 取 1mL 次氯酸钠试剂原液，用碘量法标定其浓度。然后用氢氧化钠溶液 $[C(NaOH)=2mol/L]$ 称释成 0.05mol/L 的溶液。贮于冰箱中可保存两个月。

7.7 氨标准溶液

7.7.1 标准贮备液：称取 0.3142g 经 105℃ 干燥 1h 的氯化铵 (NH_4Cl)，用少量水溶解，移入 100mL 容量瓶中，用吸收液（见 7.1）稀释至刻度。此液 1.00mL 含 1.00μg 氨。

7.7.2 标准工作液：临用时，将标准贮备液（见 7.7.1）用吸收液稀释成 1.00mL 含 1.00μg 氨。

注：可用国家二级以上标准品直接配制成标准溶液。

8 检验程序

8.1 采样

8.1.1 采样条件应按民用建筑工程室内环境空气样品采集实施细则进行。

8.1.2 采样：用一个内装 10mL 吸收液的大型气泡吸收管，以 0.5L/mim 流量，采样 10min，采气 5L，及时记录采样点的温度及大气压力。采样后，样品在室温下保存，于 24h 内分析。

8.2 标准曲线的绘制

取 10ml 具塞比色管 7 支，制备标准系列管。

管号	0	1	2	3	4	5	6
标准溶液(7.7.2)(ml)	10.00						
吸收							

参 考 文 献

[1] GB 50325—2010（2013 年版）. 民用建筑工程室内环境污染控制规范 [S]. 中华人民共和国国家标准，2013.

[2] 房云阁. 室内空气质量检测实用技术 [M]. 北京：中国计量出版社，2007.

[3] GB/T 18204. 2—2014 公共场所卫生检验方法第 2 部分：化学污染物 [S]. 中华人民共和国国家标准，2014.

[4] GB/T 15516—1995. 空气质量甲醛的测定乙酰丙酮分光光度法 [S]. 中华人民共和国国家标准，1995.

[5] GB/T 601—2016. 化学试剂标准滴定溶液的制备 [S]. 中华人民共和国国家标准，2016.

[6] GB/T 16129—1995. 居住区大气中甲醛卫生检验标准方法分光光度法 [S]. 中华人民共和国国家标准，1995.

[7] GB/T18883-2002. 室内空气质量标准 [S]. 中华人民共和国国家标准，2002.

[8] GB/T 17657—2013. 人造板及饰面人造板理化性能试验方法 [S]. 中华人民共和国国家标准，2013.

[9] 王喜元等. 《民用建筑工程室内环境污染控制规范》辅导教材 [M]. 北京：中国计划出版社，2006.

[10] 张绍原等. 酚试剂分光光度法测定室内空气中甲醛的影响因素研究 [J]. 浙江建筑，2005，22：107～108.

[11] 熊伟. 靛酚蓝分光光度法测定空气中氨浓度的影响因素研究 [J]. 工程质量，2004，（2）：36～38.

[12] GB 11737—1989. 居住区大气中苯、甲苯和二甲苯卫生检验标准方法气相色谱法 [S]. 中华人民共和国国家标准，1989.

[13] 高瑞英等. 活性炭吸附 VOC 苯系物的影响因素研究 [J]. 广东轻工职业技术学院学报，2005，（4）：16～18.

[14] GB/T 14582—1993. 环境空气中氡的标准测量方法 [S]. 中华人民共和国国家标准，1993.

[15] 郭圣志. WHO甲醛致癌公报 [J]. 室内环境专家研讨-行业资讯，2015：52.

[16] 张嵩等，室内环境与检测 [M]. 北京：中国建材工业出版社，2015.

[17] 王黎明等. 空气中 VOC 检测方法的现状及研究方向 [J]. 上海工程技术大学学报，2011：25（2）：104～107.

[18] 刘建斌. 室内装修后微量甲醛的检测与治理 [J]. 广东化工，2005，32（8）：67- 68，92.

[19] 华中科技大学暖通空调教研室课件. 内环境污染问题. 室内污染控制与洁净技术，2015.

[20] 宋广生. 中国室内环境污染控制理论与务实 [M]. 北京：化学工业出版社，2006.

[21] 吴忠标等. 室内空气污染及净化技术 [M]. 北京：化学工业出版社，2005.

[22] GB 18582—2008. 室内空气污染及净化限量 [S]. 中华人民共和国国家标准，2008